青少年科学简史读本

滕 浩 编著

当代世界出版社

图书在版编目（CIP）数据

青少年科学简史读本/滕浩编著．—北京：当代世界出版社，2015.1

（中国梦青少年读本）

ISBN 978-7-5090-0995-6

Ⅰ．①青… Ⅱ．①滕… Ⅲ．①自然科学史－世界－青少年读物 Ⅳ．①N091-49

中国版本图书馆CIP数据核字（2014）第239694号

出版发行：	当代世界出版社
地　　址：	北京市复兴路4号（100860）
网　　址：	http：//www.worldpress.org.cn
编务电话：	（010）83907332
发行电话：	（010）83908455
	（010）83908409
	（010）83908377
	（010）83908423（邮购）
	（010）83908410（传真）
经　　销：	全国新华书店
印　　刷：	北京欣睿虹彩印刷有限公司
开　　本：	700毫米×960毫米　1/16
印　　张：	19
字　　数：	311千字
版　　次：	2015年1月第1版
印　　次：	2015年1月第1次
书　　号：	ISBN 978-7-5090-0995-6
定　　价：	24.80元

如发现印装质量问题，请与承印厂联系调换。
版权所有，翻印必究，未经许可，不得转载！

目 录

人类手工业的开端
　　——中国古代的陶器 ·· (1)
扣开文明的大门
　　——铜器时代 ·· (4)
吾爱吾师，但更爱真理
　　——古希腊科学家亚里士多德 ···························· (7)
澡盆里溢出的真理
　　——古希腊著名科学家阿基米德 ······················· (10)
地动星移亦可知
　　——中国汉代天文学家张衡 ······························ (13)
数学王国的奇葩
　　——中国古代的数学成就 ·································· (16)
中国古代的圆周率计算
　　——从刘徽到祖冲之 ··· (21)
蜿蜒起伏的东方巨龙
　　——万里长城 ··· (24)
远古建筑的奇迹
　　——古埃及的金字塔和神庙 ······························ (27)
叹为观止的艺术奇观
　　——欧洲古代建筑 ·· (30)
辉煌灿烂的中国古代建筑
　　——故宫建筑群 ·· (37)
人类交往的新航标
　　——指南针的发明 ·· (41)

1

书写工具的新突破
　　——蔡伦改进造纸术 …………………………………… (43)
印刷术的起源与发展
　　——雕版印刷与活字印刷 ………………………………… (46)
炼丹家的意外收获
　　——火药的发明和应用 …………………………………… (50)
中世纪欧洲觉醒的曙光
　　——英国科学家培根 ……………………………………… (53)
第一次横渡大西洋
　　——哥伦布开辟新航路 …………………………………… (56)
文艺复兴时期的巨人
　　——科学家和艺术巨匠达·芬奇 ………………………… (59)
第一位向上帝挑战的人
　　——哥白尼与太阳中心说 ………………………………… (62)
人类征服海洋的伟大创举
　　——麦哲伦的环球航行 …………………………………… (65)
代数学之父
　　——法国数学家韦达 ……………………………………… (69)
火，烧不死真理
　　——布鲁诺为科学而献身 ………………………………… (72)
两个铁球同时落地
　　——实验科学的先驱伽利略 ……………………………… (75)
行星运动三大定律的发现
　　——德国天文学家开普勒 ………………………………… (81)
为代数与几何架起鹊桥
　　——笛卡尔与解析几何 …………………………………… (85)
制造真空的第一人
　　——意大利科学家托里拆利 ……………………………… (89)
大气压力有多大？
　　——格里克与马德堡半球实验 …………………………… (94)

目 录

科学研究中的小插曲
　　——惠更斯与时钟的发明 ………………………………………（96）
从苹果落地到万有引力定律
　　——伟大的科学家牛顿 …………………………………………（99）
弹性定律的发现
　　——物理学家胡克 ………………………………………………（104）
微积分的创立
　　——英国数学家莱布尼茨 ………………………………………（106）
打开微观世界的大门
　　——列文虎克与显微镜的发明 …………………………………（108）
揭秘"妖星"
　　——哈雷和哈雷彗星 ……………………………………………（110）
氧气，化学革命的导火线
　　——英国气体化学家普利斯特里 ………………………………（113）
恒星天文学之父
　　——英国天文学家赫歇耳 ………………………………………（116）
工业革命的发端
　　——瓦特与蒸汽机 ………………………………………………（118）
征服天花的使者
　　——医学家金纳 …………………………………………………（121）
揭开电荷相互作用的奥秘
　　——库仑定律的发现 ……………………………………………（124）
献给新世纪的稳恒电流
　　——伏特电堆 ……………………………………………………（126）
喷云吐雾的怪兽
　　——斯蒂芬逊与蒸汽机车 ………………………………………（129）
梅花香自苦寒来
　　——安培与电磁学 ………………………………………………（132）
把欧洲和美洲连接起来
　　——威廉·汤姆逊设计跨洋海底电缆 …………………………（135）

拉近你我的距离
　　——贝尔发明电话 …………………………………… (139)
电磁波的妙用
　　——麦克斯韦和电磁理论 ……………………………… (142)
摧毁"神造万物"的人
　　——达尔文和他的进化论 ……………………………… (145)
排列元素的"方程"
　　——门捷列夫与元素周期表 …………………………… (150)
惊心动魄的爆炸
　　——诺贝尔与炸药 ……………………………………… (154)
揭开微观世界之谜
　　——巴斯德与微生物 …………………………………… (158)
神奇的电影开映了
　　——电影发明者卢米埃尔兄弟 ………………………… (162)
玻璃管的贡品
　　——阴极射线、X射线及放射性的发现 ……………… (165)
寻觅真正的"宇宙之砖"
　　——约瑟夫·约翰·汤姆逊发现电子 ………………… (170)
贮藏室里的奇迹
　　——居里夫人与镭的发现 ……………………………… (172)
永不消失的电波
　　——马可尼与无线电的发明 …………………………… (175)
原子时代的先驱
　　——德国物理学家普朗克 ……………………………… (178)
开创现代技术革新的先河
　　——电灯的发明者爱迪生 ……………………………… (181)
望梅止渴并非笑谈
　　——巴甫洛夫与条件反射 ……………………………… (184)
为人类插上翅膀
　　——莱特兄弟与飞机的发明 …………………………… (187)

目 录

极地英雄
　　——南极探险的斯科特 ………………………………………（192）
海陆分布觅源
　　——魏格纳与大陆漂移说 ………………………………………（195）
变革科学世界的相对论
　　——物理学家爱因斯坦 …………………………………………（200）
向病魔发出的挑战书
　　——弗莱明发明抗生素 …………………………………………（205）
科学通才
　　——维纳和他的控制论 …………………………………………（208）
打开原子核之门的钥匙
　　——查德威克发现中子 …………………………………………（211）
"人类不会永远停留在地球上"
　　——"星际航行之父"齐奥尔科夫斯基 ………………………（213）
神秘的曼哈顿工程
　　——"原子弹之父"奥本海默 …………………………………（216）
探索生命的奥秘
　　——莫诺与生物科学 ……………………………………………（219）
向世界证明中国
　　——李四光开创地质力学 ………………………………………（221）
电子计算机诞生之路
　　——从图灵到诺依曼 ……………………………………………（225）
微电子技术的伟大开端
　　——从电子管到集成电路 ………………………………………（230）
艰难的历程
　　——DNA双螺旋结构的发现 ……………………………………（234）
携手同赴斯德哥尔摩
　　——杨振宁和李政道荣获诺贝尔物理学奖 ……………………（237）
从半导体到超导理论
　　——诺贝尔物理学奖获得者巴丁 ………………………………（241）

为天幕缀一颗新星
　　——第一颗人造卫星上天 ………………………………（244）
人类的希望之光
　　——激光的发现和应用 …………………………………（246）
遨游太空第一人
　　——宇航英雄加加林 ……………………………………（248）
为人类登月铺平道路
　　——现代火箭专家布拉温 ………………………………（252）
人类首次登上月球
　　——"阿波罗"登月计划 …………………………………（256）
诺贝尔领奖台上的中国人
　　——高能物理学家丁肇中 ………………………………（260）
神秘的天外来客
　　——UFO 与外星人探索 …………………………………（262）
太空新歌
　　——航天飞机 ……………………………………………（266）
创造生命的奇迹
　　——心脏移植术 …………………………………………（270）
乔治岛上的新长城
　　——中国南极科学考察站 ………………………………（274）
新工业革命的导火索
　　——超导现象研究 ………………………………………（278）
魂系中华赤子心
　　——杰出科学家钱学森 …………………………………（282）
探索宇宙奥秘的电子眼
　　——哈勃太空望远镜 ……………………………………（285）
"复制"的生命
　　——克隆羊多利出世 ……………………………………（290）
建在天上的村庄
　　——轨道太空站 …………………………………………（293）

人类手工业的开端

——中国古代的陶器

1962年,中国考古工作者在江西万年县大源仙人洞,发现了一个新石器时代的早期洞穴。从洞中发掘出90余片陶器的残片。这些陶片都是用砂子和黏土混合烧制的,不均匀地掺杂着大小不等的石英粒,质地粗糙而疏松,很容易打碎。陶片以红褐色为主,也有红、灰、黑色的,陶片内凸凹不平,没有耳、足等附件,很明显是手工制成的。

据专家考证,这些陶器距今已有上万年,这说明,人类制造和使用陶器的历史,至少已有一万年了。

不要小看陶器的出现,它是人类进步的标志。制陶比磨制石器复杂多了,要选土,还要经过淘洗、澄滤,淘滤得要细,然后是制坯,彩绘,最后是烧制。一个小小的陶器,就需要这么多道工序,没有较高的生产技能,怎么能实现呢!在新石器时代,古人类不仅以采集野生植物和打猎进行生产,而且还出现了原始的畜牧业和种植业。畜牧业和种植业的出现,标志着人类结束了四处流浪的生活,开始定居下来。烧煮食物要用锅,吃饭需要碗,盛储粮食和水则需要罐。当时还没有铜器铁器,石头也很难制成这类容器。于是原始人便将目光放在便于捏成各种形状的泥土上。

没有烧过的泥质容器一见水就瘫化,聪明的原始人想到火,火烧后的泥质容器既坚固又不怕水,于是,在有丰富的用火经验和对土壤认识的基础上,出现了陶器。

陶器的出现使人们不必再用火直接烧烤食物,而吃煮熟的食物,不仅丰富了食物的烹饪方式,而且便于食物中营养的吸收。陶制的水罐使得人们可以把水储存起来,而不必一定要居住在水边,这不仅方便了生活,而且减少了野兽对人类的侵害。陶器出现以后立即成为人们生活的必需品,制陶业很快发展起来,成为新石器时代一项重要的手工业。

新石器时代制陶的工序很复杂：

首先是选土，其次是淘洗和过滤，把黏土中的杂质和硬砂粒去掉，保证原料又细又软又纯。料备好后，用水和成泥浆，水的用量要适当，不能太多，也不能太少。然后是制坯，把泥土挖成各种形状，装上颈口，嵌入把手。下一道工序是彩绘，当时使用的颜色是天然矿物质，红色用赤铁矿，黑色用锰土，白色用瓷土。至于各种纹饰，仰韶文化时代是用带花纹的木板拍上去的。釉陶出现以后，还在彩绘色料中加进石灰等物，以便在陶器烧制时形成釉层。这些工序都完成了以后，最后就是放入陶窑中烧制了。

到了新石器时代的中晚期，制陶技术已相当成熟了。烧制的陶器比以前坚固多了，说明黏土和沙子的比例很恰当，就如现在水泥和沙子的比例，根据不同的需要有不同的搭配一样。从现在挖掘出来的陶窑来看，当时的烧窑的技术也很高。陶窑由两部分组成，下面是火室，上方是窑室，里面摆放待烧的陶器。两室中间是瓶颈形状的火道。火在下面熊熊燃烧，不直接进入窑室，而把高温送进去。这样，陶坯受热均匀，效果好，而且，陶坯避免直接与火接触，就不会变形龟裂，这又需要很高的温度，据分析，那时陶窑的温度可达上千度。

此时的陶器，不仅是生产、生活用品，还具有艺术品的性质。陶器上有了各种美丽的图案：鱼形图案、人形图案、舞蹈动作图案、人面网纹鱼图案，还有曲线、直线、水纹形线、三角形、锯齿形等等各种形状的图形。陶器的颜色也有好多种，红的、褐的、黑的、白的，还有几种颜色相间的。这说明，远古人已经有了比较明确的审美意识，这可以说是艺术创造的雏形，即在美感的基础上有意识地创造美术作品了。

陶轮的出现是陶工艺的一大突破。没有发明陶轮以前，全靠人的双手挖成不同形状的陶坯，速度又慢、效果又差。用人手挖，陶器体壁薄厚不均，烧制时易裂易走形；而且体壁凸凹不平，也不光滑。使用陶轮，可以说是简单的机械化制陶。在飞速旋转的轮板上挖制陶器，又光又圆，而且陶壁薄厚非常均匀，陶器的形状也更加丰富。不仅原来的黑陶、红陶、灰陶更精巧，而且还出现了白陶，也就是和现代瓷器所用原料相同的陶器，这是陶器用料上的重大突破。现代出土的一种龙山文化时期的黑陶，器壁薄而坚硬，仅有 3 毫米厚，好像蛋壳，所以又称为蛋壳陶。它造型很美，漆黑发光，是件极珍贵的艺术品。

在龙山文化后期，人们开始利用高岭土来制陶，生产出白陶。我国商代出现的刻纹白陶和薄壳白陶，质地优良，造型端正美观，坚固耐用。

釉陶的出现，使制陶工艺又上了一个新台阶。经过很长时期的观察，人们发现，如果在用于色衬的稠浆中加进石灰等物质，烧出的陶器就明光锃亮，比原来发乌发暗的陶器美丽多了，而且绝不怕水浸泡。这就是玻璃质的釉层，需要1200℃以上的温度才能形成。

我国在夏商两代，釉陶已经普遍使用了。釉陶的出现，为瓷器的诞生奠定了基础。

历史学家认为，瓷器是中国古代人民的发明，后来传入了西亚和欧洲。的确，古代的西亚和欧洲确实从中国输入了大量的瓷器和制瓷技术，至今有些外语中的"中国"的发音与"瓷器"的发音相同。

扣开文明的大门

——铜器时代

人如果老是使用石头工具，就永远摆脱不了原始状态。想象一下，用石头磨成的镰刀去收割谷物，该是何等艰难，仅收割一亩，就不知损坏多少把石镰。真不知道石器时代人们的指甲长了是怎么剪短的。仅从这两个小例子，就可见金属的重要了，更不要说现代文明处处都离不开金属了。所以，有一位伟人这样划分人类历史：石器时代属于人类的野蛮时代，随着青铜器以及铁器的出现，人类才进入了文明时代。我们常说"中国是5000年文明古国"，人类已存在200万年，为何文明才只有5000年？原因便在于此。那么，这个以金属的使用和加工为标志的文明时代究竟开始于何时呢？1955年，河北省唐山市大城山遗址挖掘到两块铜牌，铜牌不像是铸造出来的，而很像是敲打出来的。铜质呈红黄色，形状为梯形，上端有由两面穿成的单孔。由于所在土层干燥，锈蚀程度不严重，这两块铜牌才得以完整地保存下来。

从这个遗址的其他出土文物分析，它们属于龙山文化后期的遗址。就是说，铜的发现和使用，至少已有4000多年的历史。在这样的遗址中发现铜牌，意义相当重大。接着，1957年和1959年两次在甘肃武威龙山文化晚期遗址中又发现铜器近20件。这些铜器有铜刀、铜锥、铜凿、铜环等。经鉴定，这些铜器是当时的人们利用天然纯铜直接锤锻而成。

在新石器时代，有时偶而也会发现天然铜（红铜）。人们发现它的性质与石料完全不同，红铜可以延展，可以任意做成所需形状，锤打不碎，这些优点都不是石器所能相比的。但是红铜硬度低，不如石头坚硬，产量又很少，所以仍然难以取代石器成为主要的生产工具。人们只能把它们加工成装饰品和小器皿。当然只是用石块冷锻，还不是冶炼。人类在这一时期是金石并用的，通常被称为金石并用时代，这大约是在公元前5000年左右。

火和制陶为铜的冶炼准备了必要条件。冶炼所需要的高温技术、耐火材料、造型模具等都离不开火和陶器。有了这些条件，人们就可以把红铜重新熔化，再倒入特制的容器，冷凝以后就成为各种形状的器物。这一来，人们可以更有效地利用红铜了。

自然界中的纯铜往往与铜矿石夹杂在一起，自然形态的纯铜几乎没有，经过长时期的观察，人们找到了从铜矿石中提炼铜的方法。铜炼出来了，锡、铅等几种金属也炼出来了，金属时代真正开始了。

铜里掺入锡或铅炼出来的合金叫作青铜。因为它是以铜为主，颜色发青，所以得名。合金的熔点一般都比纯金属要低，纯铜的熔点是1083℃，如果掺进25％的锡，只要加热到800℃就能熔化了，而青铜的硬度却比纯铜高两倍以上。于是青铜很快就得到广泛的推广。

掌握了铜的冶炼技术以后，人们可以从铜矿石中提炼铜，而铜矿石比凤毛麟角般的天然铜要多得多，所以青铜器就开始广泛使用了。青铜器时代，应该说农具基本上已由青铜取代了石头。青铜的出现是人类在更深的层次上利用自然产品和自然力，有着划时代的意义。

在商代的炼铜遗址中，可以找到用来制作斧、锯、凿等的模型，还发现了大量的用来装酒、熟肉的酒器和食器。1974年9月河南郑州张寨南街出土了两件商代中期大铜鼎。其中一件重84.5公斤，另一件重62.5公斤。经化学分析，大鼎的成分约80％是铜，此外还有17％的铅和少量的锡，它们具有采矿、冶炼、质朴的花纹、美观的造型。这说明，我们的祖先已具有采矿、冶炼、铸造和制作模具等技术水平。

要制铜器首先要采矿，大量需要铜时要像原来那样靠碰运气偶然发现自然铜，是完全不可能了。这就需要找矿，找到矿后要建设矿井，建好矿井又要开采矿石，这都需要有技术指导、掌握规律和有组织地操作。采矿又要解决井下通风、排水、提升、照明等一系列复杂问题。人们曾在一处古矿井附近的炼铜炉旁发现了近40万吨炉渣。可见当时的冶炼技术和生产规模，真是已经达到了惊人的程度。

浇铸青铜器需要模具，上千度的高温模具必须耐火。我们的祖先使用的是陶模。这在古代被称为"模范"，今天引申为先进人物。人们向先进学习，向模范人物学习，就像古代的模具，作为楷模，照着样去做。

商代，中国的青铜业进入鼎盛时期。1939年河南安阳商代遗址出土的司母戊鼎，是用含84.77％铜、11.64％锡、2.79％铅的青铜铸成的，重875公斤，两端带耳，高 1.33 米，宽 0.78 米，是中国目前为止发掘的最大青铜器。它造型瑰丽、浑厚，鼎身布满花纹。若没有高超的采矿、冶炼、制模、熔铸等技术，造这样大的物件是不可想象的。

冶炼青铜就要有熔炉，我国到商代中后期，已经出现用耐火材料建造的熔炉。它的里衬是用石英和黏土混合制成的，它能耐1300℃的高温，大大超过纯铜的熔点（1083℃）和铜锡合金的熔点（800℃）。要得到这样高的温度，没有鼓风设备是不行的。现在我们能证实战国时期（公元前400年左右）人们就已经开始采用皮囊鼓风。

浇铸也是一项复杂的技术，浇铸一般的青铜器，只要把炼好的青铜水倒入已经准备好的模具中即可。复杂的器具，当时多数采用分铸技术，湖南出土的著名的商代四羊方尊，这是件精美工艺品，是我国3000多年前高超浇铸技术的产物，它就是用陶模巧妙地分铸而成的。

当人们知道怎样从矿石中冶炼金属之后，便不再去搜寻那些凤毛麟角般存在的天然金属了。人类开始了普遍的、大规模的社会生产。青铜器的广泛使用，标志着人类进入了铜器时代。人类结束了石器时代而进入青铜时代，是在公元前3000年至公元前2000年左右。

吾爱吾师,但更爱真理

——古希腊科学家亚里士多德

亚里士多德是一位集科学家、天文学家、思想家及学者于一身的具有代表性的杰出的里程碑式的人物。

亚里士多德于公元前 384 年生于古希腊色雷斯的斯塔齐拉,据说,他青少年时期行为很放荡,既不专心学习,也不从事正当的事业,直到 18 岁被送到雅典时依旧是个浪荡公子。漂泊了一段时间以后,他才"大彻大悟",回家重新进行学习。他后来成为当时的大哲学家柏拉图的学生,而且备受柏拉图称赞。但他跟随柏拉图学习的时间不会很长,因为他说过:"柏拉图是可爱的,但真理更可爱。"这也就是我们今天经常说的"吾爱吾师,但更爱真理"。

天赋极好的亚里士多德一经走上正途,其才华和学识便逐渐引起人们的注意。阿塔留斯国王对他很感兴趣,把他召进宫去,作为知识顾问。公元前 347 年柏拉图去世,亚里士多德离开了雅典去马其顿王国成为太子亚历山大的老师。他在马其顿住了 7 年,直到亚历山大登上王位,他才回到雅典。在雅典,他成为哲学界的领袖,并且办了一所学校,在学校中演讲。这些演讲都被记载下来,后成为蔚为大观的著述。

亚里士多德对世界上的一切现象都感兴趣。他不像柏拉图那样只对理念感兴趣,"从理念出发,通过理念,达到理念"。他把科学的全部领域作为研究的题材,通过自己的观察和静思得出自己的结论。他不断地观察、不断地思考、不断地提出自己的见解,也不断地修正自己所思所得中的不足部分。每当有新的发现,他会毫不犹豫地舍弃以往的假设,提出新的结论。

思维活动的归纳法和演绎法,都是亚里士多德第一个提出的。他认为,演绎方法建立在逻辑的基础之上,因而高于归纳的方法。归纳与演绎,这两种最基本的科学方法在亚里士多德那里都建立起来了。

但是,"木秀于林,风必摧之;行高于众,人必非之",亚里士多德的工作并没有得到雅典人的理解。由于他教授过亚历山大,人们认为他和这位马其顿的暴君是一伙的,极力地攻击他。亚里士多德无法表白自己,他本来就对政治不关心,而只关心自然界的一切奥秘,只关心对人类自身生命和思维的问题的探索,但是人们还是把他和亚历山大连在一起了。这使他的日子过得很不安宁。

亚历山大也没有放过他,因为他指出了亚历山大并非是神圣不可逾越的,结果亚历山大威胁他,要判他死刑。亚里士多德就是在这样的社会条件下度过了他最后的10多年的岁月。为了躲避雅典祭司的攻击,他回到自己的故乡,然而在这里他也无法得到安宁。他失去了他一切用以研究的工具和书籍,承受着希腊人无尽的诽谤。公元前322年,这位雅典最伟大的哲学家服毒自杀,结束了他极有价值的一生。

他在许多领域都提出了自己的新鲜见解,其中许多闪耀着真理的光芒,经受住两千多年实践的考验。当然,有些又显得很肤浅,其中也夹杂着谬误和固执。他涉及的领域太广了,而人的能力终究有限。因此,他在世界科技史上虽然是一位里程碑式的人物,但也受到时代和自身的局限。

他以自己的物理理论来反对德谟克利特的原子论。他认为,从同样高度落下的两个物体,重的一个一定比轻的一个先到达地面。

他反对阿那克萨哥拉的"人手发达增进了人的智慧"的理论,认为人脑的发展促进了手的发展。

他不赞成毕达哥拉斯地球是环绕着一个更大的火球旋转的学说,认为地球是宇宙的中心。

他否认德谟克利特的脑是知觉中心的说法,认为心脏是知觉的中心。

他认为心脏最初发育是根源于胚胎的。

他提出,如果一位白种女人和一位黑种男人结婚,他们的子女是白色的,但到了孙子一代,又有黑色的。在这个问题上,亚里士多德在两千年前就预言了孟德尔遗传定律。

他发现,动物的进化程度越高,则产生的后代越少。

他认为:生命产生于植物和动物交界之处,由低级向高级,直到最高级的人类。

他将动物分为有血与无血的两大类,也就是今天的脊椎动物和无脊椎动物。

他认为一切自由行动的生物都是有灵魂的，而人的灵魂是有知觉有理智的。

亚里士多德轻视女人。他认为造物者用好的材料造出了男人，用了一块不好的材料，造出了女人。他认为这是件很遗憾的事。亚里士多德还认为对人口应当进行限制，每个城市一万人是最适当的数目。他赞成用堕胎的方法节制生育。

亚里士多德扩展物体活动的理论，推论世界上的一切都是在不断运动、不断变迁的。海在时时缩小，雨不停地下落，山在崩溃，地在隆起，春华秋实，国家兴衰，人的生死，凡此种种，他都认为是宇宙的循环活动而永续不已。这和今天物质运动的结论是完全一致的。

亚里士多德虽然开创了许多科学学科，但他自己却说："我没有已经准备好了的根据，没有可抄袭的模型，我是开始的初步，所以是很渺小的。我希望诸君接受我已努力的，原谅我所未能做到的。"

虽然亚里士多德说自己很渺小，但是他的理论却一直雄居于科学的宝座之上。在物理学方面，他写下了《物理学》；在天文学方面，他有《论天》一书，在他的《气象学》中讨论了天和地之间的区域，其中还有色彩视觉和虹的成因的原始学说；他对生物学、动物学也有巨大的贡献，亲自视察或解剖过500种左右不同的动物，在胚胎学方面，他的见解也标志着重大进步；在哲学史上，亚里士多德更有着其他人无法替代的地位，著名逻辑学中三段论推理法就是他的功绩之一。由于受时代和认识的局限，他的错误见解也不断被修正。伽利略推翻了他的落体加速度结论，哥白尼纠正了他的地球中心说，达尔文更正了他的"造物者造人"的幼稚唯心观点……直到17世纪，亚里士多德体系才逐步让位于近代科学体系，但他无疑是人类历史上最伟大的科学家之一，他在科学上所得的伟大成就是谁也抹杀不了的。达尔文说过一句话："许多大科学家比起亚里士多德来，不过是小学生而已。"

人物小传

〔亚里士多德〕（公元前384—公元前322）古希腊哲学家、逻辑学家和科学家。为西方思想史中实在论哲学学派的最杰出代表。其主要贡献在于奠定思维的基础。

澡盆里溢出的真理

——古希腊著名科学家阿基米德

现在人们常听说"尤里卡"一词，20世纪90年代初法国总统密特朗提出过"尤里卡"计划，美国最大的太空计划也称作"尤里卡"计划。"尤里卡"是什么意思呢？"尤里卡"是希腊语的音译，中文意思是"我找到了！"

这样一句普通得不能再普通的话，竟被用作现代高科技的代称，是因为这个词是和古代希腊一位著名科学家连在一起的。这位大科学家就是阿基米德。

阿基米德是古希腊数学和力学方面伟大的人物之一，也是真正有创见的古希腊科学家中的最后一个人。他于公元前287年生于西西里岛著名的文化古城叙拉古。阿基米德11岁时，家里就把他送到当时的世界学术中心亚历山大里亚去学习。

阿基米德有一句名言："给我一个支点，我可以把地球撬起来。"这句话至少有两个值得我们注意的地方。第一，阿基米德认为地球和月亮一样是圆球状的；第二，他从理论上掌握了杠杆原理，并且以丰富想象力将它们运用到实际问题上。

有趣的是，这话传到了国王的耳朵里。国王为了考验阿基米德的才能，让他把一艘刚刚造好的船用简便的方法推下水去。于是阿基米德便设计了一套巨大的杠杆和滑轮机械，借助杠杆，只要用很小的力量，就可以使很重的物体运动起来。他把一切都做好了以后，将一条绳子的末端交给国王。国王拉了一下绳子，船体竟真的有了轻微的移动。就这样，这艘沉重的大船由国王亲自送下了水。全城的人都观看了这一奇迹，国王立即发了告示："从此以后，无论阿基米德说些什么，都要相信他。"

阿基米德为什么有这么伟大的成就？其中一个主要因素是他的个人素质。他思考问题非常专注，如同着了魔。让他吃饭，他丝毫没听见，仍然在火盆灰里画他的图形。他妻子时时看着他,否则他即使在用油擦身时(古希腊贵族中流行的促进卫生和健康的一种方法),也会呆坐着用油在自己的身上画图案而忘记原来要做的事。

有一次,国王把黄金交给工匠去制造王冠。王冠制成后,国王疑心里面掺杂了白银,于是把阿基米德叫来,要他去检验。阿基米德冥思苦想也找不到什么办法。想得太累了,他泡进澡盆里洗个澡,想轻松一下。当他坐进澡盆,里面的水升起来,他觉得自己轻了,入水越深,这种感觉越明显。他猛然跳出澡盆,一边大声喊道:"我找到啦!"一边向街上跑。街上的人们看着他光着身子高喊着跑出来,都以为他疯了。实际上这只不过是阿基米德太专注,因找到了检验王冠的办法而高兴得忘记其他。他从水的浮力作用中想到,取一块和王冠一样重的纯金,把它与王冠同时放入两个充满水的容量相等的容器里,如果它们挤出来的那部分水一样多,王冠就一定是纯金的,否则就是掺了银。阿基米德真是太聪明了。在他那个时代人们根本不懂得"比重"这个概念,更不懂得一个物体浸入液体以后,要利用它排开液体的重量。这是流体静力学的最基本原理。从此,一个被称作"阿基米德定律"的原理一直写在每一本物理学教科书中。

阿基米德一生的发明和科学发现多得不得了,他发现圆柱体积和其内接球体的体积之比(这个比例为3∶2);他还用内接和外切多边形的方法来测量圆周,逐渐增加多边形的边数,使其周长逐渐与圆周长相接近。这个渐进的方法证明:圆周长与直径之比,大于 $3\frac{10}{71}$,小于 $3\frac{1}{7}$。这是数学上相当重要的方法——用有理数逼近无理数,叫作"无穷逼近"。

阿基米德口头上虽然看不起他那些机械发明,称它们是几何学上的小玩意。但阿基米德在机械方面的发明给人们带来了相当大的实用价值。大约是他在亚历山大里亚的时候,埃及人请他帮助处理尼罗河河水排灌,他们要他提供一种能使水均衡分配的方法。结果阿基米德发明了一种水螺旋。这种水螺旋大概是一种管子绕成螺旋形,放在水里绕着轴旋转,水便从管中不断流出来。

阿基米德还利用空闲时间造了一些圆球,模仿日月及五大行星(水、火、金、土、木星)的运动,制好后,利用水来带动其旋转。他造得非常准确,可以把日食月食都运转出来。

阿基米德进入暮年时，新兴起的罗马帝国进攻叙拉古。当时罗马军队已将整个城市包围。看到祖国面临灭亡的危险，阿基米德决心尽自己的全力来拯救祖国。他制造出一种类似现代起重机一样的机械，他用这种机械把罗马的战船抓起来，悬在空中，然后再抛到水面上摔个粉碎，或者越过城墙将这些船抓回城里，让叙拉古的士兵把敌人杀死。他还造了一种石弩，把大块石头抛向罗马军队和战船，将敌人砸得叫苦连天。

阿基米德运用他的机械，将敌人挡在城外。有时一根绳子抛出城外，也将罗马人吓得四散奔逃。罗马军队没有办法攻破城池，便改变策略，变强攻为久困长围。叙拉古被围困了整整3年，城中的一切都消耗尽了，没有办法再坚持下去。公元前212年，叙拉古终于向罗马投降了，罗马军队迅即占领了整个西西里岛。当罗马士兵冲进叙拉古的时候，阿基米德还在专心致志地研究他的问题，似乎并没有感到战争的恐怖，也没有听到罗马士兵进城的喊声。直到一个士兵的脚踏乱了他地上的画图，阿基米德这才抬起头来向着他喊："喂，你弄坏了我的图，赶快走开！"结果，他的喊声惹恼了那个无知的士兵，阿基米德就这样被杀害了。阿基米德死得太可惜了，在他之后2000年，才出现了牛顿这样能够与他相比的伟大科学天才。

人物小传

〔阿基米德〕（公元前287—公元前212）古希腊数学家、科学家和发明家，理论力学的创始人，是从实验观测推导数学定律的先驱。在力学方面，他首先发现杠杆定理，并发明螺旋式水车。在数学方面，几何研究贡献卓越，发展了前人的穷竭法用来求面积和体积。

地动星移亦可知

——中国汉代天文学家张衡

欧洲的文艺复兴时代是一个产生科学巨人的时代,这一时期的欧洲出现了许多著名的伟大人物,他们往往集数学家、力学家、工程师、建筑师等于一身。其实,早在1800多年前,即早于欧洲文艺复兴五六个世纪,中国历史上也出现过一位集天文学家、地震学家、哲学家、画家、文学家于一身的杰出学者,在科学史上占有重要地位,他就是东汉时期的张衡。

张衡自幼勤学,十六七岁时游历了陕西等地,后又到当时的京都洛阳,入太学读书,研究文学和科学。他对科学和文学都显示出过人的天分和兴趣,而对做官谋职却十分淡漠。他以"不患位之不尊,不患德之不崇,不耻禄之不伙,而耻智之不博"为做人准则。他刻苦学习和研究,精通天文、历算和器械制造的工艺学,这为他以后做出杰出贡献奠定了坚实的基础。

一提起张衡,人们马上会想到浑天仪和候风地动仪。

公元115年,他就任太史令,主管天文历法。太史令的主要职责是观天,张衡观测日、月、星辰的运行,摸索其间的规律。他把观测研究的成果写成一本书,取名《灵宪》。他在此书中第一次提出了赤道、黄道、南极、北极等概念,绘制了我国第一幅星图,他天才地推断出:月亮本身并不发光,是反射的太阳光。为什么冬天日夜长短和夏天不同?张衡已经找到正确的答案:因为太阳和大地的距离在冬夏不同。他提出了"浑天说":天象类鸡蛋,天好比蛋清,包在外面,地如蛋黄,处在里面。这就推翻了以前的"盖天说"——天像一只碗,反扣在大地上。117年,张衡根据"浑天说",上任之后两年,他制出了用来观测天象的仪器——浑天仪。

这架浑天仪是铜铸的,有点像今天的地球仪,内有几层圆圈代表地球、太阳、月亮等轨道以及其他一些天文标识,仪器有南北两极,分全球为365.25°,布置二十八宿等星辰,用水滴计时器使它自动转动,用以模拟天空日月星辰的运动。这架仪器相当精确，浑天仪转动一周的时间正好和地球自转一周时间相等，运转起来与实际现象相差无几。为了说明浑天仪的用法，他写了《浑天仪图注》和《漏水转浑天仪注》。

太史令除了观测天象，还要记录各种灾异。中国处于亚洲大陆的地震带上，自古以来经常发生地震。张衡为了地震预报的需要，在公元132年发明了能测出千里之外有感地震的地动仪，历史上称为候风地动仪。

候风地动仪是铜造的，外形像个大坛子，周径八尺，上面有盖。里面中部有一根上粗下细的柱，连着指向八个方向的横杆，操纵发动机关。仪器外部镶着八条龙，朝着东、西、南、北、东南、西南、东北、西北八个方向，每条龙口里含有一个铜球。正对着龙头下面，各有一个铜制的张口接球的青蛙。

这个仪器制作非常精密，如果有地震发生，仪器感震后使机件发动，龙口张开，口中的铜球就落到下面青蛙的口里。仪器中间的柱也倒向地震方向，仪器发出激扬的响声，人们就知道有地震发生，而且可以判定地震的方位。这台仪器安放在都城洛阳。

公元138年，地动仪发出了响声，中间铜柱倒向西方，铜球落下来。但洛阳根本没感觉出有地震，人们都怀疑是不是仪器出了毛病，也有人讥笑张衡是胡闹。过了几天，陇西（甘肃境内）有使者来报说是陇西发生了地震。大家惊讶之余都由衷佩服张衡的发明。这架地震仪是世界上最早的地震仪。

张衡在天文著作《灵宪》中，绘有我国最早的星图。据他统计，地平线上的星共有2500颗，这与我们今天用肉眼直接能看到的星星数量是一致的。他还说明了夏季昼长夜短和冬季昼短夜长的道理。他认为每当阴历月初，月亮处于太阳和地球中间，月亮被太阳照亮那部分背对着地球，人们就看不到月亮了。他这样解释月亮的盈亏现象，是完全符合科学的。

张衡在科学方面的研究和兴趣很广，他对数学也十分精通，他推算出圆周率是10的平方根，3.16左右，这虽然远不精确，但比西方推算出同一结果早500年左右。

张衡一生致力于科学事业，他对那些对科学思想和技术发展产生严重阻碍的"图谶之学"十分厌恶，特地上书皇帝，指出：现在大家不肯研究有用的学问，却喜欢搞虚假的谶书，这就像有的画家不愿意画狗、马而愿意画鬼怪一样。因为真实的东西不容易画得像，而画虚无的东西却可以胡乱涂抹几笔来骗人。他极力主张禁止欺世盗名的"图谶之学",把人们引向尊重客观实际,注重真实学问的方向上来。但为这件事,张衡却引起了许多腐朽官僚的嫉恨。为了躲避他们的迫害,张衡61岁时辞官回乡,第二年便去世了。

纵观张衡的一生,他对科学做出了巨大的贡献。他上观天文,下测地理,最早从科学的角度研究测定地震,为减少地震损失而进行了不懈的努力。在他以后,地震测报更为人们所重视。他尊重科学与正直不阿的品质也一直为人们所敬仰。

人物小传

〔张 衡〕(78—139)中国河南省南阳市人。中国东汉时期的科学家和画家、天文学家。他博学多才,在天文学上成就最为突出,是中国古代宇宙结构理论浑天说的代表。创制了世界上第一架检测地震的仪器——候风地动仪,比西欧早1700年。还创制了指南车及记里鼓车。

数学王国的奇葩

——中国古代的数学成就

几何学中有一条很有趣的公式：直角三角形的两条直角边的长如果分别是 3 和 4，斜边的长一定是 5。也就是说，斜边平方等于两条直角边平方的和。这在数学上被称为勾股定理。发现这个定理的人名叫商高。传说商高是西周初年人，这样算来，距今已有 3000 年。我们的祖先在数学方面的成就确实令人惊叹。事实上，直到明代中叶以前，我国在数学的许多分支领域，一直处于领先地位，对世界数学的发展，起着积极的作用。

中国古代数学很早就发展起来，据现在考古学家从甲骨文中辨认出的文字看，商代的计数，用的是 10 进制，用一、二、三、四、五、六、七、八、九、十、百、千、万的组合来记 10 万以内的自然数。商代离现在的年代极为久远，至少有 3000 年以上，虽然留下来的文献无几，但我们还是从那些只鳞片爪中得知了一些关于当时数学发展的概况。

春秋战国时期，正是中国社会从奴隶社会向封建社会过渡的时期，社会的剧烈变革和生产的迅速发展提出了大量复杂的数学计算问题。这时出现了一种十分重要的计算方法——筹算，筹算是用算筹来进行的。算筹是圆形竹棍，直径约有 0.2 厘米，长约为 14 厘米，以 271 根为一"握"。后来，长度有所减少，圆的也变成方的或扁的。长度减少，算筹铺开时占用的面积就缩小了；扁的代替圆的，就避免了因算筹滚动所造成的误差，说明我们的祖先不断地改进自己的运算工具。除了用竹子做筹外，还有木筹、铁筹、玉筹和牙筹，另附有装算筹的算袋和算子筒。1971 年，在陕西省千阳县发现汉代骨制算筹 30 多根，1975 年又在湖北江陵发现汉初竹制算筹。这都为考察中国古算法提供了实物资料。

筹算使用的进位制是 10 进位制，这是各种进位制中最普通、最便于计算、最简捷的一种,说明早在商代,我国就已知道这种进位制最便利了。同一个数放在百位就代表几百,放在万位就代表几万。在计算中,一面把算筹摆成数字,一面进行计算,运算程序和现在珠算运算程序相似。记叙筹算法则的书有公元4世纪的《孙子算经》、公元5世纪的《夏侯阳算经》等。负数出现以后,算筹分成红黑两种,红筹表示正数,黑筹表示负数。算筹除了算术运算外,还能表示数式,进行各种代数运算。

中国古代很早就掌握了多种进位制,除了10进位制外,还有12进位、16进位、60进位等。公元543年,晋国发生了一件很令人感兴趣的事:一群农夫被征调筑城,国君夫人赏午饭。一位老年人也挤进来吃,官吏过来干涉,老人回答:"我儿子筑城被砸死了,剩下我孤老头子无依无靠,只好来这里找饭吃!"官吏问他多大年纪,老人说:"我是下等贫民,不知道确切年龄。只记得我出生于正月初一甲子日,如今已过了445个甲子日了,最末一个甲子日到今天刚好20天。"

官吏无法算出老人的确切年龄,就去问学者师旷。师旷经过筹算,告诉这个官吏:"这老人今年73岁了,要好好照顾他啊!"原来春秋战国时期要对70岁以上的老人给予优待。

师旷怎么算出老人年龄的呢?这就牵涉到天干地支,60进位、365进位等知识。

甲子是中国古代计时的方法。它是由10天干(甲、乙、丙、丁、戊、己、庚、辛、壬、癸)和12地支(子、丑、寅、卯、辰、巳、午、未、申、酉、戌、亥)互相结合而成,甲子、乙丑、丙寅……每个组合代表一天或一年,因为10和12的最小公倍数是60,所以每隔60天(或年),就重新组合一次,周而复始。

师旷是这样计算的:老人过了445个甲子日又20天,就应该用$60 \times (445-1)+20=26660$天,再除以365天,便得出老人年龄是73岁。

2500年前能算出这个问题不简单,它涉及多种进位制和四则运算。

我国古代在数学方面长期处于世界领先地位,是与筹算运用分不开的。祖冲之在公元6世纪就把圆周率计算准确到小数后第六位,这需要计算圆内接12288边形的边长,把一个9位数进行22次开平方,如果没有10进制的筹算,那将是相当困难的。中国的筹算和10进位制在当时是世界上最方便和最先进的计算方法,这是我们中华民族的骄傲。

在中国,数学的产生和发展始终与统治者的需要有密切关系,其中很大部分是统治者的需要,比如土地的丈量、谷仓容积、堤坝和河渠的修建、税收等,而纯数学的场合则很少,因而中国古代纯粹的数学家不多,从事数学研究的人总是同时还在进行其他研究或从事其他职业。尽管这样,中国古代还是为我们留下了极丰富的数学遗产,许多数学家写下了不少著名数学著作。其中不乏对纯数学发展极为有益的内容。

现在所知的最早的数学著作是《周髀算经》和《九章算术》,它们都是公元纪元前后的作品。在《周髀算经》中,有一段被尊为古代圣人的周公和一个名叫商高的数学家的对话,在对话中就提出了勾股定理,也就是"直角三角形斜边平方等于两个直边平方之和",书中这样写道:

"勾股之法,先知二数然后推一,见勾股然后求弦。先各自乘成其实,实成势化,两乃变通。故曰:'既方其外,或并勾股之实,以求弦。'"

商高还举出了一个特殊的例子:"故折矩以为勾广三,股修四,径隅五。"这就是几何学上著名的勾股弦定理,也叫商高定理,因为是商高第一个发现的。可惜,在这里商高没有给予证明。

此外,商高还指出:"数的艺术从圆形和方形开始。圆形出自方形,而方形出自矩形,矩形出自 $9 \times 9 = 81$ 这个事实。假如把矩形沿对角线切开,让宽等于3个单位,长为4个单位,那么对角线的长度就是5个单位。古代大禹用来治理天下的方法,就是从这些数字发展出来的。"把数学中的勾3股4弦5提高到治理天下的出发点,当然是夸大了它在人类社会中的作用,但也从另一个角度说明了它的重要性。

"使直角三角尺平卧地上,可以用绳子设计出平直的和方形的工程。把直角三角尺竖立起来,可以测量高度。倒立的直角三角尺可以用来测量深浅,而平放着就可以测出距离。让直角三角尺旋转,就可以画出圆,把几个直角三角尺合在一起,就可以得到正方形和长方形。"这里说的是直角三角形在各种几何图形中的基础作用。

《周髀算经》中还有一部分是名叫陈子的人和叫荣方的人的对话,他们谈论日影,估计在不同纬度上日影的长度差,同时谈到用窥管测量太阳直径的方法。书中还载有与太阳周年运动有关的计算,提到利用水平仪来取得测日影所需要的水平面，还列出了一年中各个节气的日影长度表。此外，还讨论了根据日出日落来观察确定子午线的方法、恒星的中天、二十八宿、闰年以及其他天文学的问题。

后来的学者曾指出：《周髀算经》的伟大不仅仅在于它对数学知识的阐述，更重要的在于它写于占星术与卜筮占支配地位的时期，而它在讨论天地现象时却丝毫不带迷信成分！这的确是难能可贵的。

和《周髀算经》几乎同时，还有一部数学著作，科学史上称为《九章算术》。一般认为它们成书年代差不多，但比起《周髀算经》来，《九章算术》中的数学水平要高得多。《九章算术》共包含9章、246个问题。内容大致是这样：

(1) 土地测量。书中列有直角三角形、梯形、三角形、圆弧形等各种形状的地块，并提出了计算这些形状面积的方法。

(2) 百分法和比例，根据比例关系来求问题答案。

(3) 算术级数和几何级数。

(4) 处理圆形面积及一边长度已知时求其他边长的问题。还有求平方根和立方根问题。

(5) 立体图形（棱柱、圆柱、棱锥、圆锥、圆台、四面体等）体积的测量和计算，实际计算的有墙、城墙、堤防、水道和河流等。

(6) 解决征收税中的数学问题。像人们从产地运送谷物到京城交税所需的时间等有关问题，还有按人口征税的问题。

(7) 过剩与不足的问题。也就是解决 $ax+b=0$ 的问题。

(8) 解方程和不定方程。

(9) 直角三角形的性质。

《九章算术》还提出这样一个有趣的问题：一个长宽各一丈的水池，中央生有一株芦荟，出水面一尺，如果芦荟倒向池边，尖端正好和池边平齐，问池水有多深？后来的印度、欧洲等数学著作中也载有同类问题。这说明在公元元年前后，中国人就知道用相似直角三角形来计算。

《九章算术》对中国古代数学产生的影响，正像古希腊欧几里得《几何原本》对西方数学所产生的影响一样，是非常深刻的。在此后1000多年的时间里，它一直被直接作为教科书使用，日本、朝鲜也都曾用它作教科书。各代学者都十分重视对这部算书的研究，在欧洲和阿拉伯的早期数学著作中，过剩与不足问题的算法就被称为"中国算法"。

在中国古代，著名的数学著作当然不止上述两种，从汉代到唐代，虽然许多算书都失传了，但现在仍知道曾有包括上述两种书籍在内的10种书籍作为大英皇家学院的教学书，像《孙子算经》、《夏侯阳算经》、《缀术》等等。其中一些名词一直沿用到今天，如：分子、分母、开平方、正、负、方程等。也许人们还不知道，这些今天极普通的数学名称，已经有2000年的历史了。

中国古代的圆周率计算

——从刘徽到祖冲之

从古到今，π值已经计算到小数点后几百万位了，还没有算完，难道你不感到奇妙吗？当代最先进的计算机，尽管一秒钟可以完成上亿次的计算，但在π值面前也无能为力，人们只能得到一个近似值，而永远得不到准确值。

π是个什么怪东西呢？它是圆的周长与直径之比，也叫圆周率，是一个无限不循环小数，无论计算到小数点后多少位，人们都无法找出它的重复循环部分。起初人们粗略地取π近似于3，但随着生产和科学的发展，人们对π值的要求也就越来越精确。

东汉时期的张衡，三国时吴国的王蕃在圆周率的研究上都取得过突出成就，张衡推算的圆周率是3.16，王蕃推算的是3.15，比古代粗略的确定大大前进了一步。但他们得出的结果，不是通过严格科学的理论计算出的，没有提出π值的理论计算方法。直到魏晋时代杰出的数学家刘徽的出现，才改变了这种状况。

刘徽在公元263年为《九章算术》作注时，发觉"周三径一"不是圆周率值，实际上是圆内接正六边形周长和直径的比值。他说，当圆内接正多边形的边数增加时，多边形的周长就越来越逼近圆的周长。这样的发现启发他创立了割圆术，为计算圆周率和圆面积建立了相当严密的理论和完善的算法。

刘徽割圆术的主要内容和根据是——

1. 圆内接正六边形边长等于半径。

2. 根据勾股定理，从圆内接正n边形的每边长，可以求出圆内接正2n边形每边的长。

3. 从圆内接正n边形每边的长，可以直接求出圆内接正2n边形的面积。

4. 圆面积S满足不等式：$S_{2n} < S < S_{2n} + (S_{2n} - S_n)$

其中，S_{2n}是圆内接正2n边形的面积，S_n是圆内接正n边形的面积。

5. 刘徽认识到:"割之弥细,所失弥小,割之又割,以至于不可割,则与圆合体而无所失矣。"这就萌发了极限的思想,多边形边数无限增加时,它周长的极就是圆的周长,它面积的极限就是圆的面积。这实际上已经指明:圆周率只能永远是近似值,也就是无限不循环小数。

根据这些有关圆的定理,刘徽从圆内接正六边形算起,边数逐步加倍,相继算出内接正12边形、正24边形……在实际计算中,他采用了 $\pi = 3.14 = \frac{157}{50}$。刘徽继续推算下去,求出了圆内接正3072边形的面积,验证了前面的结果,并且得出了更精确的圆周率值 $\pi \approx 3927/1250 \approx 3.1416$。

刘徽割圆术的创立,为圆周率的计算赋予了真正科学的意义,从理论上为计算圆周率探索出科学的方法。圆周率的计算,再不是用物理实体进行模拟测量后而得出的结果,避免了测量误差,计算程序也比以前简便多了,而且使其有了真正数学意义。他的计算在数学史上有十分重要的地位,是具有开拓性的创造。

到了南北朝时期,中国又出现了一位杰出的数学家祖冲之。祖冲之在数学上的巨大贡献是对圆周率的精确计算。他利用刘徽的割圆术,在小数还处在萌芽的时代,设圆的直径为1亿丈,以惊人的勇气和毅力,用简陋的筹算完成了大量极其复杂的计算,精确地求出圆周率 π 的值为——

$3.1415926 < \pi < 3.1415927$

这个计算把 π 值推算到小数点后7位,而且结果十分准确。能做到这一点是非常不容易的,因为要把 π 值准确计算到小数点后7位,需要求出圆内接正12288边形的边长和24576边形的面积。这是一项非常艰难繁杂的工作,只有纯熟的技巧,深厚的理论,坚韧不拔的毅力,才能取得这样的成就。π 值的精确计算,在当时乃至于以后的1000年中都是最先进的。直到15世纪,阿拉伯数学家阿尔·卡西才使 π 值向更为精确的数值推进了一步。

祖冲之还确定两个分数形式的 π 近似值,它们是——

$\pi \approx \frac{22}{7} \approx 3.14$,这个结果称为"约率"。

$\pi \approx \frac{355}{113} \approx 3.1415929$,这个结果称为"密率"。

我们知道,π 是无理数,也就是不能用分数形式来表达的一种数。我们只能用分数近似地表示它,越来越精确地逼近它。约率和密率就是用分数来逼近π值的两个结果。其中密率是祖冲之独立提出和首创的，密率的近似程度也是相当高的，1000多年后才由德国的奥托和荷兰的安托尼兹重新提到。现在，密率也被人们称为"祖率"，祖冲之也被列入了世界文化名人的行列。

祖冲之以后，1000年中圆周率的计算没有什么突破，一直到17世纪，近代数学发展以后才出现了以极数形式表达π值的计算公式。

人物小传

〔刘　徽〕（约225—295）中国魏晋时期数学家。所著《海岛算经》是中国最早论述测量数学的专著。创割圆术，算出$\pi \approx \frac{3927}{1250} \approx 3.1416$，含有极限概念，是他的一个最大创造。

〔祖冲之〕（429—500）中国南北朝时期南朝数学家、天文学家。所编《大明历》是中国历法史上第一次考虑岁差影响的历书。算出圆周率值在3.1415926和3.1415927之间，并提出圆周约率$\frac{22}{7}$、密率$\frac{355}{113}$，其中密率值的提出比欧洲早1000多年。

蜿蜒起伏的东方巨龙

——万里长城

有人说,从宇宙飞船上看地球,地球是蔚蓝色的,在蔚蓝色之间有一条细细的带状物,那就是中国的万里长城。

长城是人类历史上最伟大的建筑之一,在世界七大古建筑遗迹中,长城是杰出的一项。它雄踞于中国北部,东西跨越河西走廊、黄土高原、燕山山脉,雄伟壮观。它的修建最早可以追溯到2200多年前的战国时期。那时候,各诸侯国为了防止来自北方游牧民族的袭击,在北部修建了长城。后来,各国间也筑起了长城,以进行自卫。像燕国就曾修建长城抵抗匈奴和东胡,赵国也曾修建长城防御林胡和楼烦。魏国长城北起黄河河套,南接华山,主要防御匈奴和强大的秦国。

秦始皇统一中国后,建立了中国历史上第一个中央集权的封建帝国。为了防御匈奴入侵,秦始皇动用30万人力,用了10多年时间,把燕、赵、魏等原各诸侯国的长城连接起来,完成了浩大的修筑工程——万里长城。秦代的长城西起甘肃临洮,沿着黄河到内蒙古临河,北达阴山,南到山西雁门关、代县,接燕国北长城,经张家口燕山、玉田、锦州,延伸到辽东。

秦代的长城,用黄土筑成,有的地段用黏土夹少量碎石夯砸筑成。城墙下部宽4.2米,上部宽2.5米,现残存高度3米左右。到了汉代,除了修整秦代所筑的万里长城外,为了保证河西走廊的畅通,维护对西域少数民族的统治,更是动用了巨大的人力物力重点修筑凉州西段长城,用来切断匈奴和西域的交通联系。

汉代长城不论规模和修筑技术都超过秦代,本身结构也不尽相同。敦煌西南玉门关一段长城,墙下部宽3.5米,上部宽1.1米,墙身残存高为4米。墙身自地面0.05米开始,每隔0.15米铺芦苇一层,芦苇摆法纵横交错,厚0.06米。墙身夯土中夹杂一些小石子,全部用夯筑实。

汉代长城的烽火台比秦代雄伟得多,烽火台都建在长城边缘,有的建在长城外,也有建在长城里,到现在保存下来的仍有几百座。烽火台平面呈正方形,每边长17米,高25米左右。4个壁有比较明显的棱角,有的用夯土筑成,有的用土坯砌筑,也有的用夯土和土坯合筑。土坯尺寸长0.38米,宽0.2米,厚0.09米。土坯砌法是每隔3层坯夹1层芦苇,施工中采用芦苇,可以使城墙坚固不易坍塌。

长城在汉朝以后历代都进行了修建,尤其到了明代更是进行了大规模整修。明长城西起嘉峪关,东到山海关,总长为12700里,称得上是真正的万里长城。我们今天看到的长城,是明代经过大规模整修后保存下来的,距今也有近500年的历史了。

明代长城又从规模和结构来看,分东西两部分。山西以东为东半部,东半部都建在崇山峻岭间,随山势曲折延伸,城墙下部宽6米,墙顶宽5.4米,墙顶外部设垛口,高2米;内部砌女墙,高1米;城墙总高8.7米,大大超过秦汉长城的高度。墙身每隔70米左右设敌台一座。墙上设有排水沟和吐水口,墙身内部每隔200米建石阶磴道,为上下城墙用。城墙全部用砖砌筑,内部是夯土。当时施工时在集中点建窑烧砖,就近搬运。把沉重的青砖搬至高山顶上,所费的人力物力是相当大的。特别是八达岭以东长城的一些部位,用大石条砌筑,共达80层,其工程是非常艰巨的。

山西以西的长城是西半部,西半部长城全用夯土筑成,墙面不包砖,墙身下部宽4米,上部宽1.6米;墙顶设有敌墙,垛口高0.80米;墙顶通道宽1.2米,城墙总高5.3米。城墙采用夯土版筑,每版长4米。烽火台建筑在长城两侧,有的独立建在高山上,也有和城墙连接的,平面呈方形,每面长8米,总高12米。夯筑采用夹板脚手架的施工方法,一版长的城墙用土量就是80立方米。一个烽火台的用土量为800立方米,可见长城的用土量、运输量和动用人工的规模。

明代极为重视长城的防守,重点地段设镇,每镇有总兵官率重兵把守。最初设四大镇:辽东镇,驻辽阳,防卫范围全长1950里,大体上包括山海关以东的长城。宣府镇,设在河北宣化,管辖范围全长1023里。这一段地处北京外围,因此明代格外重视,里里外外筑造了九重长城,严严实实地把北京包围起来。大同镇,设在山西大同,管辖范围全长647里。明末,为加强防卫,又设宣大总督,既防卫长城又掌管宣化、大同一带地区的军事。榆林镇,驻陕北榆林，管辖范围全长1770里。

后来，又增设了三镇，以加强长城的防卫。宁夏镇，驻宁夏银川，管辖范围2000里。甘肃镇，驻甘肃张掖，管辖范围1600里。蓟州镇，驻河北蓟县，管辖范围全长1000里，同宣化比，蓟州距京师更近，地位也更为重要。所以这一带的长城筑得非常坚固，特别是居庸关一带，形势极为险要，筑有三重长城。此外居庸关、紫荆关、倒马关被称为内三关；偏关、宁武关、雁门关称为外三关。居庸关的北门上，刻有"北门锁钥"4个大字，可见当时对它的重视程度。

明代长城的关很多，大都选择在地势险峻的重要部位。像著名的嘉峪关、山海关等。嘉峪关是明代长城西边起点，建在酒泉西70里通往新疆的大道上。关城为方形，城周长660米，东西两面有城门，门外各设子城一个；四角设有角楼，南北设有敌楼；城门上建楼，威严耸立。关城的墙顶、内墙、垛口和马道都用砖砌，其他部分是夯土墙，万里长城的起点从祁连山下经几百米和关城相连，形势极为险要，称为"天下第一雄关"。

山海关是明代万里长城东端点，建在河北、辽宁的交界线上，西部是燕山山脉，东部直伸向大海，中间建成山海关城。长城自山而下和山海关城相连，构成险要关隘，是关内通往东北的咽喉要道。山海关城高12米，墙内用土夯实，外部包砖，非常坚固。登上城楼，上面一块巨匾书写着"天下第一关"，字体遒劲凝重，确实体现了雄关之风。从山海关往东，一段城墙蜿蜒伸入渤海，尽头处称为"老龙头"，是在海里筑起的长城。由于有了这一段城墙，更显出山海关"咽喉要地"的气势。

万里长城是中华民族的象征，它古老、雄浑、朴实而深厚，有人称它为"东方巨龙"，的确十分贴切。像这样的古建筑史上的奇迹，全世界也是绝无仅有的。它不是哪一位能工巧匠的妙思偶得，而是中华民族几千年里用砖石泥土堆筑起来的。长城就是中华民族历史的凝缩，也是中华民族的骄傲。

远古建筑的奇迹

——古埃及的金字塔和神庙

埃及金字塔距今已有 4700 年的历史，它被列为世界古代七大建筑之一。从它们出世到今天，170 多万个尼罗河畔的黄昏中，人们都可以看到它那映在天边的无比巨大的身影。

金字塔是古埃及法老（国王）的坟墓。呈正锥形，就好像一个高大的金字矗立着，所以中国人把它称为金字塔。

最典型、最有名的金字塔是属于第四王朝的三座金字塔，其中又以第二代法老胡夫的金字塔最为宏伟。这是座高 146.5 米，基层边长 240 米的大金字塔。其北面距地面 12 米处是用四块巨石拼成的三角形墓门。由拱门可以进到地面下 30 米处的空石室，也可以进入高出地面 40 米处的藏棺室，二者之间还有一个王妃墓室。这些石室与通道都是用磨得十分平滑的石块重叠垒积而成，接缝紧密无间，充分显示了 4000 年前埃及人民的伟大创造力和建筑水平。据说这一工程役使了全埃及的人民，以十万人为一班轮番工作，历时 30 年才完成。金字塔的占地面积是 52900 平方米，用石头 230 万块；每块平均重达 12 吨，最轻的也有 3 吨，最重的达 30 吨。至今人们想象不出，古埃及人是怎么把这么巨大的石块开采下来并运到现场的。

开罗附近的基泽、美杜姆和萨卡拉等地有大小金字塔 70 多座。

这种金字塔的创建和发明者，据说是当时的大臣，后来被奉为史官、文字与知识的保护者以及医神的伊姆霍特普。不过，这个传统说法今天遇到了挑战。1991 年，人们在大金字塔的脚下发现了一批小墓。这些墓是用建造金字塔剩下的石料——花岗岩、大理石建造的，其中一座墓的假门上写着："这是一名男子，金字塔的建造者，熟练工人。"由此推断，金字塔的建造者不是伊姆霍特普，也不是奴隶，而是当时的一大批能工巧匠。此后许多法老的陵墓都沿袭了这一形式。到第四王朝奠基人斯尼弗罗法老时，建筑了两座陵墓，一座是美杜姆的八层梯形金字塔,这是过去金字塔类型的沿袭;一座是达哈淑尔的高达 99 米正锥形金字塔,这种新型金字塔成为以后古王国陵墓的定制。

第二座大金字塔是胡夫的儿子、法老哈夫拉的陵墓。它虽然比前座金字塔低 8 米,但在前面却多了一个高 22 米、长 57 米用整块巨石雕成的"司芬克斯"狮身人面像。以后的金字塔再也没有如此高大,第三个法老的金字塔只有 66 米高,后来的就更为低小了。

金字塔是古埃及辉煌的建筑,它除了具有形体庄严、伟大、对称、均衡等因素外,还具有各种自然色泽的和谐美。如它的墙壁是玫瑰色的花岗石,地面铺的是雪花石膏,再加上敷有色彩的雕像与大自然天地光色配合,更使它显得宏伟壮观。此外,它还具有建筑群不可分割的整体性,如萨卡拉梯形金字塔就是一个复杂的建筑综合体。它是由金字塔、小礼拜堂、纪念国王用的神庙柱廊、毗连它的小神庙、公主的坟墓等组成的建筑群,而金字塔起到领袖群伦的主体和重心作用,使这些建筑构成浑然一体的统一体。

关于金字塔,现在仍有许多难解之谜。它到底是什么时间、什么人、采用什么样的技术、为什么目的而建的呢?千百年来,人们提出了各种猜想,有人说它是为了纪念宇宙中的一场大火灾而建的,更有人说是外星人所建,还有人说它是古代的天文台。而金字塔本身和许多天象有极密切的对应关系,似乎证实了这种说法。例如,塔的四边正对着东南西北四个方向,入口处则正对北极星;胡夫大金字塔的高度 146.5 米乘以 10 亿刚好是地球到太阳的距离;它的底面积除以 2 倍的高度又正好等于圆周率;穿过大金字塔的子午线把大陆和海洋分成相等的两半;金字塔的位置正好处于各大洲的重力中心;利用金字塔还可以准确地测定春分、夏至、秋分、冬至……一系列的巧合太叫人感到不可思议了。

关于金字塔的建造速度,也给人留下不解之谜。如果每天砌 10 块巨石(这在今天也很难办到),砌定一座大金字塔就需 25 万天,相当于 664 年,如每天砌 100 块巨石,也需约 66 年。而国王胡夫总共在位才 23 年,显然他不可能在 23 年里用 66 年(更不用说 664 年)为自己修建陵墓。

埃及的中王国之后,金字塔式的国王陵墓为地下墓室与崖墓所代替,于是陵墓建筑失去了它的优势,继之而起的则是神庙。新王国时代的神庙建筑得到了最充分的发展,底比斯(埃及历史名城,遗址在现在的卢克索和卡尔纳克一带，为古埃及中王国和新王国时代都城，公元前88年被毁）附近的"卡尔纳克神庙"和"卢克索神庙"是它们中典型的代表，都以雄伟而富丽堂皇见称于世。

其中卡尔纳克神庙是由许多建筑物组成的，有穆脱女神庙、孔司月神庙和最大的太阳神阿蒙的神庙。这座神庙长1000米，宽约200米，圆柱大厅的面积为5000平方米，大厅之内有16排共134根巨型石柱，石柱由红色花岗石砌成，中央两排12根最大的石柱高达21米，每根莲花型底座柱头上可以容纳100人。神庙的石门和庙内墙壁及柱身都有彩色浮雕装饰。大门外有两排卧着的狮身人面像，地面上铺着磨光的石块。卡尔纳克神庙原建于中王国时代，原来的遗址已毁灭了，到了新王国的第十八王朝吐特麦斯一世时代（公元前15世纪末），又重新建造，以后又经过多次缮修，才保存下来。

在古埃及的建筑风格中，除古朴、雄浑、壮美的风格外，还存在着细腻、典雅和栩栩如生的风格。阿门霍特普四世（公元前1397—前1362年）在宗教改革后所建的埃尔—阿玛尔纳宫殿，吐当哈门以及拉美斯二世的坟墓，也都展现了这种风格。

叹为观止的艺术奇观

——欧洲古代建筑

（一）古希腊建筑

古希腊的建筑，从公元前 2000 年的"克里特文化"时期就已经有了比较大的发展，当时的王宫建筑已具有庞大而复杂的规模。最有代表性的米诺斯王宫，占地约两公顷。王宫是以中央的庭院为中心，四周布以各种房屋，有柱廊和国王大厅、卧室和浴室，在底层有国王的工场和地下室，仓库是 3 层建筑物，在其西北面还有可以容纳 500 人的剧场。宫中有上粗下细的圆柱，有水道和类似注水式的厕所。整个建筑群由于高低、迂回、宽窄不等、大小不同的错综配合，给人以一种迷离的感觉，这种建筑物的形成与布置，富于变化，和埃及、巴比伦等地的建筑风格迥然不同。

到了公元前 14 世纪以后，希腊进入"迈锡尼文化"时期。迈锡尼文化的遗址在特洛伊、雅典附近的美尼迭、亚尔纳等地都有发现。其中，迈锡尼卫城周长大约有 1 公里，城墙用石块叠成，卫城有一个用巨石筑成的城门，独石的门楣上有一个三角形的拱券，拱券之间雕着两个侧身而立的狮子，因此这城门被人称为"狮子门"。卫城中有宫殿和住宅，宫殿是有门厅和柱廊的长方形主室式，这种形式在泰林斯建筑上体现得更清楚。泰林斯的卫城城墙厚达 8 米，全用大石块砌成，城的一边有一个三角形拱洞。在卫城的中央有国王的宫殿，宫殿中有仓库，有以柱廊环绕的中庭，有用 10 米长的石板铺成的浴室，并备有彩色陶浴盆。主室周围装饰着大理石的彩雕带，室内有上粗下细的圆柱，有大的柱头和基板，此外还有画着各种人物的壁画装饰。

这种庄严雄伟的建筑风格也表现在迈锡尼的一些圆形穹窿墓室上。其中最雄伟的一个是被称为"阿塔鲁斯之宝库"的穹窿大墓。这个大墓的墓道长 36 米，宽 6 米，墓道直通中央的大穹窿室，室的右侧还有一个小方形墓室，中央大穹隆的直径是14.5米，高13.2米，用大石块重叠成32层。墓室的大门高5.4米，上面也有三角形拱券，墓门两侧有上粗下细的绿色大理石圆柱，并附以各种纹样的黄金青铜装饰。从这种建筑形式上可以看出，希腊人在穹隆结构上已有高度发展。

从公元前11世纪到公元前8世纪，希腊进入"荷马时代"。这一时期的建筑奠定了以后希腊神庙建筑的基本形式。这一时期开始出现的神庙建筑，在材料上仍然运用木柱和生砖。公元前8世纪末奥林匹亚的赫拉神庙就是这种材料的建筑物。后来发展成为石材，柱身也改为上细下粗了。

公元前7世纪，希腊又在以前的"主室式"建筑基础上发展出"多利安式"和"爱奥尼亚式"两种建筑。多利安式神庙建筑流行地区是希腊本地、意大利南部和西西里岛，具有坚毅、庄严、朴实而和谐的风格。多利安式的石柱不设柱基，直接立在庙宇下部的三层阶梯形连座上，柱身上细下粗，向上收起的直线略有弧度，从上到下有16条到20条并列的凹槽，为半圆形，柱高一般为下端直径的5倍。大门开在神殿的两侧。神殿内部一般都是用两列圆柱分成中堂与侧堂，室内无窗，只有很少的例外是屋顶有窗。最古老的奥林匹亚的赫拉神庙，公元前5世纪的奥林匹亚的宙斯神庙等，都是这种多利安式建筑结构留下的典型遗迹。

爱奥尼亚式建筑兴起略微晚一点，大约在公元前7世纪下半叶。这种建筑形式的特点和多利安式建筑一样，主要表现在它的柱式上。这种柱式也由三部分组成：基座、柱身和盖盘。柱身较细长，凹槽较多，柱身向上减少的直线没有弧度，柱身之下有柱基。从整体形式来看，比多利安式轻快、流利，更有活泼之感。后来的发展显示，这两种建筑形式相互影响，相互吸收，最后融合为一体。

到公元前5世纪时，神庙建筑仍是建筑中的重点，这一时期的伟大成就则是雅典卫城建筑群。

雅典卫城由四种建筑所组成：一是门厅，即卫城的大门；二是门厅东边的胜利女神尼克小庙；三是阿尔忒弥斯神庙，这是有名的女雕像柱建筑物，是供奉古代雅典国王厄瑞克阿斯的神殿；四是建于卫城最高处的雅典娜神庙，这一建筑是卫城的冠冕，是雅典人民崇高精神的集中体现。

雅典娜神庙在雅典城南侧，原建筑毁于战争，后重建。这座神庙以多利安式为基调，吸收了爱奥尼亚式的成分。它的基座长68米，宽30米，三层各高约 5 米，还有小的间级供人们登降。3 层基座的直线并不完全水平，中间有略向上的弧度。基座上神庙外围有多利安式列柱 56 根，各高 10 米多。柱身由 12 个石鼓叠成，石鼓的直径由 1.9 米向上递减至 1.3 米。越往边角处，柱子越粗，而中间的比较细，这样的设计十分巧妙地矫正了视觉上的误差。整个建筑物给人庄严、和谐而优美的感觉。

伯罗奔尼撒战争以后，希腊建筑失去了过去那种崇高、和谐和高度集中的特点，开始向庞大、秀丽、纤巧的风格发展。爱奥尼亚式建筑大为流行。剧场、议事厅之类的公共建筑和表彰个人功绩、财富的陵墓与纪念亭之类的建筑物兴起。像有名的狄奥尼索斯剧场可以容纳 44000 名观众，虽然是露天的，也足见它的规模之大。

在陵墓方面，最有名的是毛索留斯墓。它全高 40 多米，共分三层。第一层是毛索留斯夫妇的陵寝，四周有雕像装饰；第二层以爱奥尼亚式列柱围绕，列柱之间安置了大理石的名人雕像；第三层是阶梯形的金字塔，塔的顶端树立了毛索留斯夫妇乘坐四马战车的大理石雕像。这一建筑是古代世界建筑奇迹之一。

古希腊是世界文明的发源地之一，在其发展的历史中形成了自身独特的建筑特色。这种建筑特色与东方的、中亚的、古埃及的建筑特色相互辉映，画出了人类古建筑的历史长卷。当我们看到这些古建筑时，不仅发现了它们在科学技术史上的重大意义，而且得到了美的享受。

(二) 古罗马建筑

人们都知道伽利略做落体实验的历史传说。他做实验的情形怎样？你一定会说：他是站在比萨斜塔上往下扔铁球的。那么，比萨斜塔建在哪里？很多人便不知道了。比萨斜塔是比萨大教堂的一部分，它高 55 米，共 8 层，建于 1174 年，同比萨大教堂比，它晚出现约 100 年。是先有比萨大教堂而后有比萨斜塔，然而由于斜塔和著名科学家伽利略的名字连在一起，又由于它是斜的，名声反而比大教堂大。其实比萨大教堂和比萨斜塔，都是欧洲罗马式建筑的代表作。

由于中西方文化的差异，欧洲的古代建筑同我国古代建筑在风格特色上存在着很大不同，显示出了欧洲文化独有的魅力。

古罗马是欧洲历史上有着灿烂文化的大帝国，公元前 1 世纪至公元 3 世纪是东罗马帝国的鼎盛时期。它的举世闻名的宏伟建筑也和这种鼎盛一起达到了辉煌的顶峰。虽然罗马的文化受到伊特拉里亚和希腊的很大影响,但在总体上还保持着民族特色的主导地位,建筑上也是这样。在罗马早期共和时代的建筑遗址上,表现出的那种英雄气概是一目了然的。后来的发展则更加雄伟,更为伟大,在建筑史上占有极其重要的地位。

在共和末期,罗马进入帝国的奥古斯都时代(公元前1世纪末),罗马建筑的伟大成就和民族特色越来越显著,"按实际的用途建筑"是罗马建筑的指导思想。

罗马建筑的成就突出地表现在公共建筑和纪念碑式的建筑物方面,在建筑结构上则是穹隆式的半圆屋顶,这种形状的建筑以罗马的万神殿最为著名。这座神殿建于公元前27年,从现存的仅门铭文上可以得知原建者是奥古斯都的女婿——大将马尔苦斯·亚格里巴。后来经过两次火毁,公元126年左右,哈德良帝时代根据原来形状重新修筑,现在还完好存在的就是这一时期的产物。神殿的主要部分是一个高与直径都等于42公尺的穹隆的大顶,由于内部不设神龛而使内部有特别空阔宏大的感觉。它的前部门廊是用两排16根列柱支撑着的"破风式"的建筑,这和希腊建筑的风格是相近的,可以看出它与希腊神殿建筑的渊源关系。

公元前4世纪以后在希腊兴起的圆形剧场,到了罗马帝国时代有了更大发展。罗马的圆形剧场或斗兽场往往能容纳5—10万观众,它与希腊建筑的不同之处在于演出场所不在建筑中心,而是移到一边去了,中间则形成了"池子"——观众席。这种剧场的建筑风格的代表是至今尚存的罗马的塞拉斯剧场、法国南部的奥伦治剧场和最有名的罗马可里西姆大剧场。

可里西姆大剧场始建于皇帝卫伯乡时代,在他的儿子提度帝时期(公元80年)建成。剧场从外部看有四层,但内部的层次很多,也不与外部有一致的连属关系。它有80个出入口,所有的门廊都是拱形的,5万余观众出入剧场也不至于发生拥挤。这个剧场和万神殿是世界上现存最著名的古建筑之一。

为了纪念帝王的功勋,在罗马帝国时代又兴起了两种建筑物:凯旋门和纪念柱。这种建筑物就欧洲的造型艺术建筑来说是一种首创,它和埃及神庙前的古门,中国古代的宫阙墓阙以及后来的牌坊、华表都有相类似之处。

罗马凯旋门建筑不少,著名的遗迹有建于公元81年、用以纪念战胜犹太人的提度帝凯旋门和建于公元113年、纪念战胜达西亚人的图拉真帝凯旋门。

纪念柱的典型代表则以高达 34 米的图拉真柱和高达 27 米的马尔苦斯·奥理略柱为代表，这两个石柱到现在仍完好地保存着，除了建筑本身造型结构的完美外，还有丰富而优美的装饰雕刻增加了它们的艺术性。

罗马建筑成就是相当高的，其中的主要原因是对外来文化的融合与借鉴，在融合与借鉴的基础上发展为民族的科学文化。罗马的建筑体现着科学和艺术的紧密融合，体现着"人按照美的规律来建造"的真理。

随着基督教的产生和发展，罗马出现了巴西利加式的教堂建筑，这种建筑从外部来看是非常朴素的，但内部装饰却相当华丽，用彩色大理石以及金银、珠玉、玻璃等镶嵌在墙上组成镶嵌画，呈现出富丽堂皇、绚丽多彩的效果。

这种巴西利加式的基督教堂最典型的代表有罗马的圣保罗教堂、圣克里门教堂和圣玛丽业·友佐勒教堂等。

在基督教文化中还有另外一个系统，这就是公元 4 世纪建都于君士坦丁堡（现称伊斯坦布尔）的东罗马帝国。由于它没有受到异族严重的侵扰，保存了比较多的古代文化；又因为它处于与东西方交往的中介地位，不但使它的经济繁荣，而且也受到东方科学文化的更多影响。

公元 6 世纪是东罗马帝国的极盛时代，东罗马的建筑成就远比西罗马高，产生了具有东方特色的拜占庭建筑。当然，这种建筑并没有摆脱中世纪基督教的影响。

公元 330 年罗马皇帝君士坦丁在拜占庭建城作为陪都，并改名为君士坦丁堡，拜占庭建筑就是从那时逐渐兴起的。这些建筑虽然也以基督教为主题，但却联系着古希腊罗马建筑传统并和东方色彩相连接。拜占庭建筑基本上是巴西利加形式的发展，但在平面结构上则分为三类：巴西利加式、集中式和十字形平面式。其中十字形平面式出现较晚，它实际上是在巴西利加式的平面上增加两个横翼而成。

这三种形式在结构上的共同特点是屋顶为穹隆形，也就是半圆大屋顶。这种穹隆屋顶在建筑结构上与古罗马的穹隆不同，古罗马的穹隆完全靠墙壁支撑着，而拜占庭教堂的穹隆则是由独立的支柱利用帆拱形成的。因而它可以使成组的穹隆结合在一起，形成广阔而有变化的空间。

这些建筑物从外部看上去都很朴素，而内部装饰却极其华丽灿烂。它把细碎的彩色大理石、珐琅和琉璃的镶嵌画发挥到极致，充分表现光线和色彩结合的形式美。拜占庭建筑形式与嵌石画装饰相结合就构成拜占庭建筑的主要特征。拜占庭建筑风格影响波及到相当广大的地区，东到波斯、印度、阿拉伯及俄罗斯等地，西至意大利和法兰西诸国。因此，就整个中世纪的建筑来说，拜占庭建筑确实有特别大的成就，占据重要地位。

拜占庭建筑的鼎盛时期是公元6世纪查士丁尼大帝时期。这一时期的建筑把东西方的宗教思想、财富以及在短期内复兴起来的帝国的威力，都体现在自己的形象中。这一时期的著名建筑有拉温那的圣亚波林纳教堂和圣维塔列教堂，还有拜占庭的圣索菲亚教堂。

拜占庭建筑自11世纪中叶逐渐衰落了。晚期拜占庭教堂建筑规模很小，失去了过去纪念碑式的成就与高度的艺术性。然而由于它所处的东西方交通中介的地位，使它的建筑业绩向四面八方传播开来。

（三）哥特式建筑

13世纪以后，欧洲流行的是哥特式建筑。哥特式建筑是公元12世纪末首先在法国开始的，"哥特式"这个名词与哥特人并没有什么关系，它是16世纪意大利人提出后而得到广泛承认的。当时是以一种贬抑鄙视的态度加给这种建筑的，因为16世纪意大利文艺复兴后社会思潮是崇尚古代希腊罗马，而这种建筑一反希腊罗马的风格，因而将它诋毁为半开化和野蛮的样式。那时欧洲总是把哥特人当作野蛮民族来看待，所以哥特就被借来加给这种建筑形式了。

而事实上，哥特式建筑是中世纪最光辉与最伟大的成就，从内容到形式都有极高的价值，是当时人类智慧的结晶，无论建筑工程技术还是艺术手法都达到了惊人的高度。哥特式建筑的高度成就与当时的工商业发达和城市繁荣分不开，也与当时巩固的封建君主制和强大的王权有密切关系。

这个时代，中世纪已经走向尾声，出现了世俗的大学，教会思想失去了过去垄断一切的形势，这就给哥特式建筑摆脱基督教色彩而带上更多的世俗性和现实性提供了社会历史条件。尽管这样，哥特式建筑还是无法超出中世纪封建的樊笼和基督教经院哲学的束缚。

哥特式教堂虽然与罗马式教堂截然不同，但它仍然是罗马式的更高发展，二者之间有一定的联系。哥特式的建筑师广泛利用了罗马式建筑中曾经出现的矢状尖券，并把过去的十字拱加以改进，产生了作为骨架的曲肋拱，并使它向上延伸，利用尖拱使它跨度的大小更加自由，整个建筑几乎没有墙壁，骨架平面之间是一个个又高又大的窗子，这使它的内部又宽又高又明亮。

　　这种建筑物内部装饰很少，骨架结构赤裸裸地袒露着。垂直的线条以及内部高大的空间，再加上从窗子玻璃上透过来的彩色光线，使人产生一种腾飞而起、进入天国的神秘宗教感觉。它的外部和内部类似，结构也是裸露的，垂直的壁墩柱和架空的飞拱券以及扶壁林、小尖塔、巨大的窗孔，结合起来也同样给人崇高而光明的感觉。这与罗马式建筑给人的稳定、朴实及安全之感恰好成为鲜明对比。

　　哥特式建筑对骨架传统的发展是其最大的成就。这样就可以使用轻而薄的石块来填补其骨架拱的交截面，因而大大减轻了屋顶的压力和横推力，使整个建筑物不需要太大的石料。由于这个原因，哥特式建筑才在几十年内风行全欧洲。

　　哥特式建筑极为坚固耐久，留存到现在的知名建筑相当多，经过近千年的风雨，它们仍然牢固如初。像法国的巴黎圣母院、夏尔丹教堂，都是早期哥特式建筑，形式比较简单。后期建筑如理姆安教堂、阿米安教堂就比较复杂了。

　　意大利的米兰大教堂是哥特式建筑最杰出的代表。它是中世纪欧洲最大的教堂，内部大厅高45米，宽59米，可以容纳4万人。外部非常华丽，上部有135个尖塔，如森林般冲向天空，下部有2300个装饰雕像，真可说是气象万千。

　　哥特式建筑都是高度艺术性和工程技术水平相结合的产物，它的结构险峻复杂，施工极为不易，往往要几十年甚至上百年。哥特式建筑给人崇高而脆弱倾危的感觉，正是中世纪封建主义极端宗教思想的产物。总之，哥特式教堂是人类最可贵的历史文化遗产之一。

辉煌灿烂的中国古代建筑

——故宫建筑群

作为中国六大古都之一的北京，有许多辉煌壮丽的古代建筑，而其中首屈一指的就是故宫建筑群。故宫是明代和清代的皇宫，旧称紫禁城，是我国现存最大最完整的古建筑群。其始建于公元1406年，完成于1420年。1421年明成祖朱棣由南京迁都北京，进驻故宫。

其实北京并非是明清时代的正式名称，它的正式名称是"京师"，这是明成祖朱棣1421年迁都以后改的，清朝沿用下来。只是习惯上称北京，为了和明初的国都南京相对应。

凡到过北京的人，没有不到天安门前瞻仰观光的。你如果误认为天安门就是故宫的正门，那就错了，它是皇城的正门。明代的北京城分为外城、内城、皇城、紫禁城。故宫，是指紫禁城。因为财政困难，外门没有筑完，只完成南部外城，即正阳门以南至永定门，东至广渠门，西至广安门之间那部分。

故宫共占地72万多平方米，合1087亩。从总体布局来看，分为前后两大部分，俗称外朝和内廷（又叫大内）。前部主要宫殿以太和、中和、保和三个大殿为中心，以文华、武英殿为两翼，这部分是皇帝处理政事、朝会大臣的地方。像太和殿就是皇帝举行大典的最主要殿堂。整个故宫乃至于北京城的设计是以太和殿为中心点，而太和殿中的皇帝龙床，又是中心的中心。故宫的后部宫殿由乾清宫、坤宁宫和东西六宫组成，是皇帝和后妃们的住地。在清代也是皇帝进行日常政事活动的地方。前后两部分宫殿，按照中国建筑以四根柱子当中的空间为一间计算，全部宫殿约有9000间。宫殿群的外面，用10米高的城墙和52米宽的护城河环绕起来。

整个宫殿的建筑布置上，用形体变化、起伏高低的手法组合成为一体，在功能和视觉上都符合封建社会的等级制度,而左右对称均衡和形体变化又独具艺术效果。

如果你从天安门广场进入故宫,必须经过三重门,先是天安门(明代叫承天门),然后是端门,最后是午门。午门是紫禁城的正门,城上门楼俗称五凤楼。在10米高的城墙上有一组建筑,正中是九间面阔的大殿,在左右伸出的两阙城墙上,建有联檐通脊的楼阁,四角各有高大的角亭,辅翼正殿,形势巍峨壮丽。午门南是广阔的庭院,当中有弧形的内金水河,北面是外朝宫殿大门——太和门。左右各有朝房庑廊。

内金水河上有五座桥梁,装有汉白玉栏杆,随河宛转,形如玉带。进入太和门,在3万多平方米开阔的庭院中,太和殿出现在眼前。太和殿、中和殿、保和殿前后排列在一个8米高的工字形基台上。基台三层重叠,每层周围都用汉白玉雕刻的各种构件围砌,造型宏丽。

通过中间的龙墀走道上至中层,再通过中层龙墀到达上层台面,三台当中有三层石雕(御路),每层台上边都装饰有汉白玉雕刻的栏板、望柱和龙头。在2500平方米的台面上有透雕栏板1414块,雕刻云龙翔凤的望柱1460个,龙头1138个。

这座汉白玉装饰的三台像白玉砌成的山峦,在中国建筑史上具有独特的装饰艺术风格。而这种装饰在结构功能上,又是大台面的排水道,在栏板地袱石下,刻有小洞口,在望柱下伸出的龙头唇间,也刻出小洞口。下雨时,水由龙头流出,千龙喷水,分外壮观,这是集科学与艺术为一身的设计。

太和殿高35.05米,用72根大木柱支撑梁架构成四大坡面屋。太和殿南北纵深37.20米,东西横广63.96米。殿内承梁架的柱子名为金柱,高14.4米,柱子直径1.06米,都是完整的巨大木材。太和殿是55间组成的大殿堂。殿里的"天花"、"藻井"(殿内屋梁的结构),殿外檐下的"斗拱",都加以彩绘,富丽堂皇。檐下斗拱在建筑结构上起到支撑作用,另外,由于在檐下重叠挑出,并加以彩绘,远望如重峦叠翠,十分美丽。

太和殿是故宫最大的结构建筑,是皇帝举行重大典礼的地方,建筑形体庄严雄伟,富丽堂皇。太和殿是五脊四坡大殿,从东到西有一条长脊,前后各种斜行重脊两条,这样就构成五脊四坡的屋面,建筑上把这种屋面叫庑殿式。垂檐庑殿是封建帝王宫殿等级最高的形式。故宫三大殿是故宫的主要建筑，高矮造型不同，屋顶形式也不同，显得丰富多彩而不呆板。

故宫建筑屋顶铺满各色琉璃瓦，主要殿堂以黄色为主。绿色用于皇子居住的地区，其他蓝、紫、黑、翠以及孔雀绿、宝石蓝等色彩缤纷的琉璃，多用在花园和琉璃壁上。太和殿屋顶当中正脊的两端各有琉璃吻兽，稳重有力地吞住大脊。吻兽造型优美，是构件也是装饰物。一部分瓦件塑造出龙凤、狮子、海马等立体动物形象，象征吉祥和威严，这些都在建筑上起了装饰作用。

在三大殿之后是一片广场，正北是内廷宫殿大门，左右有琉璃照壁，门前金狮金缸相对排列，缸是用来装水的，因为古建筑多是木结构，容易发生火灾，古人用水来"镇住"火，起火时也用以灭火。

门里面是后三宫。乾清宫是皇帝的寝宫。坤宁宫在后，是皇后的寝宫。两宫中间夹立着一座方殿，叫交泰殿，是内廷的小礼堂。皇后每年过生日的庆典在这里举行。清代的玉玺也收藏在这里。后三宫的东西庑殿，有为皇帝储存冠、袍、带的端凝殿，有放置图书翰墨的懋勤殿。

三大殿和后三宫都建筑在整个京师的中轴线上，以象征皇帝的至高无上和绝对中心地位。

南庑有皇子读书的上书房，有翰林学士值班的南书房以及管理宫廷日常事务的处所。此外还有左右对称的日精门、月华门、龙光门、凤彩门、基化门、端则门、隆福门、景和门，通向妃子居住的东西六宫。这种左右对称的平面布局，也是中国古代建筑的特征之一。

故宫前部宫殿，建筑造型要求宏伟华丽，庭院明朗开阔，象征封建王权的宏大和至高无上。后部内廷却要求庭院深邃，建筑紧凑，因此东西六宫都自成一体，各有宫门宫墙，相对排列，秩序井然。再配上宫灯联对，绣榻床几都体现适应豪华生活的需要。内廷之后是后花园，后花园里有苍松翠柏，有秀石叠砌的玲珑假山，楼、阁、亭、榭掩映其间，幽美而恬静。

紫禁城有四个门，正门朝南的是午门，东门名东华门，西门名西华门，北门名神武门。紫禁城四隅还有角楼，角楼高27.5米，十字屋脊，三重檐迭出，多角交错，是结构奇丽的建筑。

故宫是中国人民的智慧结晶，在当时生产条件下，人们克服了种种艰难险阻，从各地运来了石料、木材，耗费了大量人力、物力、财力。纵观故宫建筑群可以发现，中国古代建筑风格完全不同于西方古建筑，它体现了中国独特的社会文化及审美心理。其在科技、艺术上的光辉成就成为我国及世界人民的珍贵文化遗产，散发着无穷的魅力。

人类交往的新航标

——指南针的发明

人类活动常常需要辨别方向，行路、打仗、观天测地，尤其是海上航行、绘制地图，辨别方位是第一要务。就是盖房子，也需要分清东西南北。

人类也积累了不少辨别方向的经验。白天看太阳、晚间看北斗星，森林里迷失方向，冬天可看树干阴阳面的积雪，夏天可凭植物的长势、枝叶的疏密等。但这些条件不常具备，阴雨天没有日月星辰怎么办？更何况往往对方位的观测，需要非常准确精细。海上航行，航向偏离一度，就不得了，离开航道，随时有触礁沉没的危险。但困难是吓不倒人类的，我国古代劳动人民凭着聪明才智，发明了指示方向的仪器——指南针。

指南针大约出现在战国时期。最初的指南针是用天然磁石制成的，样子像只勺，圆底，可以在平滑的"地盘"上自由旋转，等它静止的时候，勺柄就会指向南方。因此古人称之为"司南"。

东汉学者王充在他的书中说："司南之杓投之于地，其柢指南。"地盘四周刻有分度，共24向，用来配合司南定向。这种司南的模型今天在北京历史博物馆中还能见到。

后来，随着社会生产力的不断发展，人们发现了人工磁化的方法，从而出现了指南鱼和指南针。指南鱼就是用薄铁叶裁成鱼形，然后用地磁场磁化法使它带上磁性。在需要定向时，把它浮在水面，铁叶鱼就能指南。

指南针是用磁石摩擦钢针得到的。钢针经磁石摩擦磁化后，用丝线把磁针悬挂起来，使它处于平衡状态，针的两端就指向南北方向。古代所用的指南针就是用这种人工磁化的方法得到的。当然，使用指南针也需要方位盘的配合。方位盘和磁针结为一体的仪器就是罗盘。罗盘仍有24向，但盘已由方形演化为圆形。

宋朝学者朱彧在他的《萍洲可谈》一书中记录了指南针在航海中的作用：

"舟师识地理，夜则观星，昼则观日，阴晦观指南针。"随着指南针在航海上的不断应用，人们对它的依赖也与日俱增。南宋《梦梁录》一书中说："风雨冥晦时，惟凭针盘而行，乃火长掌之，毫厘不敢差误，盖一舟人命所系也。"

到元代时，指南针已经成为航海上最重要的仪器了，无论什么时候都用指南针领航。这时还专门编制出罗盘针路，船行到什么地方，采用什么针位，一路航线都——标识明白。明代郑和下西洋，从江苏刘家港出发到印尼苏门答腊，沿途航线靠的就是指南针。

中国的指南针大约在公元 12 世纪末到 13 世纪初传入阿拉伯，然后再由阿拉伯传入欧洲。哥伦布航行发现美洲大陆，麦哲伦环球航行都依赖的是指南针。西方学会使用罗盘后，根据实际需要又进行了科学的改进。

由于罗盘在随船体大幅度摆动时，常使磁针过分倾斜而靠在盘体上转动不了，欧洲人设计了称为"方向支架"的常平架，它是由两个铜圈组成，两个的直径略有差别，使小圈正好内切于大圈，并用枢轴把它们联结起来，然后再用枢轴把它们安在一个固定的支架上，罗盘就挂在内圈里，这样，不论船体怎么摆动，罗盘总能保持水平状态。这种仪器的原理已经是比较近代化了。

作为四大发明之一的指南针，历来是中国人引以自豪的。这一发明不但说明了中国古代人民的智慧和观察能力，而且是中国对世界历史发展的巨大贡献。

书写工具的新突破

——蔡伦改进造纸术

纸是知识信息的物质载体和传播的媒介,在社会的发展中起着重要的作用。在许多现代的信息载体出现后,其作用还是无与伦比的,至今仍被广泛使用。造纸术作为我国四大发明之一,是我们中华民族的骄傲,为人类的进步做出了巨大贡献。

在纸没发明之前,记录事物多刻在龟甲、兽骨上,像河南殷墟便出土了许多刻有文字的龟甲兽骨。人们也经常将文字刻在金石之上,如一些钟鼎文、碑刻等。后来人们又将文字刻在竹简、木简上,这相对来说简单了一些,但携带起来却很笨重,阅读也不方便。像秦始皇当时每天批阅的竹简达120斤,而汉武帝时东方朔的一篇奏章竟用了300多斤竹简,要由两个强壮的武士才能抬进宫去。当时虽有了丝织品,也可以用来写字,但因为价格昂贵,无法普及。

随着社会经济的不断发展,迫切需要轻便而且廉价的记录信息的物质载体,纸在这种情况下应运而生了。据考古发现,早在西汉初人们便开始使用纸,甘肃天水、西安东郊古墓都有此时期的纸出土,这些纸比较厚重、粗糙,原料不易找,没能推广开来。

纸到底是何时出现的呢?现在可以肯定,早在西汉初年,我国就已经发明了纸。1957年在西安灞桥一座西汉墓葬里,发现了一叠麻纸,其年代为公元前2世纪,这是目前发现最早的植物纤维纸,在30年代和70年代,考古学家多次发现过西汉宣帝时的纸。

东汉学者应劭的《风俗通义》记载说:光武帝刘秀于公元25年迁都洛阳时,载索、简、纸经二千斤,证明东汉初已用纸大量抄写经文。

东汉时期,宦官蔡伦改进了造纸术。他是个很有学问的人,在任尚书令时负责监造宫廷里用的各种器械,任务完成得很出色。他所领导的场所是个人才集中的地方，当时最先进的冶炼、金属加工、艺术创作等方面的人才都在这里工作。这为蔡伦丰富知识、开拓眼界、学习科学技术提供了极好的机会。

那时，社会开化程度已经很高，文化也比较发达，这种形势显然加速了对纸的需要。蔡伦在前人的基础上，带领工匠们用树皮、麻头、破布和破渔网等原料来造纸。他们先把树皮、麻头等东西弄碎，放在水里浸泡一段时间，再捣烂成浆状物，经过蒸煮后在席子上摊成薄片，然后放在太阳底下晒干就成了纸。

用这种方法造出来的纸，体轻质薄，很适合写字。公元105年，蔡伦把这种新的书写工具呈给汉和帝，受到皇帝的称赞，这种新式造纸法开始在全国普及。尽管早在蔡伦之前200年就有了纸，但纸还是在蔡伦之后才大规模生产和流行开来。由于蔡伦曾被封为"龙亭侯"，所以他造的纸也被称为"蔡侯纸"。

到了公元3世纪以后，纸已经成为中国最主要的书写材料，有力地促进了科学文化的传播和发展。从3世纪到6世纪的魏晋南北朝时期，造纸术又不断革新。在原料上，除了原有的麻、楮外，又有桑树皮、藤皮等。设备上也出现了活动的帘床纸模，用一个活动的竹帘放在框架上，可以反复捞出成千上万张湿纸，提高了效率，减少了消耗。在加工技术上，改进了碱液蒸煮和舂捣等工艺。

纸的品种有了较大改进，出现了色纸、涂布纸、填料纸等。这一历史阶段的纸也有保存到现在的，这些纸纤维交布匀细，外观洁白，表面平滑。同时，有些著作中专门记载了造纸原料的处理和染色纸的技术。

隋唐时明，我国除了麻纸、楮皮纸、桑皮纸、藤纸外，还生产出檀皮纸、稻麦秆纸和新式竹纸。南方多竹，因此竹纸得到迅速发展。由于这一时期雕版印刷术兴起，印书业出现，极大地促进了造纸业的发展。纸的产量、质量都有提高，价格也不断下降。唐以前，绘画一般用的是绢布，而唐以后纸本的绘画大量出现。

随着造纸业的发展，造纸理论的著作也越来越多。宋代有《纸谱》，元代有《纸笺谱》，明代有《楮书》。明代宋应星的《天工开物》，对古代造纸技术多有记载，还附有操作图。这是有史以来对造纸技术最详尽的记载。

造纸术在7世纪通过朝鲜传入日本，8世纪中叶经中亚传到阿拉伯。那时阿拉伯人统治着西亚和欧洲大部分地区，于是造纸术也跟着传入欧洲。

12世纪，欧洲的西班牙和法国最先建立了造纸厂，13世纪意大利和德国也相继出现了造纸厂。16世纪时，纸张已经在全欧洲使用，终于彻底取代了使用几千年的羊皮纸和埃及莎草纸。

造纸术的传播，使科学文化知识得到进一步推广。正因为有了纸，人类的文化才一代代流传下来。正因为有了纸，人类才开创着日益美好的生活。

蔡伦因改进造纸术对人类文化做出了重大贡献，但他的最终结局很是不幸。东汉后期，宫廷内部争斗十分激烈。蔡伦116年封龙亭侯后，参与中枢机密，在各派势力（主要是宦官和外戚）角逐中败北，于公元121年服毒自杀。

人物小传

〔蔡 伦〕（？—121）字敬仲，东汉造纸革新家。公元105年总结西汉以来用麻质纤维造纸经验，采用树皮、麻头、破布、旧渔网等造纸，扩大原料来源，创造出了"蔡侯纸"。因其价廉物美被广泛推广，被后世尊为中国造纸术的发明人。

印刷术的起源与发展

——雕版印刷与活字印刷

人类社会发展到今天，已走过了五千多年的文明史，现代的文明是在人类历史文化的基础之上建立起来的。大家都知道这句话："历史不会重演。"历史不能重演，那么，靠什么了解历史呢？不外乎有两途：看史籍和考古。考古往往是被动的，而且考古发现往往极零碎，无法据此了解历史全貌，因此了解历史的主要途径就是看史书，现在保存史料的手段多起来了，声带、照片、录像等，但最主要的手段仍然是印在纸上的材料。古代更是如此。

记载史料并使史料得以保存的最重要途径是印刷术。的确，从远古的结绳记事到石刻记事，再到用印刷的书籍来记事，完全是与人类前进步伐一致的。没有印刷术以前，即使有了纸和笔，人们也只能靠手抄来传播、记录知识和信息。手抄本，不仅花费人们大量的时间和精力，而且非常容易出错。

印刷术的发明，既加速了知识的传播，又有利于信息的保存，且减小了错误。它不仅是知识传播上的一大革命，而且也带动了生产的发展，社会的进步。

要印刷，当然要有墨和纸。长沙马王堆西汉墓出土的帛书，就是用人工制造的墨在帛上书写而成的，东汉时的著作中已经有了用松烟制墨的记载了。纸和墨的出现为印刷术提供了物质条件。

印刷术的雏形是拓碑和印章，现在我们能见到的最早的碑刻是汉代的碑文。刻在石碑上的字都是向里凹的，如果把一张薄纸先用水浸湿，铺在碑文上，然后用丝棉包扎成像拳头一样大小的软槌在纸上轻拍，纸上挨着字的部分也会向里凹。这样，在平的部分刷上墨汁，等纸干了再把它揭下来，一张黑底白字的碑文就拓完了，这就是刻石拓印。用木刻版再拓印，实际上就可以叫作印刷了。

除了拓印，印章和印刷术也有密切的关系。印章的起源是"符"，符是一种信物，多在作战中作为一种调兵遣将的依据，国君主帅各执一半。到后来印章出现了，取代了符。

据考古资料显示，战国以前就有了印章。秦汉时印章已经十分流行，皇帝的"玺"就是用玉石刻成的大印章。那时，官方文书常用印章，以防有人拆看或调换。印章的面积很小，一般只有几公分见方，上面刻着官名或姓名。到了东晋，五斗米教盛行，有些教徒为散发他们的符咒，扩大印章的面积。有一颗刻有符咒的大印章，在四寸见方的枣木上雕了120个字，这已是一篇文章了。到南北朝时，由印章发展而来的雕版就出现了。

拓碑和印章都是用一片模版复制文字，它们是印刷术的雏形，印刷术就是这样在漫长的实践中一步步发展起来的。

最早出现的是雕版印刷了。把比较坚硬的木材做成平整光滑的木板，把要印的内容写在薄纸上，反贴在木板上，再用小刀一刀一刀地雕，将没有字的地方挖出去，留下的字凸起来，这叫作阳文。阳文雕好了，一块印刷模板也就制成了。当然，如果要印制图书，只要把书纸贴在木板上制版就可以了。

制作版印书时，先用刷子蘸墨在版上刷一下，只刷字，不能让空白地方沾墨，接着把白纸铺在版上，再用一把干净刷子在纸背上轻轻均匀地刷一遍，揭下来就是一张书页了。一张张印好，裁订成册，一本书就这样生产出来了。

这种雕版印刷比起手抄书来，效率是成百倍上千倍的提高了，而差错率则降低了，为原来的百分之一甚至千分之一。

中国的雕版印刷大约在隋唐时期就已经发明并普遍使用了。据记载中国最早由皇帝下令用雕版印书是在唐朝贞观十年（公元636年），当时印行的是《女则》。

现存最早的刻印书籍是唐朝咸通九年（公元868年）刻印的《金刚经》，它能流传下来，完全是由于一直被密封于甘肃敦煌的千佛洞里的缘故，直到1900年才意外地被发现。

到了宋朝，印刷业更加发达。北宋初年，也就是公元1000年左右，成都印《大藏经》，刻版13万块。宋朝雕版印刷的书籍，现在所知有700多种。当时创造的宋体字，整齐朴素而且美观大方。以后中国的印刷字体差不多都是宋体字或它的变体。

雕版印刷术发明以后，经过长期的实践，人们又发明了套版印刷，也就是在一张纸上印有两种以上颜色文字或图案的方法。这就是现代彩色印刷的雏形。16世纪末，彩色套印进一步发展，明朝万历年间又出现了彩色印刷的书籍。

雕版印刷虽然有很多优点，但也有不足之处。例如，每印一部书都要刻成百上千的大版，常常要用好多年才能雕刻好，而书印完了，版也就没用了。北宋的毕昇注意到这种情况，他想，如果把这些版分解开，使其成为许多块小版，每块版上只有一个字，要排什么句子，只要将这些字版组合在一起，不是又方便又省事吗？更何况印完书以后把版拆开，拆下来的字版下次还可以再用，于是他试制了许多木活字。

但是他发现用木头做的活字，由于它们的木纹疏密不同，沾水后有伸缩性，排出版来不够理想。于是他又开始寻找别的材料，最后，他找到了胶泥。毕昇用胶泥刻字，泥质又细又软，很好刻。刻完了，用火一烧，字模就变硬了。

毕昇刻了许多单字做成单字模，他又准备好一块铁板，铁板上放着松香、蜡、纸灰，铁板四周围着铁框。铁框里密密地摆满字印模，满一铁框就是一板，拿到火上加热，药熔化后，用平板把字压平固定。为了提高效率，他用两块铁板，一块板印刷，另一块板排字，这块板印完，第二块板又准备好了，这样交替使用，印得很快。

每一个单字，毕昇都刻了好几个字模，常用字就更多一些，以备一板里有重复字时用。至于没有事先刻好的生僻字，就临时写刻，烧好了马上用。这种方法印几本书当然显不出简便，但印的越多优越性越显著，要是印成百上千册，那就是雕版无法比拟的简便了。

到了元代，农学家王桢也成功创制了木活字，也还发明了转轮排字架，用简单的机械增加排字效率。他在《农书》中详细地说明了他的印刷方法和经验。王桢造的木活字共有3万多个，元成宗大德二年（公元1298年），他用这套木活字排印自己编纂的《大德旌德县志》一书，全书6万多字，不到一个月就印出了一百部。

到了明清时期，木活字就普遍流行起来。清朝乾隆年间，政府曾让人刻成大小枣木活字253500个，先后印成《武英殿聚珍版丛书》134种，2300多卷。这是中国历史上规模最大的一次木活字印书。清朝还有一部书《古今图书集成》，是用铜活字印制的，当时金属活字已经流行于江苏无锡、苏州、南京一带。

印刷术的起源与发展

中国是世界上最早发明印刷术的国家。唐朝时印刷术首先传到朝鲜。16世纪末，日本入侵朝鲜，于是日本人也学会了印刷术。元朝时，到中国来的欧洲人很多，其中的代表人物就是意大利的马可·波罗。他们看到元朝印刷纸币代替金银使用，觉得十分新奇。有些欧洲人学会了刻印技术，回国后便把印刷术带回去了。

14世纪末，也就是元末明初，欧洲开始使用雕版印刷术，后来又陆续出现了活字印刷。中国的印刷术不仅促进了中国社会的发展，而且促进了世界科学和文明的发展。印刷术在欧洲的传播，书籍的大量出版发行，使广大群众接受了资本主义的新思想，对欧洲文艺复兴起了不可估量的作用。

人物小传

〔毕　昇〕（？—1051）宋朝科学家。在雕版印刷的基础之上，创活字印刷法，采用木活字、泥活字印刷，是我国活字印刷的开端。

炼丹家的意外收获

——火药的发明和应用

春节燃放鞭炮为什么叫放爆竹呢？那是因为没有火药以前是燃烧竹子，用它燃烧时发出爆裂的响声来驱邪避鬼。有了火药以后，不烧竹子了，但"爆竹"一词，却保留了下来。那么火药是什么时候出现的，它为什么要叫"药"呢？

古代一些人，尤其是统治者，畏惧生老病死的自然规律，纷纷热衷于寻找长生不老的丹药，因此炼丹术兴盛起来。据史书记载，秦始皇就相当热衷于此。到了西汉时期，人们把冶金技术运用到炼制矿物丹药方面，梦想炼出仙丹，当时的炼丹家比比皆是。

现在杭州西湖的葛岭，相传就是东晋时炼丹家葛洪炼丹的地方。显然，无论人们怎么炼，也绝不会炼出所谓的长生不老的仙丹来，但是在长期的冶炼过程中却累积了不少化学知识。比如炼丹所用的原料，就有水银（汞）、硫黄、硝石（硝酸钾）、磁石、朱砂等。这就使人们对这些化学物质的性质有了比较深入的认识。像硫黄和硝石放在一起加热，就会剧烈燃烧，这样的经验逐渐为更多的人所知道。

而用硫黄和硝石制造的火药，最初是被当作治病的药用的，所以才会有"火药"的名字。唐朝初年，有一位药物学家孙思邈，在他的《丹经》一书中提到"内伏硫黄法"。这是用硫黄二两，硝石二两，研成粉末后放入硝罐里。然后，在地上挖个坑，把罐子放入坑内，顶部和地面平齐，四周用土填实，再用皂角三个，用火点着放进罐内，使硫黄和硝石混合物烧起火焰。等火刚熄灭时，再用生熟木炭三斤来炒。等木炭烧完三分之一，趁热取出的混合物就叫"伏火"。

这真有点像黑火药了，不过要得到真正的火药，还必须按恰当的比例配制才行。

炼丹家的意外收获

唐代末年,战争频繁,黑火药开始在军事上使用,当时的武器主要是火炮。到了宋朝还出现了"火箭""突火枪"等武器,构造比较简单,多是将火药包裹在箭头的上面,点着后攻击敌人。

北宋时,火药的应用已经十分普遍。有了国家的兵工厂,叫"广备攻城作",里面设有"火药窑子作",就是制造火药的作坊。宋神宗时,西夏国军队进攻兰州,北宋军队抵抗,一次就领用火箭25万支。当时火药生产和运用之广可想而知。

火药开始是为了燃烧发火,后来就利用了它强烈的爆炸能力。北宋时,中国已经开始制造爆炸性的火药武器了。这标志着人类的武器开始从冷兵器走向火器时代。

北宋时有一部书叫《武经总要》,详细记载了许多新发明的火器。其中有一种叫"霹雳火球"的武器,用火点着后能够发出如雷鸣一样的声音。后来,每逢元宵节之夜,城市乡村热闹非凡,除了各种各样的花灯外,又出现了焰火。

火药到这时已出现各种形式、多种方法的应用了。到北宋政权垮台时(公元12世纪初),宋朝守将李纲抵抗金兵入侵,下令发放霹雳炮,这是较早的在战争中使用爆炸性武器的战例。

据宋朝大诗人杨万里记载,宋军当时所用的霹雳炮,是用纸包裹石灰和硫黄等做成的。它可能像现在的"二踢脚",一节装火药,一节装石灰,所以才有那样的威力。

为了和金兵作战,宋朝的兵器制造专家不断想办法改进武器。南宋有一位叫陈规的人,发明一种管形火器——火枪。这是世界上第一把"枪"。这种火枪是用长竹竿做的,竹管里装满火药。打仗时,由两个人拿着,点了火发射出去,烧杀敌人。

南宋末年,火枪又经不断改进,后来便有人发明了突火枪。突火枪是用粗毛竹做成的,竹筒里放火药,还放一种叫"子窠"的东西。把火药点着后,起初发火焰,接着子窠就射出去,并发出爆炸声。这种子窠可能就是最早的子弹。

到了13世纪,宋朝全国都开始用金属制造的火器来打仗了。那时制造的爆炸性武器有点儿像现在的地雷,但是要抛出去它才能炸伤敌人。元朝时,原来用粗竹筒做的突火枪,发展成为用金属做的大型火铳。

中国历史博物馆中，现在还存在着一尊元朝1332年造的大炮。这是已发现的世界上最早的火炮。这种金属制成的管形火器，射程远，威力大，和以前的火器相比，有了质的飞跃。

中国最初发明的火箭，是靠人用弓发射出去的。后来，人们又发明了直接利用火药自身燃烧的力量来推进的火箭。这种火箭点燃后，火药燃烧生成的大量气体从尾部小孔喷射出去，利用喷射气流的反冲作用力将火箭飞快地推向前方。不要小看这支最早的自行火箭，它和今天发向宇宙太空的火箭利用的是一个完全相同的原理。今天的火箭不论构造多么复杂，威力多么巨大，也都是古代火箭的延伸。

火药的制造方法先从中国传到阿拉伯，又从阿拉伯传到欧洲各国。中古时期，阿拉伯的科学比欧洲要先进，有些欧洲人努力翻译阿拉伯书籍，从这些书籍里欧洲人学习了火药的知识。

公元14世纪，西班牙、意大利以及地中海国家和欧洲发生过几次战争。战争中曾经使用类似霹雳炮一类的火器，发挥了很大威力。欧洲学会了火药制造方法以后，积极发展火器制造。在近代科学兴起后，他们的兵器制造很快就走到了世界的前列，这才有了机关枪、迫击炮，甚至火箭、导弹之类的武器。

火药作为我国四大发明之一，为世界的发展做出了重大贡献。但是火药武器的进一步应用也威胁到了人类的生存。炼丹原为求得长生不老之药，虽然求长生是白费力气，但却意外地得到火药。从此，人类间的厮杀从低水平的冷武器时代走向水平越来越高的火器时代。是幸还是不幸？

中世纪欧洲觉醒的曙光

——英国科学家培根

中世纪的欧洲，在封建教会统治下，是长达几百年的黑暗。就是在它的后期，人们仍然沉浸在对历史上已有东西的盲目崇拜上。在自然哲学和世界观上，亚里士多德被推上绝对正确的高度；在医学上，格林是最神圣的；此外人们还受教会的压制，要是有人提出一点怀疑的想法，就如同冒犯了圣灵一样。

那时，很难说在思想文化科学领域有什么创造，愚昧、迷信、盲从、禁锢、僵化、停滞，弥漫于整个社会。就在人类处于这样的可悲时期，出现了一位眼界超过一般人的人物，他就是罗吉尔·培根。他不像别人那样轻信与盲从，而敢于从反面提出问题，追究事物的根源，在他身上我们看到中世纪欧洲醒来的一线曙光。

罗吉尔·培根约1214年生于英国，当时英国的情况尚好，所以培根得以去牛津大学读书，研究神学。他很聪明，19岁时已经显露出出众的才华。在牛津大学毕业后，他又去巴黎大学学习，获得神学博士学位。1233年，他成为一名牧师。在巴黎时，培根醉心于研究阿拉伯学者的著作，这些异教学者的著作对他后半生影响很大。作为牧师的培根当然要替教会做事，但这却不能扼制他对科学的兴趣，后来他作为法国的修道士，还是无法放弃科学。

1250年左右，培根回到了英国，在牛津大学讲学。然而他讲授的不是宗教教义，而是关于科学与教育的课题。这不但与宗教神学完全背道而驰，也超出了经院学派所讨论的范围。他抛弃了宗教的制约而追求客观真理；他攻击被经院学派所奉为最高学者的亚历山大，还说连亚历山大本人都难以说是受过教育的，不过是个虚伪的空壳罢了。

培根的话很快就传到当时神学领袖法国的波温那图那里，波温那图不能容忍他这个异端任意诋毁神学与宗教，召他回巴黎。培根这一去，就被软禁了10年之久。

但是，思想是无法禁锢的。1265年，培根的英国朋友傅恺升为教皇后，要他写一部关于各学科的书。培根满腔热情地投入工作，他的思想全部跃动起来，18个月内完成了3卷书——《大著作》《小著作》和《第三著作》。虽然这时他还不被允许看书，但他那天才的头脑和在10年里从未停止过的思维发挥了强大的作用。

培根的3卷书呈在教皇面前，这部书可以作为当时的百科全书。不过培根并没有将每个题目都详尽地阐述，这还只是一个大纲，他准备日后逐渐扩充。这是部具有巨大价值的历史性科学著作，因为自阿基米德之后这还是第一次真正地阐述了科学研究的方法。培根认为，别人归纳的结果是不能盲目接受的，一切都需要证明。要达到真理只有一条路，那就是由实验而作出推论。

他分析了自然界许多神秘不可理解的现象，而且显示了怎样用实验来重复这些现象，解释其中的道理。比如天上的彩虹，以前解释彩虹的全是些神话，是上帝在天空划过的痕迹。而培根说，虹是由太阳照着雨滴在天空反射生成的，虹的成因和太阳照在露水和海浪上反射出来的色彩是一样的。多么简单而明白的解释！但是在培根之前，没有任何人想到用实验证明虹的成因。

培根虽然在阴暗的修道院里禁闭了许多年，但他对光学的兴趣有增无减。他花了很多时间试验透镜，他懂得怎样配置凹凸透镜材料能看清远方的物体，并且对此写出了他的著作。这说明培根已经懂得望远镜的原理和制造了，但直到300年后，第一架望远镜才由伽利略制造出来。愚昧与专制是怎样阻碍科学与文明的发展的，由此可见一斑。

培根的思想超越了他所处的时代，他智慧的翅膀飞到700年以后的世界。他设想的许多奇迹直到19世纪甚至20世纪才出现。他预料将来有一种用机械推动的船和车子（他那个时代只有帆船和马车），一种可以在天空飞的机器。很可能培根已经做过类似汽车的东西，或进行过这方面的试验，因为培根不是一个空口乱说的人。

培根相信炼金术，但他对炼金术的见解是："这里的问题不仅要把普通金属变成贵金属，而且要把金子炼到更纯的地步。"这里培根提出一个科学问题——金属提炼问题。

在傅恺之后，尼古拉三世成为教皇。他看到培根的著作，觉得里面全是些极可怕的异端，于是立即处罚培根，把他交给修道院。培根在恶势力的攻击下，写下了《巫术之虚无》来为自己辩护，然而无济于事。

科学的敌人不会认可培根的话，1278年培根被关进了监狱。他的朋友们从中竭力斡旋，才没有定他的死罪。培根老了，他一个人孤独地关在监狱里，受尽了苦难。14年后，当他的身体和精神都崩溃了的时候，朋友们才把他救了出来。两年后，培根永远地离开了人们。

人物小传

〔培 根〕（约1214—1294）英国哲学家、科学家和教育改革家。是西方提出火药精确制作方法的第一人，对西方世界科学发展有特殊贡献。

第一次横渡大西洋

——哥伦布开辟新航路

1992年,世界上有一个重要的纪念活动,这就是纪念第一个欧洲人登上美洲大陆500周年。长期以来,这位欧洲人被誉为"第一个发现新大陆的人",这位欧洲人的名字是克里斯多尔·哥伦布。

哥伦布1451年生于意大利的热那亚。他的父亲是个有名的织匠,而哥伦布却对海洋和往返于地中海的商船产生了巨大的兴趣。哥伦布总是憧憬东方那神秘的天地,梦想那里将会给他带来财富和荣誉。

他深信往西走有一个马可·波罗说的遍地是黄金的神奇国度——中国,还有一个传说中盛产香料的印度群岛。为了获得那里的财富,葡萄牙多年来一直在寻找一条去东方的航路。哥伦布认为,向西航行将是一条捷径。

1484年,哥伦布向葡萄牙国王约翰二世提出开辟西航线的建议,但却遭到国王顾问团的否决。哥伦布没有灰心,他又到西班牙活动,想获得西班牙国王和皇后的支持。1486年国王和皇后召见了他,但直到1492年4月17日才最后签署了同意哥伦布探险的正式文书。

8月初,哥伦布的远航探险船队由西班牙的帕洛斯港出发了。这只船队由旗舰圣丽号和两艘轻快帆船平塔号、尼娜号组成,船员约90人,船舱里储备了足够吃上一年的食物和准备换取黄金的大量玻璃珠和其他装饰品。9天以后,船队到了非洲近海的加那利群岛,在那里补充了供应品和木柴。9月6日,船队离开了加那利群岛,朝正西方向航行。船队乘偏东风不断向西,有时一昼夜可以前进200多公里。

然而,日复一日,眼前除了茫茫的大海还是茫茫的大海,船员们的心情开始焦虑不安。不久,他们在海面看到一簇簇碧绿的海草,一个海员又找到一只钳在海草上的海蟹,哥伦布相信这是陆地临近的迹象。

到了10月,船队已经在大洋上漂泊了3个星期,但仍不见陆地影子。船员们开始抱怨,哥伦布却毫不动摇,一直向西航行。10月12日凌晨两点钟,平塔号一个船员突然高喊起来:"陆地!陆地!"他的确看到了陆地,由砂石构成的崖岸正在月光下闪出灰白色的色调。这是美洲佛罗里达外缘成弧形展开的巴哈马群岛中的一个海岛。

这是哥伦布一生中最伟大的日子,他不只是一个探险家了,而且是一个新大陆的发现者。这是一个微微起伏的小岛,岛上到处是绿油油的热带森林。哥伦布把这个地方命名为"圣萨尔瓦多",西班牙语的意思是"神圣的救世主"。他一跳上岸就把国旗插在沙地里,正式占有了这个海岛。

不久,一群好奇的居民开始围观他们,这些居民全身裸露,体态健美。哥伦布以为是到了东印度群岛,就把这些土著称为印第安人。从那时起,所有美洲土著居民都被这样称呼了。其实哥伦布当时遇到的是散居于南美洲北岸诸海岛的阿拉瓦克人。

他们从土著那里得知,在南面和西面的海上还有许多海岛,南面的一个国王拥有大量黄金。于是哥伦布下决心去寻找这块宝地。他抓来6个土著当向导,但找遍了巴哈马群岛也没找到很多黄金。于是又根据印第安人的传闻继续去寻找一个叫作古巴的岛。10月27日傍晚,船队到了古巴北岸,他没有找到黄金遍地的神秘国度。

随后的几十天里,哥伦布船队勘察了拉丁美洲海域,会见了一些部落的酋长,受到很好的接待。然后留下40人开掘金矿,作为在新大陆进行的第一次殖民行动。1493年1月4日启程返回西班牙。随身带回大量的黄金饰品,岛上各种特产和6个印第安人,作为他这次远航和重大发现的证物。

经过千辛万苦,哥伦布终于在3月4日抵达西班牙首都里斯本。这批精疲力竭的探险家离开这里已经7个多月了。

4月中旬,哥伦布被召进宫内,授予将军称号。哥伦布顿时成为一位了不起的英雄。

由于西班牙国王和王后急于想占有远航发现的土地和财富,哥伦布又再次奉命远航,返回巴哈马群岛,他还要弄清古巴到底是不是亚洲的一部分,是不是日本和中国。

1493年9月25日他们出发,11月13日他们发现一个风景优美的海岛,因为当天是星期日,而西班牙语是把星期日叫迪约多米尼,所以哥伦布把海岛命名为多米尼加,这就是现在的多米尼加岛。哥伦布于1496年6月11日回到西班牙。后来他又两次西行，到达美洲。

1506 年天才的航海家哥伦布与世长辞。至死他都认为自己 14 年前是到了亚洲，但他不知道他的功劳要比到达亚洲伟大得多。

哥伦布横渡大西洋，开辟了新航路，不但在航海史上具有非常重大的意义，在地理开发史上也意义非凡。他开创了在美洲大陆开发和殖民的新纪元。虽然这导致了美洲印地安文明的毁灭，给印地安人带来深重的灾难，但也使西方走出中世纪的黑暗，让一种全新的工业文明成为世界经济发展的主流。

人物小传

〔**哥伦布**〕（1451—1506）意大利航海家。为寻求富庶的东方，探索通往东方的海上通路，于 1492 年西行，横渡大西洋，到达古巴，开辟了新航路，成为世界航海史上的壮举。

文艺复兴时期的巨人

——科学家和艺术巨匠达·芬奇

14世纪起,在欧洲兴起了一场伟大的社会革命——文艺复兴运动。它是思想、观念、科学、文化等全面的一次大革命,使人类重新发现和认识自身,使人类从迷信走向了科学,从愚昧走向了文明。

这一源于意大利的文艺复兴运动,孕育出了许多光芒四射的巨人。而这些巨人中,第一位就是莱奥纳多·达·芬奇。他不仅是大画家,并且是大数学家、力学家和工程师,他在物理学等方面也有重要发现。

14岁以前达·芬奇一直住在芬奇镇,没有离开过家。1468年,父亲带他去佛罗伦萨接受教育。18岁时他曾去拜访过当时的大科学家保罗·达·波佐托斯卡涅里,受到不少有关科学的教益。就在这一年,父亲又把他送进艺术家佛洛基阿的工场当学徒。当他还只有20岁时,他的名字就载入了佛罗伦萨画家公会的红册子中了。

1482年他被推荐到米兰,为洛特维科·摩罗公爵服务。达·芬奇是抱着对科学与艺术的伟大理想离开佛罗伦萨而去米兰的,他想凭借自己的才能为社会造福。但是事实证明,在米兰公爵那里他是无法实现自己理想的。

在留居米兰的17年里,达·芬奇既是军事工程师,又是建筑师、画家、雕刻家以及宫廷乐师。他和徒弟、工匠们整天忙于研究科学、试制飞机、创作艺术。这一时期,他创作了最驰名的壁画《最后的晚餐》。

1502年5月,达·芬奇出任教皇亚历山大六世的儿子波尔查的建筑师兼工程师,以后又当过军事工程师。这一时期他的艺术为整个意大利,甚至整个欧洲敬佩不已,同时他也培养了很多艺术家。

1513年,达·芬奇应新教皇利奥十世的兄弟美狄奇之邀到了罗马。在罗马他却受到了冷遇,于是达·芬奇埋头钻研科学。在解剖尸体过程中,他画下了人体外部和内部结构。每一块肌肉,每一条血管,都以科学家的态度表现得清清楚楚，为后人绘制人体解剖图谱、认识人体留下了宝贵的素材。这又使得人们不能不承认他是一位解剖学家。

然而，达·芬奇的科学研究却遭到了诬蔑、迫害。以后，不幸和伤害接踵而至，使他的精神和身体都受到很大损害。他在冷遇和误解中继续着他的工作。直至1519年5月2日，这位人类智慧的精英、科学巨匠、艺术大师永远离开了人世。

达·芬奇死时留下了数千页平生活动的笔记，人们在他的笔记中重新认识了这位天才。在他的笔记中有设计降落伞和飞机图案。根据这些图案，他不仅在当时发明了降落伞，而且两个半世纪后，人们在制造氢气球时也参考了他的设计。他最初设计的蝙蝠翼飞机，由于没有像现代飞机那样的发动机，没法飞起来，但他的设想是十分科学的。

达·芬奇还发现了万有引力法则。在牛顿以前，达·芬奇研究飞行时，就发现"重力是向地球中心落下的，而且落下的道路是最近的"。换句话说，"重力是指向地球中心的，而且是直线作用"，这是划时代的发现。

达·芬奇在受委任监督运河及水道工程时，发表了应用水力学的公式。他设计开凿从比萨到那不勒斯的运河，虽然生前没有实现，但在他死后200年，这条运河完全根据他的设计而建成。

在武器制造上，达·芬奇也发挥了他的才能。他发明的战车与现代坦克是同样结构的，他发明的蒸气大炮，利用活塞在机内运动炮弹能自动射出。后来瓦特发明蒸汽机，完全是以他的发明为蓝本，所以称达·芬奇为蒸汽机的先驱，是一点也不过分的。

1492年，哥伦布最先发现了新航路，但哥伦布到达美洲没几年，他本人还把美洲当亚洲的时候，达·芬奇就已经绘制出了世界地图，美洲和南极大陆等字样就出现在他的地图上。以后麦哲伦航海所用的地图，就是根据达·芬奇地图绘制的。他不但精确绘制了地图，而且还主张地球是圆的，计算出地球直径是七千余英里。这和现在七千九百英里的数值是相差无几的。

在天文学上，达·芬奇认为"太阳是不动的"，而且主张"地球绕太阳旋转不已"。这比哥白尼的"日心说"早了100多年。他还提出了望远镜的设计原理，他发现了科学上的二十多个定律，其中包括100年后伽利略实验证明的惯性原理。

关于人体，达·芬奇比当时任何人都有正确的知识。对血液循环学说，在哈维以前，他就有了自己独特的见解。就是我们现在用来推断树木年龄的"年轮"这一现象，也是达·芬奇首先发现的。

达·芬奇思考的触角广泛地深入到各个领域，从天上到地下，从人体到植物，他的思想无处不在，他以超人的智慧，勤奋地探索研究，为我们留下了丰富的科学文化遗产。他的光辉业绩，会像保存在卢浮宫内的他的名画《蒙娜丽莎》一样永垂青史。

达·芬奇的座右铭是"勤劳"。他说："勤劳一日，可得一夜的安眠；勤劳一生，可得幸福的长眠。"达·芬奇的思想和实践，激励后人在改造社会的路途上辛勤耕耘。

人物小传

〔达·芬奇〕（1452—1519）意大利文艺复兴时期著名的画家、雕塑家、建筑家和工程师。是文艺复兴三大艺术巨匠之一，代表作品有《蒙娜丽莎》《最后的晚餐》等。

第一位向上帝挑战的人

——哥白尼与太阳中心说

中世纪的欧洲，教会统治一切，它以《圣经》为依据，认为地球是宇宙的中心，静止不动，日、月、星辰都绕着地球转，这是上帝的安排。上帝创造太阳的目的，就是要它照亮地球，施恩于人类，天空充满了各种等级的天使去执行上帝的命令和旨意。古代天文学家托勒密主张地球中心说，和教会的谬论一致，便被封为官方学说，强迫人们接受，借以巩固神权统治。如果谁敢怀疑教会的观点，就要受到迫害，甚至会丢掉性命。

教会为了叫人们相信地球是宇宙的中心，编造出种种依据。除了用神话欺骗外，还从物理学的角度寻找根据。神学家说阿拉伯国王穆罕默德的灵柩在墓室里是凌空悬着的，什么支撑的东西也没有，这就证明地球是静止不动的，否则灵柩就没法保持原位了。如果地球会运转，地上的石头就会被抛起来，滚落到地球的后面去，海水也会泛滥，淹没整个地球。

了解了这些，就会明白哥白尼提出太阳中心说，需要多大的胆量。

哥白尼是居里夫人之前波兰最伟大的科学家。1473年2月19日出生于波兰托伦。他中学毕业后，于1491年入克拉科夫大学学习，学习数学和绘画，开始对天文学产生兴趣。1496年他被舅父送到意大利波伦亚大学学习，在3年半的学习中，他学了希腊语、数学、柏拉图的著作以及历史学。他对天文学仍有浓厚兴趣，白天听课，晚上钻研天文学，并跟随波伦亚大学教授达·诺法拉研究天文学，进行天文观测。

1499年，哥白尼26岁时，任意大利罗马大学的天文学教授。这个富有才智的年轻人，在天文学课上，起初向学生讲授1350年前的一个名叫托勒密的希腊天文学家提出的旧理论"整个宇宙围绕着地球旋转"。哥白尼虽然在心里一直怀疑这一理论，但当时的课本又都是这些内容。他感到，这个理论简直是一派胡言乱语，对许多问题都没有解释清楚。

为什么根据观察所得知的星辰移动的速度不同于日月？为什么有的星体似乎在空中游移不定？难道是托勒密的理论有差错吗？如果有差错，怎能继续教下去？一连串的问号在他的头脑中产生了。

接着，他深入研究这个问题，受古希腊毕达哥拉斯学派的影响，他了解到有关地球自转以及地球、诸行星都环绕太阳公转的假设。哥白尼发现在他之前的这些有识之士怀疑过托勒密的理论。他们认为太阳是宇宙的中心，而不是地球。但是他们中间没有一个人能够拿出令人信服的证据来。结果，托勒密的理论就被教会以及当时的多数思想家作为正确的理论了。

可是，如果那些持怀疑态度的人是对的话，将会怎样呢？那能解释所有使哥白尼伤透脑筋的问题吗？他为了进一步深入钻研天文学，毅然放弃了教学工作，当上了牧师。心想干这种工作会使自己有充分的空闲时间进行学习，没料到，他却比过去更加繁忙起来。

然而，哥白尼仍在繁忙的工作之余挤出时间来研究他心爱的天文学。由于当时还没有发明望远镜，他只能依靠自己的肉眼来观察天体的运动。他居住在教堂的塔楼上，把书房屋顶开了几条缝隙。当他在黑暗中坐在书房里时，就能看到星体运行过这些缝隙，于是，他便把星体在空中的位置记录下来，并用图表标明它们正在按多快的速度移动。

哥白尼对他所观察的每一事物，都有精确的记录，并运用数学公式来解释和推导自己观察的结果。他开始一点一滴地收集事实根据，花费了近 40 年时间，才完成了研究工作。当他结束研究时，已经以有力的事实证明托勒密的理论——地心说是错误的。

哥白尼认为，事实真相是太阳是宇宙的中心，地球是围绕太阳旋转的一颗行星。"行星"这个词来源于一个含义为"漫游者"的拉丁词。除地球外，还有其他的行星，它们也围绕太阳旋转。当时哥白尼知道的仅有 5 颗：水星、金星、火星、木星、土星。

哥白尼学说的要点之一是当地球围绕太阳一年旋转一圈时，它同时又以自己的轴线为中心迅速地旋转着，这根轴线是他想象的——穿过地心，犹如插入棒糖里的一根小棍。当地球上某一面对着太阳时，则处在白天；当这一面转而背向太阳时，则处在黑夜。这种自转一圈要 24 小时——一天一夜的时间。那么月亮呢？哥白尼不得不在一件事上赞同托勒密的观点：当地球围绕太阳转时，月亮的的确确是围绕地球旋转的。

哥白尼创立的"太阳中心说",绝不是异想天开,也不是偶然的发现,而是以数学和观测为基础,用科学实验的方法,花费了毕生的精力研究才得到的结果。为避免受到教会迫害,直至1543年,当他年事已高,行将就木之时,他才下决心出版这本著作——《天体运行论》。哥白尼的太阳中心说,修正了几个世纪以来一直为人们所接受的一些谬误,从科学上推翻了托勒密的地球中心说,给神权统治以沉重的打击,从神学的束缚下解放了自然科学,与此同时,也为近代天文学奠定了基础。

太阳中心说既然是时代的产物,就必然受到时代的局限。哥白尼认为太阳是整个宇宙的中心,并且固定在空间静止不动,对太阳系以外的恒星系统还没有什么认识。但是,太阳中心说的创立,仍然是人类认识史上的一次伟大的革命,它标志着近代天文学飞速发展的起点,但并不是人类对宇宙认识的终点。在哥白尼以后,人们逐步认识到,一切天体都在无限的空间永恒地转动着。地球在转动,太阳也在转动。一切天体不仅在空间运动,而且本身也在不断变化。

历史不断地向前发展,正如哥白尼所说:"人类的天职是探索真理。"人类对宇宙的认识也永无止境。

人物小传

〔哥白尼〕(1473—1543)波兰天文学家。提出"太阳中心说"的宇宙观,这是天文学上一次伟大的革命,引起了人类宇宙观的重大革新。著有《天体运行论》一书。

人类征服海洋的伟大创举

——麦哲伦的环球航行

麦哲伦于1480年出生于葡萄牙一个没落的骑士家庭。当时航海探险的风气在葡萄牙很盛行。早在15世纪,葡萄牙的探险家便已沿非洲西岸南行,先后到达现今的几内亚和加纳等地。1487年,葡萄牙航海家迪亚士向东绕过好望角进入印度洋。1497年,另一位葡萄牙航海家达·伽马沿迪亚士的路线继续前进到达印度,开辟了东方的新航路。而意大利航海家哥伦布根据地球是圆形的观点认为,向西航行同样可以到达印度,1492年,他向西航行到达巴哈马群岛,开辟了新航路。

麦哲伦的家乡虽然是全葡萄牙唯一见不到海的省份,但航海与探险从小就拨动着他的心。他常听大人们谈论航海探险的事,件件事情都那样新奇,那样激动人心。航海成了他幼时的梦想。

1496年,麦哲伦进入国家航海事务厅做事。有机会了解航海知识使麦哲伦十分高兴,他用功学习航海知识,积极为航海做准备。他仔细研读了欧洲航海的历史,还研究了欧洲最新的航海图。1510年以后,他曾4次绕过好望角航行。随着舰队的航行,麦哲伦从一名普通士兵成长为一名优秀的航海家。他会击剑、放枪、使用长矛,会掌舵、使用指南针、划船、操纵帆船和大炮,会识别罗盘地图、掷测深锤、正确无误地使用各种航海仪器。经过十余年的航海生涯,他积累了丰富的航行和海战的经验,比当时所有著名的地理学家和制图专家都更熟悉、更了解地球东部的情况。

面对大海,麦哲伦的脑海里曾闪过这样一个念头,能否从西南绕过"新大陆"到达香料群岛(摩鹿加群岛),而不是像现在这样绕过非洲到达那里?几年以后,一条来自"新大陆"的消息使他怦然心动。一位叫巴尔波亚的欧洲人到达"新大陆"后,横穿巴拿马地峡,见到了"新大陆"的那一边。那是一片海洋,他给那片海洋取名为南海。麦哲伦认为,如果地球是圆的,那么越过"新大陆"在南海上继续航行就可以到达印度。如果从"新大陆"上找到一条通向南海的海上通道，这种设想的航行就会变为现实。这太令人激动了。

早在这之前，麦哲伦就曾在著名的宇宙学家马尔丁·贝格依姆绘制的图上看到过，在巴西以南，南纬40度的地带，有一条通往另一个海的通道。虽然贝格依姆本人并未到海峡航行过，但对这条通道的存在，麦哲伦仍深信不疑。他根据各种资料推算了南海的宽度，一个向西航行，绕过美洲"新大陆"，越过南海到达香料群岛，再由香料群岛向西绕过好望角回到葡萄牙的环球航行计划萌生了。

为了使航海计划更周密，麦哲伦请教了一位博览群书、对航海术和天文学都有极深研究的学者法利罗。经过一番审慎的准备，他带着计划求见葡萄牙国王，请求国王的支持，然而国王拒绝了他的计划。

1517年10月，麦哲伦来到西班牙游说。他向西班牙国王献上绘得详细的地球仪，上面标明了他计划航行的路线。国王十分赞同计划，和麦哲伦签订了组织远征队的协议书。麦哲伦开始了繁忙的工作，招募人员，购买装备，组织舰队。

1519年9月20日黎明，由5艘舰船，265人组成的麦哲伦远航队，收起船锚，鼓起风帆，在轰鸣的炮声中，离开圣罗卡港，驶入大海。人类历史上一次伟大航行，一次冒险的远航开始了。

船队顺风鼓帆，破浪前进，向南驶向预定路线中的第一站——加那利群岛。离开加那利群岛，船队向佛得角进军，期望在那里借助季风，顺利地驶向巴西。然而季风没有赶上，却遇上了强烈的风暴。一连数日，船队在咆哮的大海中颠簸着，艰难地航行。11月29日，桅楼上传来了欢呼声，巴西海岸已经在望。12月23日，船队驶进里约热内卢港。稍事休整后，船队继续向南行驶，寻找通向南海的海峡。1520年1月7日，船队前面出现一个辽阔无限、向西伸展的海湾。麦哲伦十分惊喜，认为这就是贝格依姆绘制在地图上的海峡。

麦哲伦把船队分作两路探测海峡。两周过去了，结果大失所望。探测显示，这不过是一条淡水河的入海口。这个发现无疑对麦哲伦是个沉重的打击。在贝格依姆地图标明海峡的纬度上出现的只是一条淡水河口，这说明贝格依姆的地图是错误的。

但麦哲伦仍然希望，也许地图仅仅在纬度的计算上出了错误。于是2月6日，船队启程，继续沿海岸航行。航行中不放过一个海湾，到处测量水深。继续探测了几个海湾，渴望中的消息始终没有出现。越向前航行，沿岸的景色越荒凉。天气也逐渐变坏，南极的严冬来临了，航行非常困难。

3月的最后一天，海岸上又出现了一个海湾。这是不是那条海峡？然而探测结果显示这只是一个封闭的海湾，有充足的泉水和鱼。麦哲伦做出决定，在这里抛锚过冬。严寒迫使船队在海湾停留了将近5个月。初春的迹象刚刚出现，麦哲伦便命令一艘船出发探查所有海湾。不幸的是在探查途中遇到风暴，这艘船被抛到岸边撞得粉碎。麦哲伦派小船救出了船员。船队出发，行驶两天，到达使侦察船失事的河口，船队再度停泊。

海峡是否真的存在的疑虑以及期望尽快找到海峡的焦虑困扰着麦哲伦，前进与后退都难以决定。如果海峡不存在，他就会因欺骗国王成为西班牙的罪人，而漫无边际的探测表明希望又是渺茫的。粮食越来越少，在这荒无人烟的地方，船队能支持多久？船员对找到海峡几乎都丧失了信心。

1520年10月18日，他终于下令起锚，船队继续向前航行。第3天，前面又出现了一个海峡。眼前展现出一个很深的海湾。水手们沮丧地望着海湾深处，对找到海峡已不抱幻想。麦哲伦下令对海湾探查。一天过去了，两天过去了。第4天傍晚，探查海湾的两条船回来了。驶近旗舰时，他们鸣炮数响，种种迹象显示，这很可能是一条海峡。

历尽艰难的麦哲伦热泪夺眶而出，一滴滴落在他那蓬蓬松松的黑胡子上。这短暂的一瞬是麦哲伦一生中伟大的时刻，也是一个人一生中只能享受一次的时刻。第二天一大早，船队勇敢地向海峡驶去。

水路迂回曲折，深浅不一，沟壑纵横，支流交错，小岛星罗棋布，浅滩比比皆是。主航道经常分出三四条支流，使人不知道哪一条通往目的地。船队只能探清一截，前进一截。一点一点，船队在探索中航行了1个月，现在他们又来到一个岔道口，宽阔的水道在这里分成左右两支。麦哲伦把船队分成两路分头探查。3天后，派出向西航行的小艇回来了。水手们老远就向他招手，他们亲眼看到了海峡那边的大海——南海。胜利的欢呼声冲破云霄。

麦哲伦船队终于驶出海峡，来到一望无垠的南海上。由于麦哲伦事前推算错误，把南海的宽计算得与大西洋差不多，横穿南海的航行显得遥遥无期。船上缺粮缺水，船员们又被疾病困扰。然而在3个多月的航行中，海上一直风平浪静。他们感谢上帝赐予太平，同时又祈求上帝让他们平安到达彼岸。于是他们把这片汪洋大海取名为太平洋。

1521年3月6日，他们发现了马里亚纳群岛，3月16日到达菲律宾群岛。4月27日，麦哲伦在战斗中被土著士兵杀死。几天以后船队又遭到土著的围攻。当船队继续向香料群岛进发时，只有两条船130人了。

1522年9月6日，当一艘满载东方香料的舰船维多利亚号在圣罗卡港靠岸时，西班牙人几乎不能相信自己的眼睛。3年了，他们早已不相信麦哲伦船队还能生还，而且已经快把它忘记了。然而当18个摇摇晃晃的船员走下船来到岸上时，成群结队的人来到海岸上，他们要看一看这些创造奇迹的人，这艘创造奇迹的船。

麦哲伦虽然最终没有亲自完成环球航行，他的功绩却无可比拟。是他，第一个提出环球航行这个最大胆的想法，而他船队中的最后一艘船实现了这一理想。是他，第一次通过航行证实了大地是圆球形的，证实了海洋占地球大部分面积。

然而麦哲伦所发现的那条西航路线，后来几乎没人使用。他朝思暮想的这个海峡也没有像他想象中那样，成为从欧洲到东方的重要贸易航路。所有企图再创这一航海奇迹的西班牙船队都在麦哲伦海峡遇难。西班牙人宁愿将货物拖过巴拿马地峡，也不愿进入麦哲伦海峡那阴森森的窄湾。

但"历史上一切伟大功绩的精神意义从来不能用实用价值来衡量。只有帮助人类认识自己、提高其创造自觉性的人，才能使人类的知识不断丰富起来"。

人物小传

〔麦哲伦〕（1480—1521）葡萄牙著名航海家。他是第一个进行环球航行的人，在实践上证明了地球是圆的。

代数学之父

——法国数学家韦达

凡在中学学过代数的人，无不知道韦达定理，这几条定理清楚地说明了方程的根与各项系数之间的关系。例如，一元二次方程的两个实根之和等于一次项系数的相反数，两个实根之积等于常数项。韦达在代数学领域的贡献具有里程碑意义，被尊为"代数学之父"。但很少有人知道，这位代数学之父，原来是个业余数学研究者。

韦达于1540年出生在法国的丰特内，名叫佛兰西斯·韦埃物，韦达是其拉丁文名字。他的专业是法律，但他对天文学、数学都有浓厚的兴趣，经常利用业余的时间在家学习和研究。

有一次，韦达在罗梅纽斯的《数学思想》一书中见到了一道45次方程式的难题。这个方程用现代的记法写出来就是——

$$45x - 3795x^3 + 95634x^5 - 1138500x^7 + \cdots\cdots - 740259x^{35} + 111150x^{37} - 12300x^{39} + 945x^{41} - 45x^{43} + x^{45} = A$$

韦达认为这个问题相当于：已知一弧所对的弦，求该弧的1/45所对应的弦。也就是相当于：用$\sin\theta$表示$\sin 45\theta$，并求出$\sin\theta$。如果$x=\sin\theta$，那么这个代数方程对x就是45次的。韦达知道，只要把这个代数方程分成一个5次的方程和两个3次方程就行了。

韦达解出了在《数学思想》中的这道45次方程式，并向罗梅纽斯挑战：看谁能解出阿波罗尼斯提出的"作一圆与三个已知圆（允许独立地退化成直线或点）相切的问题"。罗梅纽斯以欧几里得几何作工具没有解出，而韦达则解出了。当罗梅纽斯得知韦达的天才解法后，十分敬佩。他长途跋涉到丰特内专程拜访了韦达，从此他们结下了亲密的友谊。

韦达研读了丢番图、塔尔塔利亚、卡尔丹诺、邦别利、斯提文等人的著作。他从这些名家，特别是从丢番图那里，获得了使用字母的想法。以前，虽然也有一些人，包括欧几里得、亚里士多德在内，曾用字母来代替特定的数，但他们这个用法不是经常的、系统的。

韦达是第一个有意识地、系统地使用字母的人，他不仅用字母表示未知量和未知量的乘幂，而且用来表示一般的系数。通常他用辅音字母表示已知量，用元音字母表示未知量。他使用过现在通用的"＋"号和"－"号，但没有采用一定的符号表示相等，也没有用一个符号表示相乘，这些运算是用文字来说明的。尽管如此，他的想法和尝试仍是划时代的，它对代数学的国际通用语言的形成起到了极为重要的作用。

韦达认为，代数是发现真理特别有效的工具。他看到有关量的相等或成比例问题，不管这些量是来自几何、物理或是其他方面，都有可能用代数来处理。因此，他对高次方程和代数方法论进行了不懈的研究。他为了将自己的数学成果及时公之于世，自筹资金印刷发行。

1591年韦达出版了《分析方法入门》，这本著作是历史上第一部符号代数学。该书明确了"类的算术"与"数的算术"的区别，即代数与算术的分界线。韦达指出："代数，即类的算术，是对事物类进行运算；而算术，是对数进行运算。"于是代数成为更带有普遍性的学问，即形式更抽象，应用更广泛的一门数学之分支。韦达这种关于符号体系的想法得到了重视与赞扬。韦达由于在确立符号数学上的功绩，被西方称为"代数学之父"。

数学的魔力是无穷的。在法国与西班牙的战争中，西班牙依仗着密码，在法国境内秘密地自由通信，使法国部队连连败退。韦达在亨利四世的请求下，借助数学知识，成功地破译了一份西班牙的数百字的密码，从而使法国只用两年时间就打败了西班牙。

韦达于1603年12月13日在巴黎逝世，享年63岁。韦达去世12年后，他生前写成的《论方程的整理与修正》一书出版。这部著作为方程论的发展树起了一个重要的里程碑。在这部著作中，韦达把5次以内的多项式系数表示成其根的对称函数；提出了4个定理，这些定理清楚地说明了方程的根与其各项系数之间的关系——即韦达定理；为一元三次方程、四次方程提供了可靠的解法，为后来利用高等函数求解高次代数方程开辟了新的道路。

此外，韦达利用欧几里得《几何原本》第一个提出了无穷等比级数的求和公式，他发现了正切定律、正弦差的公式、钝角球面三角形的余弦定理等。韦达运用代数法分析几何问题的思想，正是笛卡尔解析几何思想的出发点。

笛卡尔曾说自己是继承了韦达的事业。

人物小传

〔韦 达〕（1540—1603）法国数学家。第一个引进系统的代数符号，并对方程论做了改进。著有《论方程的整理与修正》《分析方法入门》，被西方称为"代数学之父"。

火，烧不死真理

——布鲁诺为科学而献身

布鲁诺于1548年生在意大利那不勒斯附近的诺拉小镇。家境贫困，他10岁时就被父亲送进修道院去做工。繁重的劳动和清苦的修道院生活，使他的意志受到磨炼，然而在那高高围墙的幽禁中，他在精神上也受到宗教教义的严重束缚。

天长日久，布鲁诺渐渐目睹了教会的腐朽和黑暗。他不顾教会的清规戒律，千方百计找到一些先进书籍，偷偷地阅读。有一次，布鲁诺借到一部《天体运行论》。他看到了哥白尼在书中指出的新观点，即地球不是宇宙的中心，而只是一颗围绕太阳运转的普通行星。这一观点与"地心说"相反！他读了一遍又一遍，渐渐地看懂了。这部书论证精辟，立场严正，使布鲁诺为之倾倒。从此以后，他就对哥白尼的"太阳中心说"产生了浓厚的兴趣，进而对天文学家哥白尼也产生了无限仰慕之情。从此，布鲁诺走上了追求科学和真理的道路。

布鲁诺据《圣经》中"诺亚方舟"的故事编写了一则反教会的寓言——

有一天，避难在"诺亚方舟"上的动物们开展了一场大辩论。辩论的内容是：世界上究竟谁最圣洁。有人说，上帝最圣洁，因为上帝创造世界，造福万物；有的说，圣母玛丽亚最圣洁，因为她生了耶稣，拯救了世人；有的说，诺亚最圣洁，因为他造了方舟，让大家避难；有的说，鸽子最圣洁，因为它给大家带来了平安；有一个却说，只有驴子最圣洁，因为它能够忍辱负重，吃得粗糙，出力大，而且埋头苦干，从不自夸。辩来辩去，最后大家一致同意，世界上只有驴子最圣洁。

人们都知道，在西方，驴子被视为最愚蠢的动物。这则寓言把蠢驴说得比上帝和圣母更为圣洁，这是多么尖刻的讽刺啊！

正是因为这件事，他很快就被修道院监视起来。1576年，布鲁诺毅然逃出修道院，开始了流浪生活。他抱着追求自由、追求真理的强烈愿望，翻过4000多米的阿尔卑斯山，到了瑞士的日内瓦湖畔。后来，布鲁诺又被迫流浪到了法国。

哥白尼向万能的上帝挑战，创立了"太阳中心说"，使科学从神学中解放出来，而布鲁诺却是哥白尼的太阳中心说坚决的捍卫者和传播者。正是因为有了捍卫和传播，科学真理才真正战胜了神学，才使教会感到震惊和恐慌，科学才获得新生，从而走上了正常的发展轨道。

在法国，布鲁诺到处写文章、做报告，宣传哥白尼的太阳中心说，批判托勒密地球中心说的错误观点。他出版了一本《论原因、本源和统一》的小册子，对于那些一味俯首听命于教会的大学教授所发表的种种谬论，进行了针锋相对的批判。由于他才学超群，口才出众，被学术气氛比较活跃的土鲁斯大学聘为哲学教授。他的教学受到了青年学生们的欢迎，但也遭到了黑暗反动势力的卑鄙攻击。1583年，他以法国驻英大使卡斯德诺随员的身份，悄然渡过英吉利海峡，到了英国伦敦。

当时的英国，因为资本主义发展较早，思想领域比较活跃，所以太阳中心说传播得也比较广泛。这时期，布鲁诺吸收了英国哲学家迪格斯的学说，他的宇宙观又有了新的发展。他出版的《论无限性、宇宙和世界》一书，把哥白尼的学说又大大推进了一步。

他大胆地指出：宇宙是无限大的，有无数个世界。每一个恒星都是和太阳一样灼热而巨大的天体，只是离我们太远了，看上去就不如太阳那样大、那样亮。至于太阳，还有许多尚未发现的行星绕着它转。

布鲁诺还说：宇宙有一个统一的法则，但是没有任何中心，因为一个无限的宇宙是不可能有一个中心的。这样，布鲁诺就否定了哥白尼关于太阳是宇宙中心的思想，第一次把人类的眼界从太阳系扩展到整个宇宙空间，进一步摧毁了作为宗教神学理论支柱的地球中心学说，又一次给封建迷信的教会势力以沉重打击。

同样的，布鲁诺在英国的活动使教会非常恐慌。不久，布鲁诺的学术活动遭到禁止。真是天下的乌鸦一样黑，坚持科学真理的人竟然没有存身之地。

1586年，他又重返法国，在法国再一次遭到放逐后，他又再度漂泊流浪，辗转到了德国。1591年，他在莱茵河畔的法兰克福定居下来，从事写作和天文学研究工作。

布鲁诺流落他乡多年，非常怀念祖国，怀念自己的故乡，更希望把自己的新思想、新学说带回去献给自己的祖国。意大利贵族莫森尼格借机邀请布鲁诺回国，并把他出卖给了罗马教会。在罗马宗教法庭上，他丝毫没有动摇，对科学真理始终坚信不疑。在酷刑面前，他大义凛然，坚贞不屈。长达8年之久的监狱生活，使他骨瘦如柴，但是他那颗向往科学真理的心却在不停地跳动着。

1600年，布鲁诺在罗马的鲜花广场被活活地烧死在十字架上。

火，烧死了布鲁诺，但它烧不死真理。哥白尼和布鲁诺的天文学说，为以后科学事业的突飞猛进打下了基础。人们永远不会忘记为人类的进步事业做出过真正贡献的人。

1889年，罗马宗教法庭在科学事实面前，不得不宣布给289年前为真理而殉难的布鲁诺平反。同年6月9日，在罗马鲜花广场的中央——布鲁诺殉难的地方，人们为这位伟大的科学家树立起一座高大的铜像。

人物小传

〔**布鲁诺**〕（1548—1600）意大利哲学家、数学家、天文学家。主张无限宇宙与多种世界理论，摈弃传统的地心学说，并超越了哥白尼的太阳中心说。

两个铁球同时落地

——实验科学的先驱伽利略

1564年2月15日，伽利略出生在意大利的比萨城。他父亲是一位没落贵族，有很高的文化修养，通晓数学。受家庭的熏陶，伽利略从小就聪明好学，多才多艺。当他满17岁时，父亲就把他送进比萨大学医学系，希望他长大之后做一名医生。可是他偏爱数学和物理学，对所学的医学课程一点儿也不感兴趣。入学不久，他就因爱提各种奇特的问题而闻名。他提的问题，有不少连教师也回答不了，因而不少老师对他很发怵，不喜欢他。他还敢于和守旧观点唱反调，他说："有的老师说亚里士多德永远正确，这不对，亚里士多德生活在2000年以前，许多事情到现在已经改变了样子。"

比萨城有座教堂，伽利略十分喜欢那里面安静肃穆的气氛，他常静静地坐在那儿，思考一些问题。

一天，伽利略又信步来到了教堂。当他刚刚在一条长凳上坐定，一阵风从敞开的窗户吹了进来。忽然，他注意到屋顶的吊灯被吹得轻轻地左右摆起来。这本来是件平常的事，伽利略却抬头看得入了迷。"真奇怪！怎么每次摆动的时间好像都一样？"他又去推了一下灯，再仔细观察。一开始灯以一个很大的弧度摆动，但是，弧度变得小些的时候，摆动的速度也会变得慢些。他联想起老师说的"脉搏跳的次数是稳定均匀的"这句话，用右手按住左手的脉搏，心中默数吊灯摆动和脉搏跳动的次数。结果发现，不论吊灯摆动的弧度多大，每次摆动的时间总是相等。就这样，伽利略从教堂摇晃的吊灯上得到了灵感，发现了摆的等时性。

但是伽利略并没有轻易地下结论。他想：如果不是自己的感觉欺骗了自己，就是亚里士多德的记述错了。因为亚里士多德认为摆经过一个短弧要比经过长弧快些。

回家后，他找来了各种不同重量的物体，在不同长度的绳子上做试验，想通过这种试验找到正确的答案。于是，他狂热地投入到一个又一个的实验中去，根本不想再去上什么医学课了。

为了进一步研究摆的规律性，他将不同长度的线悬挂在天花板上，下端挂上小球，并测量它们摆动的周期。经过多次实验，他得出结论：摆的周期跟摆锤的质量及材料无关，而只跟摆长的平方根成正比，这是物理学上一项重大的发现。伽利略第一次用无可辩驳的事实驳倒了亚里士多德关于摆的观点！

在医学院的几年里，尽管他竭力强制自己去实现父亲的愿望，成为一名医生，但最后他不得不承认自己失败了。不久，他没有取得医学学位就离开了比萨大学，开始钻研数学和物理学。

古希腊数学家阿基米德有一条关于杠杆和浮体比重的原理，他认为，将物体放入装满水的容器，会有和物体相同体积的水排出来。伽利略认为用这种方法来测量物体的体积，太麻烦了。

一天，他偶然看到一个小孩拿石头打水面木板上的青蛙，木板被打中向右倾时，青蛙就向左跳；向前倾时，它便向后跳。不管木板怎么摇晃，青蛙都不在乎。青蛙懂得保持木板两边的平衡。

伽利略终于得到了灵感：重量相同的东西，挂在一根杆子的两端时，就能保持平衡。若将其中的一方浸入水中时，就无法再保持平衡了⋯⋯

利用这个原理，伽利略发明了测定物体的重量和体积的仪器——水秤。而后，他又发表了以数学计算见长的论文《固体的重心》，轰动了当时的学术界。凭借这篇论文，他被比萨大学聘请为数学讲师。

可是伽利略在比萨大学并不受欢迎，因为他竟然公开站出来向亚里士多德的学说提出挑战。

亚里士多德认为，不同重量的物体从高处下落时的速度是不一样的。当时人们都信以为真，但是伽利略对此表示怀疑。他私下做了实验：把3块大小不同的石头，从二楼的窗口抛下去，结果3块石头均同时到达地面。于是他断定亚里士多德的这个理论是错误的。当他把这项实验的结果告诉其他教授时，大家都嘲笑他竟敢怀疑"权威性"的说法。

为了让学校里的教授和学生相信他的理论，伽利略计划用比萨斜塔来公开他的实验。因为这座塔有近60米高，而且是倾斜的，从塔上往下扔东西，可以清楚地看到物体掉落的情形，这是再理想不过的实验场所了。

准备工作就绪后，在一个天气晴朗的中午，伽利略拿着两个大小不同的铁球登上塔顶。他在塔上大声解释这次实验的目的——

"在我左手中有一个小铁球，重量是1磅（0.45公斤），右手中有一个大铁球重10磅（4.5公斤）。现在，我将要把两个铁球同时放下去。事实将证明：到底是亚里士多德的理论正确，还是我的理论正确。"

说完，他叫塔下两个学生各拿一具计时用的"滴漏计"，准备记录铁球掉落到地面的时间。

"准备，一、二、三！"他向下面的人做了一个手势，随后双手一放，两个铁球便从斜塔上笔直地落下来。刹那间，两个铁球同时到达地面。

伽利略虽然在众人面前，圆满地证明了他的"落体原理"，推翻了亚里士多德的错误说法。但是，他这种违反传统的行为，却受到比萨大学里思想陈旧的校长和教授们的抨击。伽利略愤然辞去了比萨大学的教职。

幸好，伽利略的名声已经传遍国内外，所以不久以后，他就被欧洲著名的帕多瓦大学聘为数学教授。在那里，伽利略可以自由地开展科学研究。

有一天，伽利略偶然得到一本天文学家哥白尼的著作——《天体运行论》，书上说"地球不是宇宙的中心，太阳才是中心，月亮、地球和其他的行星，都围绕着太阳运转。"伽利略深深地被这个说法震撼了。因为在这以前的学者，像托勒密、亚里士多德等人，都认为"地球是宇宙的中心，太阳围绕着地球运转"。而且《圣经》上也是这样说的，因此，谁也不怀疑这样的说法。但是，这种说法有许多谜无法解开，一直困扰着伽利略，而哥白尼的说法，却把这个谜团解释得一清二楚。

此时，德国有位名叫开普勒的天文学家在《新天文学》一书中通过大量的论述，总结出一个结论，哥白尼的太阳中心说是正确的。伽利略读完后，他越研究越倾向哥白尼的学说，希望有一天自己能亲自证明哥白尼学说的正确性。

从1609年开始，伽利略广泛收集了有关透镜的材料。他了解到，人们所以看见一个物体，是因为光线从这个物体上射到人们的眼睛里。在光线笔直的路线上，透镜能使它折射。凸透镜中间比边上厚，能使光线向里面折射；凹透镜正好相反，中间比边上薄，使光线向外面折射，把凸透镜和凹透镜放在一个适当的距离上，能使物体看起来放大。

于是伽利略开始实验。他先花费很长时间来研究玻璃，一片一片地磨好、擦亮，直到这些玻璃完全符合他的要求为止。他把透镜做成一对一对的，一片凸透镜，一片凹透镜。然后又准备了一个双层的能滑动的管子，一头安装一片大的凸透镜，另一头安装一片小的凹透镜。

当他把管子对准窗外的建筑物时，他惊讶地发现，那个建筑物似乎近在眼前，建筑物表面上那被风吹雨淋的道道斑痕都看得一清二楚；再看那稍远些的教堂上的钟塔，也是又大又近。成功了，他使物体整整放大了9倍，近了3倍。可用它来观察天体，仍不理想。1609年的整个夏天，他都在制作这种镜管。他反复进行计算，把透镜研磨得更加精确，放大的倍数也越来越大。1610年他又制成了能放大32倍的透镜。伽利略兴奋异常，他给这全新仪器取名望远镜。

1610年1月6日夜晚，是天文学史上一个里程碑式的日子。这一晚，伽利略第一次把他的望远镜对准夜空。那浩瀚壮观的天文奇景令他惊叹、着迷。

他首先把望远镜对准了月亮，银盘似的月亮顿时变得千疮百孔。在望远镜的镜片中，月亮的表面既不光滑，也不平整，既有凸起的高山，也有凹陷的深谷。这一发现，使伽利略兴奋得整整观察了一夜。

此后他又连续几夜对月亮进行观察，还发现月亮本身并不发光。因为当月亮只有半边发亮时，只要注意观察就会发现，它的另半边好像不在那里。但如果使用望远镜就能看见，它有一圈很暗淡的光。好像是另外还有一个不太亮的天体，把光照射到月亮的另一面。

根据计算伽利略认为，傍晚的时候人们之所以能看见月亮，是因为地球被太阳照到的部分，正好面对着月亮。就像月亮把从太阳得到的光反射给地球那样，地球也把太阳光反射给了月亮，月亮和地球本身都不发光。月亮在不断旋转，而且是环绕着地球旋转。

第二年，伽利略把望远镜转向了木星。他发现木星附近有3颗明亮的小星星，就像3个小月亮一样。两颗在木星的东边，一颗在西边。第二天晚上观看时，却发现3颗小星全在木星西边。过了几个晚上，木星附近又出现了第四颗小星。以后他又一连观察了十几个夜晚，这4颗小星每天晚上都在改变自己的位置。伽利略仔细推算4颗小星运行的情形，终于了解到——

"这4颗小星不是行星，而是卫星！它们像月亮绕地球旋转一样，绕着木星运行。"

这项发现使伽利略欣喜若狂，他把自己所看到的有关月亮、行星及卫星的许多事实，写成了一本书，名为《星球的使者》。在书中，他清楚地阐明，哥白尼的学说是正确的。

伽利略又把望远镜移向了金星和水星，又一奇迹出现了，金星和水星也不是发光的物体。他观察了好多个夜晚，看到它们都有缓慢地变化。晚上或黎明前，常常见到金星和水星离太阳很近，当它们处于太阳的这一边时，其形状不是圆的。为什么呢？因为太阳只照射在这两颗行星的表面，而地球上的人们则处在它们的背面。当这两颗行星绕到太阳对面一边时，它们呈圆形，但要显得小一些，因为它们距离地球很远。金星离我们最近，它反射出的光看起来最亮。只有金星和水星运行在地球和太阳之间，所以也只有它们会改变形状。这一发现，从事实上彻底推翻了亚里士多德派的学者们关于"月亮绕地球旋转，因此太阳也一定绕地球旋转"的观点。

为了进一步证明哥白尼的"太阳中心说"，从 1611 年开始，伽利略开始研究太阳。他通过望远镜观察后发现，太阳表面有些奇异的黑点，这些黑点缓慢地横移过太阳表面。1613 年，他在写给其他天文学家的信中谈到了"太阳黑子"。他写道："太阳黑子可能是太阳表面或太阳附近的物质，太阳在原地缓慢地旋转，太阳黑子跟着它一起转动。"对太阳黑子移动的观察，证实了太阳是自转的。

伽利略通过一系列的观察，终于证明了哥白尼的理论：太阳是太阳系的中心，月亮绕着地球，木星的 4 颗卫星绕着木星，地球、木星和其他行星绕着太阳转。

伽利略经过几年的科学实验和观测，著作出版了《关于两种世界体系的对话》一书。这本书以三人对话的形式揭示了地心说的错误和日心说的正确，因而极大地触怒了教会。罗马宗教法庭以违背教义，宣传地球运动邪说的罪名判处伽利略终身监禁。已在病中的伽利略神志恍惚地被迫在判决书上签了字，但他在朋友的搀扶下离开宗教法庭时，仍然喃喃自语："但地球确实在运动啊！"但是，被囚禁后的伽利略并没有被征服，他在 74 岁高龄时又写下了另一部更有代表性的著作《关于两种新科学的对话》，阐述了物理学上运动的基本概念和规律，矛头直指亚里士多德的物理学偏见。

这部书完稿后的第二年，由于长期使用望远镜进行观察，伽利略双目失明了。面对着眼前的一片黑暗，他没有停止他的研究和斗争。他将自己已经研究和尚未研究的科学内容口述给他的学生，希望更年轻的一代人去完成他未竟的事业，传播他已发现的科学真理，揭示他未能揭示的宇宙之谜。

1642年1月8日，这位伟大的学者离开了人世，但他那为发现真理和宣传真理进行不懈斗争的精神，直至今天仍为人们传诵着。

300多年以后，也就是1979年，罗马教廷在无可辩驳的现代科学面前，不得不宣布重新审查对伽利略的判决。为此，教廷装模作样地成立了调查案件的专门委员会。1983年，公布了审查结果，承认"给伽利略定罪的法官犯了错误"。伽利略的沉冤终于得到昭雪。

人物小传

〔伽利略〕（1564—1642）意大利数学家、天文学家、物理学家、近代实验科学的先驱。最早用望远镜观察天体的天文学家。他发现了钟摆的等时性原理，又发现落体定律、木星的卫星、太阳黑子、土星光环等。

行星运动三大定律的发现

——德国天文学家开普勒

学过自然地理的人都知道这样的常识:

太阳系的行星各自沿着椭圆形的轨道围着太阳转,太阳位于椭圆两焦点之一的位置。还知道行星绕太阳运动的速度并不相同,离太阳近时,速度较快,离太阳远时,速度较慢。在任何一点上,向径(太阳中心到行星中心的连线)在相等的时间所扫过的面积相等。

这两条定律是谁首先发现的呢?是德国天文学家开普勒。这两条定律再加上行星运行周期定律,被称为开普勒行星运动三大定律。

这三大定律的发现非常了不起,它奠定了现代天文学的基石。开普勒在天文学领域,成为里程碑式的人物。

约翰内斯·开普勒,1571年12月27日出生于德国符腾堡的小城魏尔。他是文艺复兴时期的德国天文学家,继哥白尼之后的第二位天空使者。

开普勒幼年时,贫寒的家庭无力供他上学,他一直靠奖学金求学。开普勒进入图宾根神学院后,他的老师米夏埃尔·马斯特林教授常常在演讲中提到哥白尼,引起他学习哥白尼有关天体运行的理论和著作的兴趣。

1594年,开普勒被推荐到奥地利格拉茨教会学校任数学教师。在这以后的几年中,他不倦地研究了天文学的3个问题——"行星轨道的数目、大小及运动"。1595年7月19日,他终于有了伟大的发现:"可用地球来度量所有其他轨道。一个12面体外切地球,这12面体就内接于火星的天球;一个4面体外切火星轨道,这个4面体就内接于木星天球;一个立方体外切木星轨道,这个立方体就内接于土星天球;现在把一个24面体放入地球轨道,外切这个24面体的天球就是金星;把一个8面体放入金星轨道,外切这个8面体的天球就是水星。"他马上着手阐明这一想法,写成《宇宙的奥秘》初稿。几经周折之后，1596年，这本书终于出版了，并载入了法兰克福书目之中。

后来，开普勒接受丹麦著名天文学家帝谷的邀请，来到布拉格，成为帝谷的得力助手。两位天文学家的会面是天文学历史上的重大事件。正是两位科学家合作，取长补短，才使开普勒取得了里程碑式的成就。

开普勒的《宇宙的奥秘》在纯先验思辨的基础上推导出了宇宙的结构，而帝谷的功劳则主要是在经验方面，不是在理论方面。帝谷的宇宙体系是介于托勒密体系和哥白尼体系之间的折中体系，他把地球设想为月球轨道和太阳轨道的静止中心，其余的5个行星则围绕太阳旋转。这一体系在天文学史上没有什么重要的价值。重要的是他进行了几十年之久的精密天文观察，他的技术在当时是相当高超的。由于帝谷在天文学研究过程中受到过重大的打击，所以他总用疑惑的眼光来看待周围的环境，不愿意公布他的天文观察记录。他是位顽固专横的老师，要求助手绝对服从他，这一点开普勒是很难做到的。

求知欲极旺的开普勒，极想把帝谷确定了的行星轨道的正确数值和他自己设想的模型对照一下，但帝谷最初并不想让他真正地分享自己的成果。只是有时在谈话中才偶尔漫不经心地谈到一些无关宏旨的事情，今天他提到了一个行星的远地点，明天提到另一个行星的焦点。直至开普勒立下字据，保证严守秘密时，他才得到火星的观察数据。

于是，开普勒夜以继日地研究，希望得到一个幸运的结果，他知道，只有这样才能得到别的观察数据。然而，要想实现这个愿望可不是易事，必须付出相当大的代价。他经年累月，不知度过了多少不眠之夜，终于完成了火星的理论研究。正是这颗行星的运动使他最后探索出了天体的秘密，改变了整个天文学。从此，开普勒放弃了关于行星作圆周运动的旧思想，主张它们是在椭圆轨道上运行，太阳则位于这些椭圆的一个焦点上。

火星轨道的计算使开普勒的研究方法发生了根本变化。过去他是空想宇宙体系的结构，现在他"汗流浃背，气喘如牛地跟踪着造物主的足迹"，就是说把研究整个倒了过来，依靠天体来研究几何学，从此他开始设想建立一种没有假设的天文学。当时，不论是地心说还是日心说，都认为行星作等速圆周运动。但开普勒发现，火星并非作等速圆周运动。经过4年的观察和苦思冥想，他发现火星的轨道是椭圆形，于是得出了开普勒第一定律：火星沿椭圆轨道绕太阳运行,太阳处于两焦点之一的位置。随着火星椭圆形轨道的发现,火星运动的计算开始全面展开。

开普勒通过计算发现,火星运动的速度是不均匀的,当它离太阳较近时运动得较快,离太阳较远时运动得较慢,但不论从任何一点开始,向径(太阳中心到行星中心的连线)在相等的时间所扫过的面积相等,这就是开普勒第二定律(面积定律)。开普勒关于火星运动的著作《新天文学》在历尽艰辛以后,直到1609年夏天才印刷出版。该书还指出两定律同样适用于其他行星和月球的运动,这本著作是现代天文学的奠基石。

然而,在当时,包括一些著名的天文学家在内,都对开普勒的研究成果表示怀疑。开普勒看到他的著作遭到了许多人的轻视和误解,便保持沉默。他丝毫没失去信心,把一切希望都寄托在另外一个追求科学真理的人身上,这个人的有力评价对开普勒的这两大定律能够得到世人承认是至关重要的。他就是帕多瓦大学数学教授伽利略。早在格拉茨时,开普勒就想和伽利略建立联系,他把《宇宙的奥秘》寄给了伽利略。那时,伽利略就觉察到开普勒是哥白尼宇宙体系的信徒和保卫者,认为开普勒是他"探寻真理的一位朋友"。

1610年,开普勒得知伽利略在帕多瓦用一个双透镜望远镜发现了4颗木星的卫星后,他十分激动。不久后,他就得到了伽利略发现的详细情况。当他得到《星球的使者》后没有几天,就起草了一封祝贺信回敬给伽利略。此后,开普勒经过努力终于得到了一架望远镜,使他能够用自己的眼睛来检验伽利略的发现。他把观察结果写进了一本小册子《论木星卫星》,为伽利略的发现提供了最好的旁证。

1619年,开普勒著成《宇宙谐和论》。这部著作凝聚着他多年的心血,它不仅是第一次系统论述了近代科学的法则,而且也完成了古典科学的复兴。它标志着天文学发展到新高峰,使开普勒创立的行星运动的第三定律(周期定律),即行星绕太阳公转运动的周期的平方与它们椭圆轨道的半长轴的立方成正比的理论得以问世。

开普勒创立的行星运动的三大定律,使天文学进入到一个新的阶段,为牛顿发现万有引力定律打下了基础。然而,这位伟大的科学家一生都是在经济困苦和操劳跋涉中度过的。1630年11月15日,他在贫病交困中寂然死去。

在他墓碑上写着:"我欲测天高,现在量地深。上苍赐我灵魂,凡俗的肉体安睡地下。"

人物小传

〔**开普勒**〕(1571—1630)德国天文学家和物理学家。行星三大运动定律的发现者,近代光学的奠基人。著作有《宇宙的奥秘》《新天文学》和《宇宙谐和论》。

为代数与几何架起鹊桥

——笛卡尔与解析几何

古希腊有三大数学难题,困扰了许多天才的头脑长达 2000 年。这三大难题是:三角等分,化圆为方,不改变正立方体的形状而把它的体积增大两倍。一代又一代的数学家为此呕心沥血,进行毕生的探索,但问题始终悬而未决。为什么呢?他们总离不开传统几何的途径,用圆规和尺子去求解难题,结果劳而无功。直到笛卡尔创立了解析几何,把代数与几何结合起来,才为解决三大难题提供了科学依据。

勒内·笛卡尔于 1596 年出生,他是 17 世纪法国最伟大的数学家之一。从小就聪明伶俐,勤学好问。在他 8 岁的时候,父亲经过多方面查询,替笛卡尔选择了当时全欧洲最著名的教会学校——拉夫雷士耶稣教会学校,让他开始接受正规的教育。当 1612 年,17 岁的笛卡尔以优异的成绩毕业时,他已经在哲学和数学方面显示出了特殊的才能,并且与许多著名的学者成为了好朋友。

1616 年,笛卡尔取得了波埃顿大学法学博士学位,但他并不满足已掌握的书本知识,决心要走向社会,"去读世界这本大书"。他说:"除了我能够在我自己或者'世界这本大书'里找到的科学之外,我绝不寻求别的科学……我决定研究我自己并竭尽全力来选择一条我应该遵循的道路。"于是,笛卡尔毅然到荷兰投身于奥伦治公爵的军队。

一天,他所在的部队开进了荷兰的布雷达城。无所事事的笛卡尔漫步在布雷达的大街上,忽然他看见一群人正围在一起议论纷纷,原来大街的围墙上贴出了一张几何难题悬赏的启事,能解答者获得本城最优秀的数学家的称号。好奇心驱使他将题目抄了下来。回到军营后,他开始专心致志求解这道题,经过苦思冥想和无数次运算,两天后,笛卡尔求得了答案。由此他的数学天才初露锋芒。

荷兰多特学院院长、学者毕克曼得知后,非常赏识笛卡尔的数学才华。他劝笛卡尔:"你有深厚的数学基础,才思敏捷,很适合从事数学研究。结束戎马生活吧,我相信你将来会成功的。"

笛卡尔并没有离开部队,可是对数学的爱好,却使他从此再没有间断过对数学问题的思考。

他早在拉夫雷士耶稣教会学校读书时,就听说过古希腊几何三大难题的故事,即:如何把正方体在不改变原来形状的情况下,把它的体积增大到原来的两倍;三角等分问题;化圆为方的问题。可是为什么将近2000年这一问题还不能解决呢?

那时,每当他躺在床上冥思时,总是不满意他正在学习的欧几里得的几何学,认为"它只能使人在想象力大大疲乏的情况下,去练习理解力";也不满意当时的代数学,感到它像"一种充满混杂与晦暗、故意用来阻碍思想的艺术,而不像一门改进思想的科学"。这些深奥的数学问题,对于当时还是十几岁的学生来说,他还来不及进行更深入地探索和思考。当离开学校迈入军营后,他忽然感到自己对数学是多么的有兴趣。

笛卡尔陷入了深深的思考之中。他在认真总结前人的大量解题教训后得出了这样一个猜想:2000多年的教训,是不是说明有些做圆题按尺规做圆公式,本来就做不出来呢?圆规和直尺不是万能工具,世界上是不是根本就不存在万能的工具呢?

1621年他退出了军界后,与数学家迈多治等朋友云集巴黎,共同探讨数学和其他科学方面的问题。当时的法国封建专制统治和教会的势力还很强大,一向谨小慎微的笛卡尔,慑于法国宗教势力的淫威,于1628年移居荷兰。那里资产阶级革命已经成功,社会比较安定,思想自由,是搞学术研究的好地方。笛卡尔没有想到,这一去会长达20年之久,是他一生中科学研究的最辉煌的时期。

他潜心于数学研究,发现2000多年来,人们在探索几何三大难题的解决方法时,一直在从形上去探求它的答案,还不曾有人怀疑这种方法的可能性,那么能不能把"形"化为"数"来研究呢?"形"和"数"之间有没有必然的联系呢?自从来到荷兰后,这个问题,一直在困扰着他。

艰苦的脑力活动,使体质虚弱的笛卡尔病倒了。他躺在病床上,却依然在思索着数学问题。突然,他眼前一亮,原来天花板上,一只蜘蛛正忙忙碌碌碌地在墙角编织着蛛网。一会儿,它在天花板上爬来爬去,一会儿又顺着吐出的银丝在空中移动。随着蜘蛛的爬动,它和两面墙以及地面的距离,也不断在改动着。这一刹那,一种新的数学思想萌动了,困扰了他多年的"形"与"数"的问题,终于找到答案了。

真可谓踏破铁鞋无觅处,得来全不费工夫。性格一向很内向的笛卡尔兴奋得不顾虚弱的病体,一骨碌从床上滚下来,迫不及待地将这一瞬间的灵感描述出来。

他发现了这样的规律:如果在平面上放上任何两条相交的直线,假定这两条线互成直角,用点到两条直线的垂直距离来表示点的位置,建立起点的坐标系。

就像数学中所有真正伟大的东西一样,这个发现的基本概念简单到了近乎一目了然的程度。这样应用坐标的方法,就建立了平面上点和作为坐标的数对（x, y）之间的一一对应关系,进一步构成了平面上点与平面上曲线之间的一一对应关系,从而把数学的两大形态——形与数结合了起来。不仅如此,笛卡尔还用代数方程描述几何图形,用几何图形表示代数方程的计算结果,从而创造出了用代数方法解决几何题的一门崭新学科——解析几何学。

解析几何的诞生,改变了从古希腊开始的代数与几何分离的趋向,从而推动了数学的巨大进步。17世纪以来数学的重大发展,其中包括古希腊三大几何难题的解决、微积分理论的建立等,在很大程度上应归功于笛卡尔的解析几何。

17世纪是资本主义迅速发展的时代,资本主义的发展,促进了天文、航海和科学技术的发展,对数学提出了新的要求。解析几何的重大贡献,还在于它恰好提供了科学家们早已迫切需要的数学工具。

例如,要确定船只在大海中的位置,就要确立经纬度,这就需要更精确地掌握天体运行的规律;要改善枪炮的性能,就要精确地掌握抛物体的运行规律。而这些研究涉及的已不是常量而是变量,这些变量还是相互联系的,是传统的孤立、静止的数学方法解决不了的。

解析几何正好满足了科研的这种需要,因为它可以用字母表示流动坐标,用方程刻画一般平面曲线,用代数演算代替古老陈旧的欧几里得纯逻辑推导而求出数量关系。这就是说,解析几何使变数进入了数学,亦即使运动进入了数学,为微积分的创立奠定了基础。

正如后来法国数学家格拉朗日在其《数学概要》中说的："只要代数与几何分道扬镳，它们的进展就缓慢，它们的应用就狭窄。但是当这两门科学结成伴侣时，它们就互相吸取新鲜活力，从那以后，就以快速的步伐走向完善。"解析几何，正是笛卡尔留给我们的最宝贵的科学财富。

人物小传

〔笛卡尔〕（1596—1650）法国哲学、数学、物理学家。创立了解析几何及坐标式。著有《方法论》《情感论》《哲学原理》等书。

制造真空的第一人

——意大利科学家托里拆利

人在真空里就无法生存,因为呼吸需要氧。其实,不要说真空,空气稀薄,人就感到非常不适。但人类生活又需要真空。没有真空,电灯泡就无法照明;没有真空,电视机就不能进入千家万户;就连最简单的热水瓶,也是靠了真空才达到保温的效果的。谁第一个发现真空并制造真空的呢?是17世纪意大利科学家托里拆利。

托里拆利于1608年10月15日出生在意大利的法恩茨,幼年时期就成了孤儿,由叔父抚养。他的叔父是个学识丰富的修道士,在他的教育和影响下,托里拆利逐渐对科学产生了兴趣,对科学实验充满了热情。

1627年,托里拆利20岁时,著名数学家、学者伽利略的朋友穆尼迪托·卡斯特里把他收为学生。年轻的托里拆利爱好极为广泛,他研究数学和力学,磨制望远镜和透镜,证明如何用小玻璃球来提高放大倍数。这些放大镜,在100年以后仍然深受科学家的赞扬,并促成许多微生物界的重要发现。

1638年,托里拆利阅读了伽利略的著作,受到很大启发,于是自己动手撰写有关机械学的文章。1641年他发表了论文《重体运动论》,3年后又出版了第一部专著《几何学论》。在这部著作中,托里拆利运用伽利略自由落体定律解释了液体从薄容器的孔眼中流出的现象。他证明了液体从孔中流出的速度与容器中液体水平面处于同一高度的自由落体的速度相等,后来,这一关系式发展成著名的托里拆利公式。此外,他还发现从容器侧壁里流出的液体具有抛物线的形式。这些发现奠定了水动力学的基础。

1641年,卡斯特里将托里拆利介绍给伽利略,他随即成为伽利略门下一名勤奋的学生,和他同学的还有维威安尼。在当时,抽水机已经在工农业生产上得到了广泛的应用。可是,为什么吸水管在跨越了比较高的山坡后竟不能工作？为什么抽水机不能把超过 10 米深的矿坑中的水抽上来？空气是否有重量？真空是否存在？人们带着这些问题前去请教大物理学家伽利略。遗憾的是，伽利略这时已年迈多病，双目失明，且受到教会的迫害，无力再用实验解答这些问题。伽利略仅指出："水不可能升到比 20 个下臂（下臂为半米）更高的高度来，甚至连 20 个也不能。'真空恐怖'有自己的界限……"

从前的书本上早就讲过，自然界不能容忍真空，自然界尽力去占领所有能够出现没有空气的空间，这是造成"真空恐怖"的实在原因。抽水机能从井的深处把水抽出来，就是用这个道理解释的。当抽水机的活塞上升时，它就应把水带来的，以使它的下面不致出现没有空气的空间——真空。

"你们应当而且是务必要把这个问题弄清楚。"1642 年，伽利略在临终前寄希望于他的学生们："管子里的水只能提高到大约 18 个下臂长的高度，为什么就不能再高了呢？"

"真是的，怎么不能呢？"维威安尼大声说出了自己的想法，"如果是'真空恐怖'造成的话，那么为什么只是在这个范围里起作用呢？"

"开始时，先要准确地定出由于活塞运动流入管子里的水柱的高度。"托里拆利接着说，"这需要有透明的管子，最好是玻璃制作的。"

"这可太复杂了，要制造出那么长而且又一样粗细的管子，让活塞能在里面移动，这可是太难办到了。"

"不，不，这是多余的。"托里拆利突然转向对维威安尼说道，"这个办法靠不住。如果水进入管子靠的是'真空恐怖'，那么，只要将管子的一端封住，为了不形成没有空气的空间，水就不会从管子里流出来。比如，用一个装满了水的锅，将它底朝地翻过来，而敞开的一面始终放在水下，那么，锅里面的水就不会流出来。"

维威安尼点了点头说道："懂了！您想使一端被封闭的管子里盛满水，然后再像锅一样地翻过来，是吗？"

"对！自然界如果不能容忍真空，那么，所有的水就应该肯定都留在管子里。如果水位下降……"

"您认为它会下降吗？"

"伽利略大师说，'水只能升到 18 个下臂长的高度'，这话你听说过吗？要是水下降到这个高度停止，那么这就是个明显的标志，说明'真空恐怖'

作为规律,只能达到这个界限,或者是……"

"或者是什么?"

"或者并不是'真空恐怖',而是别的东西把水赶到了管子里。"

维威安尼拍了一下自己的额头。

"需要把管子翻过来!但是,这您怎么能做到呢?要知道管子的长度至少需要20个下臂长呀!您得爬到教堂的楼上去。"

"那又怎么样?我们的导师伽利略能在比萨塔上丢下铁球,我们怎么不可以爬到某个塔上去进行水管的实验呢!"

话虽如此,可真要这样去做,却十分困难,实验也不容易操作和检验,托里拆利凝神考虑了很久,终于有了办法。

托里拆利说:"空管子里的水在18个下臂的高度上停下来。可是,如果是用较重的水呢?"

"较重的水?"维威安尼问道。

"是的,像水银,它要比水重13倍。因此,它的柱高可能是水柱的1/13。在这种情况下,有不到两个下臂长的管子就够用了。"

"可是,你为什么认为水银进入管子会比水低得多呢?"

"我是这样设想的,"托里拆利回答说,"我们应该先确定怎样使水银升高,然后我再给你解释我的想法。让我们来看一看,'真空恐怖'是不是不容置辩的规律?"

几天后,维威安尼开始做这个实验。他小心翼翼地拿起一个玻璃管,将水银一滴一滴地充满了管子。然后,他把管子底朝上翻过来,固定在盛有水银的小盆里。接着他又换了大小不同的管子做了起来……

"托里拆利大师,您的推测被证实了。我照您所说的,拿一根有两个下臂长的玻璃管,盛满了水银,将它倒过来,使开口端低于盆中水银的表面,管子里的水银柱下降了,一直保持在同一高度上,是28英寸(71.11厘米)。后来,我又用水银灌满别的管子——大的、小的、粗的、细的,在短的管子里,它并不向外溢,在长管子里,正如我刚才讲过的那样,它保持在同一个高度上。"

他指了指标在管子上的同一高度线。托里拆利捋着胡须,仔细察看着这一切。

"那么，液柱的高和它们的密度成反比，水是处在 18 个下臂长的地方，而水银则在 28 英寸上，在液柱的上方，也许确有真空空间存在。"

"而'真空恐怖'……"威维安尼开始似乎有点犹豫，但在托里拆利的目光鼓舞下，终于说了下去，"'真空恐怖'并不存在！大自然不惧怕真空！然而……"他停顿了一下，"然而，那样一来，是什么东西把水赶到管子里的呢？"

"空气。"托里拆利平缓但又非常肯定地说，"在我们周围的空气压迫着水的表面，其力量使水柱停在 18 个下臂长的高度上，如果用其他液体，则液柱高度会随着液体本身的密度而变化。"

"空气！"维威安尼叫了起来，"不是'真空恐怖'驱使液体进入管里，而是空气压迫在它的表面上。"

不久，托里拆利又设想出一个新的具有决定意义的实验：在长为 1 米，一端封闭的玻璃管内装满水银，用手指封住管口将玻璃管倒立于水银槽内，然后放开手指，则原来达到管顶的水银将下降到高于槽中水银面的某一高度。玻璃管中水银柱上面的小空间即可视为真空。这是人类首次有意识地造成真空状态，从而证明了空气确有重量，真空确实存在。这一真空被称为托里拆利真空，托里拆利被誉为"真空的鼻祖"。

以前，人们相信"真空恐怖"的说法。什么叫"真空恐怖"呢？这个理论认为，自然界不能容忍真空。如果有可能出现没有空气的真空，自然物就会拼命去占领，自然界害怕真空，因此被称为"真空恐怖"。从前就是用这个错误理论来解释虹吸管，水随着抽水机活塞上升等现象的。似乎水因为恐惧真空，才随着抽水机上升，沿着虹吸管爬坡。当时"真空恐怖"的谬论对人的禁锢太厉害了，甚至伽利略这样天才的科学家都相信。

托里拆利经过实验，第一次正确地解释了这些现象。空气有重量，其压力压迫液面，托着玻璃管中的水或水银保持一定的高度。加大空气的压力，高度必然上升。根本没有什么"真空恐怖"！

现在我们把测量大气压力的实验称为托里拆利实验，是为了纪念这位伟大的科学家。非常令人惋惜的是，这位天才的科学家只活了 39 岁。

制造真空的第一人

人物小传

〔托里拆利〕（1608—1647）意大利物理学家和数学家。为创造持续真空的第一人。1644年发表《几何学研究》，展示了有关物体运动和抛物体运动的研究成果。

大气压力有多大?

——格里克与马德堡半球实验

一场当着成千上万名市民的实验,令人们相信了大气压力的存在,而且压力大得惊人!主持这场令人眼界大开的实验的竟是德国马德堡市的市长。

为了消除人们对"大气压力普遍存在"的怀疑,作为马德堡市市长的格里克经过精心设计,私人破费4000英镑,在马德堡市进行了这次著名的"马拉铜球"实验,以令人信服的实验证明了大气压力的存在。由于这个实验是在马德堡市进行的,所以被称作"马德堡半球实验。"

1654年的一天,在马德堡市的中心广场上,"马拉铜球"的实验开始了,格里克和他的助手先把两个精心制作的直径为14英寸(35.7厘米)的半球壳中间垫上橡皮圈,再把两个半球灌满了水合在一起,然后把水全部抽出使球内形成真空,再把气嘴上的龙头拧死,这时周围的大气把两个半球紧紧地压在一起。

一系列工作做完后,格里克一挥手,4名马夫牵来8匹高头大马,在球的两边各拴上4匹,然后,格里克一声令下,4名马夫用皮鞭猛抽两边的马。这时在场的观众无不感到惊奇,广场上肃静起来。一双双带有疑惑的眼睛都注视在这8匹马拉着的两个半球上。无奈马的力量太小,两个半球仍然紧紧地合拢在一起。

格里克见到8匹马没有拉开合拢在一起的两个半球,又命令马夫牵来8匹高头大马,一边又增加了4匹。

这样,在16匹马的猛拉下,两个半球才勉强被拉开。在两个半球分开的一刹那,外面的空气以巨大的力量、极快的速度冲进球内,实验场上发出了很大的声响。

在场的人们无不为这科学的力量惊叹。在大家为实验的成功而欢呼时,格里克当众对实验做了解释:大气的压力是普遍存在的,人们之所以感觉不到它的存在,是由于作用在人体上的大气压力相互抵消的缘故,两个半球不易被马拉开,是因为球内的空气抽出以后,球里就没有空气的压力了,而球外面的大气压就像两只大手,把两半球紧紧地压在一起。这个压力是相当大的。最后,他高声说道:"请大家相信吧,大气压力是普遍存在的!"

格里克的马德堡半球实验是物理学史上的一次著名的实验,它为人们确信大气压力的存在,做出了杰出的贡献,推动了物理学的发展。

格里克认真地研究了托里拆利的实验,确信大气压力是普遍存在的。在做马德堡半球实验之前,他曾做过一些有关的实验。例如:他将密封好的木桶中的空气抽走,结果木桶被大气"炸"碎(实验是压碎)。后来,他用薄铜片做了一个球壳,也将其中的空气抽走,结果这个薄球壳同样被大气压扁了。这些实验为马德堡半球实验做了准备,他对实验的成功充满了信心。

这位引起市民浓厚兴趣的市长是什么样的人物呢?

格里克1602年11月20日出生于德国的马德堡市,他从小就喜欢看书,读书的范围也很广泛。他看书有个特点,凡是看到比较重要的地方,就停下来合上书本,想一想,然后再继续看下去,这使他养成了独立思考问题的习惯。

中学毕业后,格里克先在莱比锡大学学习;1621年,他转到耶拿大学攻读法律;1623年,他到莱顿大学学习数学和力学。他博览群书,知识广博,对天文学、物理学、数学、法学、哲学和工程学等多种学科都有较深的造诣。

格里克在任马德堡市市长和勃兰登堡地方官期间,很重视科学研究工作。他除自己积极从事科研外,还大力支持和资助其他人从事这方面的工作,大大地推动了这两个地区的科学事业的发展。作为一名市长,他能在科学上取得如此辉煌的成就,确实是难能可贵的。

1686年5月,格里克在汉堡去世。但是,他的科学实验却在全世界被传为佳话,他为科学做出的贡献将永远载入史册。

人物小传

〔**格里克**〕(1602—1686) 德国物理学家。1654年进行了马德堡半球实验,证实了大气压力的存在。此外,格里克还发明了空气泵,成功地产生了部分真空。

科学研究中的小插曲

——惠更斯与时钟的发明

上古时代,人类就有了时间的观念,历书实际上就是关于时间的书,有了历法,人们知道一年有365天,有12个月,知道了农历24个节气以及每个节气相对应的气候特征。一天的时间怎么划分?历法也有规定,我国古代把一天划分为12等份儿,即12个时辰,以地支来计算。分别规定为子时、丑时、寅时等等。有了时间的划分,就要求有计时工具。

在没有钟表以前,人们所用的计时工具叫作"日圭"或"圭表",上面有刻度,土板的一头插一根小竹竿或小木杆,叫作"表竿",表竿的影子落在哪个刻度上,就表示什么时刻。

后来,有人把长方形的日圭做成圆盘形,还把一天的12个时辰刻在圆盘上,成了圆的圭,以后再经过改进,成了较精确的日晷仪。

日晷仪有一个缺点,就是只能在有阳光的白天使用,到了晚上,或是碰到阴天、雨天,便不管用了。因此有些地方的人使用特制的蜡烛、香、漏等来计时,最简单的漏,只是个盛水的罐或壶,内壁有刻痕,底部有个小洞,让水一点一滴地漏出,然后人们便可以由水面的高低得知时间。

此外,漏也可以用沙来计时,叫"沙漏"。但是,用漏计时必须有人看管,而且做得越精越细,费用就越高,所以只有皇宫、政府机关、寺庙等使用,普通人家是无法装用的。同时,漏的准确度也不高,并不是理想的计时工具,于是又有人发明了机械钟。

最早的机械钟叫"塔钟",约在13世纪发明成功。这种钟架在高塔上,利用重锤下坠的力量带动齿轮,齿轮再带动指针走动,并用"擒纵器"控制齿轮转动的速度,以得到比较准确的时间。但是,利用重锤驱动的钟,只能高高地架在塔上,很不实用。后来,德国人彼得·亨利,在16世纪发明了用弹簧驱动的钟。直到1657年,世界上第一座实用的摆钟才在惠更斯的设计下产生。

　　惠更斯于 1629 年 4 月 14 日出生于荷兰海牙。他的父亲是一位外交官，也是赫赫有名的法学教授，他很重视孩子的教育。他发现，惠更斯常常利用课余时间，描绘各种想象中的机械图形，有时还自己动手把它们制作成模型。于是，他便让孩子循着自己的兴趣向前发展，专心研读他喜爱的科学方面的书籍。

　　16 岁那年，惠更斯以优异的成绩考入了著名的莱顿大学，学习数学、天文学和物理学。1647 年，他转入布勒达大学学习数学和法律。1655 年，惠更斯获得法学博士学位。

　　惠更斯大学毕业后，很快出版了一本关于二次方程式的数学著作，引起学术界的注意，一时名气大噪。不久，惠更斯致力于光学的研究，发现光是以波的形态传播的。光的波动说，确立了他在学术界的地位。

　　但是，惠更斯并不因此而感到满足，他经常勉励自己说："现在，我已经小有名气，我必须珍惜这得来不易的声誉，继续努力，挖掘出更多的宇宙、自然的奥秘。"

　　惠更斯何以会发明摆钟呢？是他进行天文观测的需要。

　　1655 年，惠更斯利用自己设计的小望远镜观测土星，发现土星的周围绕着一圈光环；9 年后，惠更斯发现了土星的第六颗卫星，即土星最大的卫星——泰坦（土卫六）。这些发现，使人类对土星的研究，向前迈进了一大步。

　　另外，在星云研究方面，惠更斯也有很大的贡献。他是世界上第一位发现猎户座腰带三星下面有一大群大星云的天文学家，同时，他还发现这群星云，被一层淡绿色扇形的明亮星云所包围。

　　我们都知道，天文学家观察并记录天上的星辰时，对时间的准确性要求很高，但是，惠更斯那个时代的计时器准确性却非常低。有一天，因为时间的误差，惠更斯错过一次观察土星的机会。他为了这个问题简直伤透了脑筋，他决心发明一种更准确的计时器。

　　意大利科学家伽利略发现，物体在摆动时，不管弧度多大，它来回摆动一次的时间永远相等。由此发表了有关摆的等时性的论文。几年后，惠更斯读到伽利略的论文，他禁不住想到——

　　"既然物体的摆动有等时的特性，那么，如果能利用物体摆动的力量来驱使钟里的齿轮转动，不是可以得到更准确的时间吗？"

想到这里，惠更斯非常兴奋，立即进行计时器的实验。失败了，又失败了……他毫不气馁，皇天不负有心人，经过一连串的实验后，惠更斯终于设计出一个钟摆构件，取代塔里的平衡轮，并在1657年委托制钟匠，成功地制造出第一座实用的摆钟。

可是，惠更斯对摆钟的准确性并不满意。他继续研究，不久，又在齿轮上加装一根弹簧，把它改良成现在所说的"摆轮"，使摆钟的误差每天不过两分钟。第二年，惠更斯获得了摆钟的专利权，并出版了《摆钟》一书。

是的，正是因为他有不断进取、执着的追求，才做出许多重大的科学贡献。

惠更斯发明摆钟，虽是他科学研究中的一个小插曲，但彻底解决了人们千百年来为之头痛的计时问题，也印证了中国的一句古话，"世上无难事，只怕有心人"。摆钟的发明，为计时器带来了巨大的进步。

人物小传

〔惠更斯〕（1629—1695）荷兰数学家、天文学家、物理学家。为光的波动理论的创立者。发现了土星光环的真实形状。重要著作有《摆钟》《论光》等。

从苹果落地到万有引力定律

——伟大的科学家牛顿

自1957年第一颗人造卫星上天以来,航天技术日新月异:人类成功地登上了月球;探测器由强大的火箭推动,已经飞到火星;宇宙飞船遨游太空;轨道空间站实现了对接;许多国家发射许多卫星,管通信的、管天气的、管电视转播的、管军事侦察的,按各自的轨道,绕地球旋转,给地球的卫星——月亮,增加了数不清的小伙伴。人类探索宇宙的意志,充分体现了出来。

为什么行星绕着太阳转?月亮绕着地球转?人造卫星绕着地球转?就像有无形的绳索牵着它们,想跑也跑不掉?显然,有一种力,拉着它们,不让它们跑掉。这个力是什么呢?就是天体之间的相互吸引力。

这个吸引力真是大得不得了,这么大的地球,距太阳又这么远,太阳能牢牢地把它吸住,"强迫"它绕着自己转。只要想到这一点,就知道吸引力有多大了。何况太阳系的行星中,还有比地球大得多的行星呢!

谁是第一个发现吸引力的呢?青少年朋友几乎没有不知道的,他就是英国伟大的科学家牛顿。他提出了万有引力定律,即宇宙间一切物体,相互间都存在吸引力。你可能会问:万物间都存在吸引力,怎么看不见它们之间你围着我转,我围着你转呢?其实,这很简单,地球上万物之间的吸引力,都远远小于地球对它们的吸引力,所以它们都老老实实地各安其位,都牢牢地被地球吸住。这也是地球给我们的恩惠。如不是这样,岂不乱了套,试想,地球如没有强大无比的力量把万物吸住,任它们相互绕着旋转、飞行,那该是多么可怕的灾难!

万有引力定律,是宇宙航行技术的前提。为什么呢?因为只有懂得这条原理,才有可能计算出要想飞出地球,需要多大的推力,也就是人们常说的宇宙速度。300多年以前,牛顿就提出了这样的设想。他说:"如果考虑一下抛物体的运动,就易于理解是向心力使行星维系于某些轨道上。因为被抛出的石头在其自身重力的作用下偏离直线路径,而是沿着一条曲线落到地面。抛掷的速度越大,落地以前就飞得越远。因而我们可以设想,抛出的速度不断增大,使物体落地前飞过1英里,2英里,5英里,乃至100或1000英里,直到最后超越地球限制,进入不再接触地球的空间……像行星在其轨道上运动那样在宇宙中绕行。"

牛顿的思路多么清楚,如果有足够的力气把石头抛得足够远,石头就会像月亮那样成为地球的卫星。

今天宇宙航行技术已经证实了牛顿的预见。所以说,牛顿力学是宇航技术的基础。300年来人类一直在寻找这个强大的推力,终于找到了,依靠强大火箭的推力,人类终于克服了地球引力的阻碍,把卫星送上太空。

牛顿是如何发现万有引力定律的呢?几百年来,人们都相信这是牛顿见到树上苹果落地得到的启发,而且为牛顿想象了当时的细节。

其实,这是不确切的。世上万物,因受地球引力的作用,无不向地面降落,何止苹果!在见到苹果降落之前,难道牛顿没见过其他落体?这显然不是事实。当然,受到苹果落地的启发,是牛顿自己说的。但那是在他发现万有引力定律以后。人们总是不断地追问他怎么想到这一点的,万般无奈的牛顿只好拿这句话来应付。

牛顿发现万有引力的主要依据,是当时已经提出的天体运行理论。哥白尼、伽利略、开普勒的理论,已经说明了太阳、行星、地球、月亮之间的运行关系。牛顿懂得,物体运动都是受力的推动,天体也是一样,抛离地面的石头,划过一段抛物线轨道后,落回到地面,说明地球和石头间相互存在吸引力。

从上面牛顿的话中,可见牛顿已想到地球和月亮之间有吸引力,才使月亮绕地球旋转。既然是旋转,当然轨道是圆的而不是直的。而苹果向地面降落,轨道却都是直的。正是根据力是运动的根源,牛顿才悟到:天体的运动也是力,行星绕太阳转,月亮绕地球转,既不离去,也不互相撞在一起,始终保持有规律的轨道,这个力真奇妙,牛顿由此发现了向心力和离心力,二者必相等,才形成天体间不即不离的奇观。而苹果降落地面,就表现不出向心力和离心力的合力。

牛顿发现万有引力定律,首先是他对天文进行长期观测的结果。

还在中学读书时,牛顿看书就十分入迷。他的母亲很富有,这为他不必忧虑衣食只专心读书思考提供了条件。他寡居的母亲富有到何种程度呢?她每年大致有700英镑的纯收入。比较一下就知道了:当时普通农户家庭的年收入不过几十镑,被国王封为贵族阶层的女骑士,年均收入也只有600英镑,年收入200英镑的家庭雇得起4个佣人,还有专用马车。他母亲拥有一座庄园,牛顿在城里上学,回家的路上,他常常手牵马缰绳在山野里看很长时间的书,由于看得入迷,有一次竟一路看着走回家,忘记了骑马,马也就一路跟着他回家。至于像忘记吃饭这样的事,家人则早已司空见惯,连仆人都懒得去提醒他。他简直是只要醒着就思考,有时在街上、园中散步,会突然转身就往回跑,站在书桌边哈着腰趴着写些什么,甚至忘记了拉把椅子坐下写舒服些。

在天文观测中,牛顿认识了著名的天文学家哈雷。

1682年,又一颗彗星出现了,哈雷首先发现了它,因而被命名为哈雷彗星(当然,这是以后的事)。牛顿经过两年多的研究,确信彗星太阳间存在吸引力,而且吸引力与距离之间成平方反比的关系。彗星为什么隔很多年才出现?牛顿解释说,因为彗星绕太阳运动的轨道比地球等其他行星大得多,当它远离太阳时,人们能见到它。当它接近太阳时,太阳的光把它淹没了,人们用肉眼便看不见它。

在这之前的两年,牛顿经过大量的数学计算,就确切地证明彗星和太阳系的一切行星、卫星,其运行的轨道是椭圆的。天文学家哈雷向牛顿索取计算资料,牛顿便写了9页长的《论在轨道上物体的运动》的论文寄给他。开普勒关于行星轨道是椭圆的设想,终于得到科学证实。

正是以这篇论文为基础,牛顿用了18个月的时间,完成了人类有史以来最伟大的力学巨著《自然哲学之数学原理》。著名的牛顿力学三定律,就是这部科学巨著的内容之一。

牛顿一生的科学成果极为丰富。除了万有引力定律,他还提出了惯性定律,创立了微积分,发现了二项式定理,发明了三棱镜,攻破了颜色之谜,他还制成更先进的反射望远镜,更准确地进行天文观测。

他把一个数展开为无穷级数,一直计算到小数点后55位,为了便于计算位数,每隔5位数就用逗号隔开一次,他首先引入了无穷小的概念。

他终生都有一个爱好:观察太阳光,直到逝世前几小时,他还在观察。他把房间遮挡得很暗,只在百叶窗上开一个小孔,让适量阳光通过小孔照射进来。他把一片三棱镜放在光线进入处，结果，白色的阳光按赤、橙、黄、绿、青、兰、紫七色顺序排列散开。由此，牛顿证明，太阳光是这七种颜色的光按一定比例混合成的。雨后的虹，为什么七色？由此得到科学论证。

牛顿由此想到，从前用望远镜观测物体，为什么总是在边缘上有些多彩影像，应该发明一种新的望远镜，从根本上避免色差的影响。两年以后，他制成了新的反射式望远镜，光线不是通过透镜聚焦，而是在球面镜上反射后再聚焦。他利用多次反射原理，在延长光路扩大倍数的同时，缩短了镜体长度，而且，目镜改在镜体的侧面。他制作的40倍望远镜，直径1英寸，长6英寸，体积只及原镜的1/10。在那个时代，是名副其实的"高新技术"。

牛顿很谦虚，面对全世界的赞美，他说："如果说我看得远些，那是因为我站在巨人的肩上。"

勤奋出天才，这条真理在牛顿身上得到最有力的体现。

牛顿之所以能取得众多的成就，并不是因为他天资聪明，才能出众。对他来说"成功是99%的汗水＋1%的天才"，在他成功的道路上布满了艰辛。

牛顿是在圣诞节的欢乐气氛中降生的，但迎接他的却并不是欢乐。他生下来不足3斤，在他出生前的几个星期父亲就离开了人间。两岁时母亲改嫁，他由外祖母抚养。后来，母亲又一次成为寡妇。从小经历的这么多的变故，对牛顿有很大的影响。

牛顿并不是一个聪明伶俐的孩子，他胆子很小，喜欢独自沉思默想。上小学的时候，他只擅长数学，其他功课都不太好。因此，很少得到老师的赏识。可是，这个老师眼里的劣等生却有着特殊的爱好，他把母亲给他的一点零用钱拿去买了斧子、锤子等木工工具，在课余时间自制了许多风车、风筝、日晷、漏壶、木制时钟等实用器械，非常精巧，常常受到同学们和邻居的称赞。

一次，牛顿制作了一台精巧的小水车，在学校的小河里试车成功。当他在同学们的赞扬声中有些飘飘然的时候，一个素来瞧不起他的优等生问他水车为什么碰上水就会转，牛顿答不出来了。于是，他被同学们讥笑地称为"笨木匠"，一些同学甚至趁机欺负他。牛顿的自尊心受到了深深的伤害，他那一直沉睡着的顽强精神被唤醒了。从此以后，牛顿开始发愤学习，终于成了班里数一数二的优秀生。

进入中学后，牛顿寄宿在一个药剂师的家里。他依照一架用水利排灌的风车，精心制作了一个小风车，放在药剂师家的房顶上。然而，风车在没风时是不会转动的，于是，牛顿便抓了一只老鼠，放到风车里，由于老鼠在风车里爬动，风车便转动起来了。少年的牛顿初次显示了他非凡的创造力。

1661年，牛顿考入英国名牌大学——剑桥大学。这里集中了各地的高材生，牛顿显得很不起眼。他在各门课程里，数学最差，但牛顿并不因此而气馁。经过百折不挠的努力，数学终于成了牛顿最拿手的一门功课。这为他后来的发明创造打下了基础，也为万有引力定律的发现奠定了基础。

由于牛顿发明的望远镜的价值被皇家学会承认，1672年，他被推选为皇家学会会员。1703年，他当上了英国皇家学会会长。1705年，他成为第一个被封为爵士的英国科学家。1727年，牛顿逝世，埋葬于伦敦的威斯敏斯特教堂，享年85岁。

牛顿的成功验证了一句话：科学上没有平坦的大路，只有勇于前进、勤奋进取的人才能获得成功。

人物小传

〔牛顿〕(1642—1727) 英国物理学家、数学家、天文学家，17世纪科学革命的顶峰人物。在力学上提出奠定近代物理学基础的力学三大定律，论著《自然哲学的数学原理》成为近代科学史上的重要著作。

弹性定律的发现

——物理学家胡克

  弹性是普遍存在的自然现象，人也离不开弹性。用手指按一下你自己的皮肤，发现它有弹性，如皮肤无弹性，可不得了，起码有浮肿病。人的脚心是凹的，是走路时减少震动的需要，如不凹，走路极不便，亦是病，称为扁平足，见过扁平足的人会发现，其走路远不如正常人轻快。弓箭、皮球、沙发、钟表、轮胎……无不和弹性紧紧联系着。想想看，如无弹性，足球、篮球、排球等体育项目，将会怎样？飞机、汽车、火车又将怎样？人发现了弹性，研究着弹性，也充分利用弹性。

  那么，是谁首先发现弹性定律的呢？是胡克。

  罗伯特·胡克与牛顿是同时代的人，他是17世纪英国著名的物理学家和天文学家。他不仅在光学、天文学、生物学等多方面都有重大成就，在力学方面贡献更是卓越。他曾对万有引力的发现做出了重大贡献，更重要的是他发现了著名的弹性定律。

  罗伯特·胡克生于英格兰南方海边的威特岛。父亲是一位牧师，他原本想把胡克培养成为一名出色的神学家，但胡克从小就喜欢摆弄钟表及机械玩具，对神学不感兴趣，而且他生就体弱多病，常因头痛的困扰而不能坚持学习。于是父亲只好放弃原来的打算，任其自然了。他13岁时，父亲不幸去世，这给他极大的打击，好心的威斯敏斯特中学校长巴斯比收留了他。

  从此，在校长巴斯比的帮助下，他开始了半工半读的艰难求学生涯。后来，他考入了人才济济的牛津大学读书，艰难地完成了大学课程，并获得了牛津大学授予的文学硕士学位。毕业后胡克被推荐到牛津大学波义耳实验室，提任波义耳的助手，开始了他漫长的科学实验生涯。

  波义耳是位极有天分的科学家，他当时正在研究气体体积和压力的关系。作为波义耳的助手，胡克帮他设计了完善的实验设备，并协助他进行大量实

弹性定律的发现

验,从而证明了气体定律。

由于他具有高超的实验及设计能力,1662年被正式选为英国皇家学会会员,并被指定为英国皇家学会的实验室主任。这使他有机会涉猎了各门学科研究的最新进展,实验和研究的能力与日俱增。

胡克在英国皇家学会任职整整20年。在此期间,他发明了很多仪器,被誉为"现代仪器制造业之父"。他还成功地制造出了世界上第一台复式显微镜,并通过这台显微镜第一次发现了"细胞"。他的一系列光学研究,对光学理论的发展具有很重要的作用。他对万有引力的探索和研究为牛顿发现和证明万有引力定律奠定了重要的基础。

胡克虽然最终没能发现万有引力定律,但他却把握住了物理学另一个伟大发现的契机,这就是著名的"弹性定律"。

人们已经懂得地球对物体的吸引力,但这个吸引力有多大呢?

做过金匠的胡克,想到以前拉弹簧的情形:用力拉弹簧,可以把弹簧拉长,而且拉力越大,它会越长。他自言自语道:"如果我弄明白弹簧长度和拉力的关系,不就可以利用弹簧测出地球对物体的吸引力了吗?"

他找了一条弹簧和好几个相同重量的物品,把这些东西一个个加挂在弹簧上,并分别记下弹簧的长度。他再整理这些记录时发现:挂一个物体时,弹簧伸长1英寸;挂两个,伸长2英寸……

胡克心想:"怎么这么巧呢!"于是,他又另外找了几个弹簧,做同样的实验,结果都和以前一样:弹簧的伸长度和挂物的数量成正比,这是力学上一个重大的发现,后人把它称为弹性定律,也称"胡克定律"。

弹性定律虽然很简单,却很有用,此后不久,它直接促成了手表的发明。近代的材料力学,也是利用这个理论来估计物体受力作用时发生的形变变化的。

人物小传

〔胡 克〕(1635—1703)英国物理学家。对近代物理学及生物学有卓越的贡献。他第一次发现了"细胞",并发现了著名的"弹性定律"。

微积分的创立

——英国数学家莱布尼茨

微积分是有关微小数量的计算,莱布尼茨称它为"无穷小算法"。无穷大存在,无穷小也存在,中国古语不是说:"半尺之棰,日取其半,万世不竭。"哲学上说任何事物,不管怎么小,都可以一分为二的,可以无限地分下去,没有人能分到尽头。

积分,顾名思义,是数的积聚,聚少成多,这就包含着无穷大的意思。世界上第一篇发表的微积分论文,就称它是"求极大极小和切线的新方法",世界上首创微积分的有二人:牛顿和莱布尼茨。牛顿大家都熟知,这里介绍莱布尼茨。

莱布尼茨是德国的百科全书式的天才。他既是位大名鼎鼎的数学家,也是一位才华横溢的博学巨人。他不仅是数理逻辑、计算机理论及控制论的先驱,而且是微积分的创始人之一。

莱布尼茨出生在德国东部的莱比锡城。他的父亲是一位哲学教授,在他6岁那年就过早离开人世。但是父亲遗留下来的丰富的藏书,却为他提供了博览群书的条件,这对他后来成为伟大的科学家产生了不小的影响。

莱布尼茨幼年起便学习运用多种语言表达思想,促进了他童年思维的超常发展。他15岁时考入莱比锡大学,开始对数学产生兴趣;17岁时在耶拿大学学习了一段时间的数学,受到数学家特雷维和魏格尔的指导和影响。1666年,他转入纽伦堡的阿尔特道夫大学。同年他发表了第一篇数学论文《论组合的艺术》,显示了莱布尼茨非凡的数学才华。这篇论文,正是近代数学分支——数学逻辑的先声。

大学毕业后,莱布尼茨投身外交界,作为大使出访法国巴黎,为期4年。在那里,他深受法国少年早慧的数学家帕斯卡事迹的鼓舞,使他立志钻研高等数学。

他在巴黎结识了荷兰数学家惠更斯。在惠更斯的指导下,他钻研了笛卡尔、费尔马、帕斯卡等人的原著,为他后来步入数学王国的殿堂打下了坚实的基础。

1673年,莱布尼茨因改造了帕斯卡发明的简单计算器而被选为英国伦敦皇家学会会员。1676年,他任伦瑞克公爵的王家图书馆顾问兼馆长。在这几年中,他充分利用有利的条件,博览群书,涉猎百科,独立创立了微积分的基本概念与算法。

1684年他在《学术学报》上首先发表了微分法的论文《一种求极大极小和切线的新方法,它也适用于分式和无理量以及这种新方法的奇妙类型的计算》。1686年,他又发表了最早的积分法的论文《潜在的几何与分析不可分和无限》,他把微积分称为"无穷小算法"。

无独有偶,牛顿在英国也独立创立了微积分,他称之为"流数术"。二者的区别是:牛顿主要是在力学研究的基础上,运用几何方法研究微积分的;莱布尼茨主要是在研究曲线和切线的面积问题上,运用分析学方法引进微积分概念,得出运算法则。牛顿是在微积分的应用上更多地结合了运动学,造诣较莱布尼茨高一筹;但莱布尼茨表达式采用的数学符号却又远远优于牛顿,既简洁又准确地揭示出微分、积分的实质,强有力地推进了高等数学的发展。

莱布尼茨毕生致力于科学事业与社会公务,孜孜不倦,终生未娶。他一生曾与1063人通信、交流思想,推动学术和文化的发展。特别值得一提的是,莱布尼茨非常重视中国的学术文化。可以说,莱布尼茨不仅是17世纪欧洲杰出的思想家中对中国学术文化最感兴趣的一位,也是科学史上少有的高度崇拜中国思想的西方学者。

人物小传

〔莱布尼茨〕(1646—1716)德国科学家、数学家、哲学家。他与牛顿同为微积分的创始人并首开符号逻辑研究的先河。其哲学被称为"单子论"。

打开微观世界的大门

——列文虎克与显微镜的发明

美丽的大自然神秘莫测、千变万化,它不断地给人类展现出一幅幅五彩缤纷的宏观画面。同时,大自然还有一个用肉眼永远见不到的色彩斑斓的微观世界,它神秘地微笑着,吸引着人类努力揭开它的面纱。

人类靠什么揭开了微观世界的面纱呢?是显微镜。有了这种奇妙的镜子,人们才发现了微生物的存在,才知道了细菌,从而才创立了细菌学。

说到显微镜,自然不能忘记它的发明者——列文虎克。

列文虎克出生于荷兰德尔夫特市一个普通工匠家庭。他从小就酷爱读书,热爱学习,可是在他16岁时由于父亲去世,迫使他不得不离开了学校,到阿姆斯特丹一家杂货铺里做学徒。

学徒的工作是繁忙而劳累的,可是一到晚上,当列文虎克埋头于他喜爱的书本中时,就忘记了一切。他从书摊租来或者向别人借来各种书籍,如饥似渴地吸取着里面的知识。常常读书到深夜,而伴他夜读的只有隔壁那家眼镜店的工匠们磨制镜片的沙沙声。

一次,他偶然从书中看到一句话,说上等明净的玻璃,可以研磨成小小的凸透镜,通过这种镜子看东西,能使小东西变大许多倍。从此,一有空闲,列文虎克就来到这家眼镜店学习,很快便掌握了磨制镜片的技术。

他不知疲倦地磨呀磨呀,终于磨出了一块小巧玲珑、光亮夺目的凸透镜。它很小,直径只有3毫米,但却可以将物体毫不变形地放大200倍。为便于观察,他把制成的镜片,镶嵌在木片挖成的洞孔内。

为了探索自然界更多的秘密,列文虎克决定磨制更精密的镜片。他感到原有的镜片放大倍数不够,而且木制的镜架既粗糙又笨拙,于是他把两个镜片嵌在铜、银或者金制成的圆形管子两头,中间安一个旋钮,用来调节两个镜片的距离,这样,就可以看到更清楚的图像了。这就是世界上最早诞生的金属结构的"显微镜"。

打开微观世界的大门

  1675年的一天是列文虎克一生中最重要的一天,这一日他忽然想看看水滴放大了是什么样儿,于是他在花园的水池里取了几天前下雨时积贮的雨水,放到显微镜底下观察。让他大吃一惊的是,他发现显微镜下有几十个被他称为"微型动物"的东西,它们在那一小滴雨水中浮游着、扭动着,有的像小圆点在团团打转,有的弯弯曲曲像细线一样地摆动,有的则灵巧地徘徊前进,熙熙攘攘,活像一座动物园。

  为了进一步证明这一惊奇的发现,他又从河里、井里、污水沟里等凡是能找到水的地方弄来水进行观察,都发现这样一个有芸芸众生的"微生物"世界,特别在那些污水、脏水里,微小生物更加繁多。由此列文虎克得出结论,有一种人们用肉眼看不到的微小生物存在于人们生活的周围。

  他是历史上第一个看到微生物的人。虽然当时他还不知道这些微生物与人有什么关系,但是他深信这一发现的重要性,他将发现的结果整理出来并绘制成图,写信寄给英国皇家学会。

  1677年,皇家学会会员罗伯特·胡克依照列文虎克的说明做了一台显微镜。用这台显微镜,胡克亲眼观察到了列文虎克信中叙述过的发现。列文虎克由此也获得了各种荣誉,但他并未满足于此。

  他继续在微观世界中探索。他从自己的牙齿上刮下牙垢,混进一滴水,发现里面也充满了许多极小微生物。接着他又做了一个有趣的实验。他喝完热气腾腾的咖啡后,又刮下一些牙垢来观察,却发现在显微镜下看到的只是一片片一动不动的微生物尸体。于是他机敏地做出判断:滚烫的咖啡把那些微生物杀死了。

  光阴荏苒,他不断认真细致地观察,并把他所观察到的新发现写成论文,源源不断地寄给英国皇家学会,直到他90岁逝世那年为止。他一生共向英国皇家学会寄送375篇研究论文,还向法国科学院寄送了27篇论文。他撰写的《列文虎克发现的自然界秘密》是人类关于微生物最早的专门著作。

人物小传

  〔列文虎克〕(1632—1723)荷兰自然科学家,是17世纪最著名的显微镜专家之一,他于1675年第一次用显微镜观察到了细菌和微生物。著作《列文虎克发现的自然界秘密》是世界最早关于微生物的专著。

揭秘"妖星"

——哈雷和哈雷彗星

1682年的一个晴朗的夜晚，月光皎洁，欧洲大地像往日一样平静。突然，天空中出现了一颗奇异的星星，它像一把扫帚，拖着一条长长的尾巴，闪闪发光，在群星灿烂的夜空里，显得格外耀眼。它的出现立刻引起了欧洲大陆的轰动，人们对这位不速之客的到来，议论纷纷。

它就是我们现在所说的彗星。在这以前，16世纪有一位名叫布拉的丹麦天文学家，对彗星进行了非常荒唐的解释，他把彗星当作"妖星"，说成是上帝惩罚人类的预兆。这和中国古代把彗星称为"扫帚星"，其出现是不祥之兆一样。

一连几十个夜晚，这颗彗星总是沿着自己的轨道缓慢运动在浩繁的星空，人们望着这颗"妖星"，心惊肉跳，昼夜恐慌，欧洲大地呈现一片混乱的景象。直到它渐渐远去，消失在星际里，人们才重新安定下来。

然而，在这无数双注视彗星的眼睛里，却有一双蓝色的眼睛毫无惧色。这双眼睛闪烁着智慧之光，流露出一种狂热的、渴望揭开这个幽灵般的星体之谜的感情。它就是英国天文学家、数学家爱德蒙·哈雷的眼睛。

哈雷生于伦敦一个富有的商人之家。他小时候并不是一个聪明的孩子，但是他学习很勤奋，因此在中学读书期间，成绩很出色。老师讲解的有关天文知识，介绍的伽利略、布鲁诺为天文学事业英勇献身的事迹，引起了哈雷对天文学的极大兴趣。

1673年，哈雷考入牛津大学，在这所当时世界著名的高等学府里，他学到了许多有关数学和天文学的知识。他大学三年级时，父亲因病去世，哈雷得到了一笔不小的遗产。这年哈雷做出了一个惊人的决定，他决定放弃在牛津大学的学习，去到地球的南半球观测星象。这时的哈雷已经醉心于天文学事业，他发现地球的南半球是观测星象的好地方，这对天文学的研究工作将会大有推进。

1676年的一天早晨，21岁的哈雷和两个忠实的青年伙伴搭乘了一条东印度公司的商船，扬帆南下航行了100多个日夜，终于到达了人烟稀少、距离英国11000多公里的圣赫勒拿岛。

岛上的生活十分艰苦，然而哈雷把这一切困难早已置之度外。经过一番努力，他们终于在1677年的1月，建成了一个小小的天文台，这是人类历史上设在南半球的第一个天文台。哈雷从此开始他的天文学的研究生涯。

哈雷经过近两年的时间，完成了《南天星表》。该星表在英国伦敦发表后，他名声大震，自此，23岁的哈雷和牛顿在剑桥结为好友，然后哈雷开始以万有引力定律对彗星进行研究。

经过几年的努力，哈雷收集了英国和世界各地历史上关于彗星的观测资料，发现有24次关于彗星的记载。哈雷对24颗彗星的轨道做了计算后，发现1531年、1607年和1682年出现的3颗彗星，轨道十分接近，而且这3颗彗星出现的时间，又恰好都是相隔75年左右。

这使哈雷突然产生了一个大胆的设想：难道它们竟是同一颗彗星吗？这个设想使他兴奋不已。但是，他清楚地认识到，要使设想变成科学，必须掌握大量的真实数据。

于是，他又开始查阅更早的历史资料，果然又发现每隔75或76年就有一颗明亮的大彗星出现。看来，这颗彗星的周期回归已经无可怀疑了。接着他又开始对这颗彗星的运行轨道做进一步的计算。

经过几个月的日夜奋战，计算、复核、计算……哈雷得到了令人鼓舞的结果：这颗彗星在运行轨道上环绕太阳运行的周期与历史上的记载完全相符。他不仅发现彗星的运行轨道，同时又一次雄辩地证明了万有引力定律的正确性，使天文学和物理学都向前推进了关键的一步。哈雷令人信服地指出：这颗彗星是太阳系的一颗行星，受太阳引力的吸引，围绕太阳运行，不过，这个椭圆形的轨道比地球绕太阳运行的轨道大得多。地球绕太阳一周需要一年，它则需时75年左右。

1720年，哈雷担任了格林尼治皇家天文台台长，成为皇家天文学家。他正式宣布："人们在1682年看到的所谓'妖星'，是颗大彗星，实际上是1607年那颗彗星的回归。这颗彗星将在1758年底或1759年初重新出现在你们的眼前。"

这一庄严的宣告，在整个英国乃至欧洲都产生了强烈的反响。社会上大多数人半信半疑，一些天主教士立即跳出来对他进行冷嘲热讽。但是，许多真正的科学家却极为重视哈雷的预言和论证，肯定了这一天文学研究方面的重大成绩。

哈雷的预言会成为现实吗？人们都拭目以待。

1758年12月25日，在人们欢度圣诞节之夜，这颗彗星没有辜负人们的厚望，果然如期莅临了。人们高声呐喊："哈雷来了！"

哈雷的预言得到证实使天文学界为之振奋，人们为了纪念这位科学家，将该彗星定名为"哈雷彗星"。此时，长眠地下达16年之久的爱德蒙·哈雷可以瞑目了。

人物小传

〔哈　雷〕（1656—1742）英国天文学家和数学家。1678年完成了载有341颗恒星精确位置的《南天星表》。后来他计算出了哈雷彗星的运行轨道和回归周期。

氧气，化学革命的导火线

——英国气体化学家普利斯特里

约瑟夫·普利斯特里于 1733 年 3 月生于英国约克郡菲尔德赫尔。

普利斯特里开始接触自然科学，还是 1755 年他在神学院毕业后的事。特别是在南特威治的教堂学校任教时，他结识了爱德华·哈鲁德，除了神学之外，他们两个研究了天文学、物理学和其他自然科学。

1766 年，有一次，普利斯特里到伦敦购书，偶然遇见了富兰克林。富兰克林是美国著名的科学家和政治家。二人在伦敦的会晤，对普利斯特里从神学、哲学等社会科学领域走进自然科学的王国产生了相当大的影响。

1768 年复活节前夕，普利斯特里由于看书时间过长而感到疲倦，他想稍事休息，就来到布莱克叔叔的纺织厂。叔叔答应让他与三个堂妹一起去看看隔壁的啤酒厂，他们对此都非常感兴趣。

在参观工厂时，普利斯特里大开眼界，特别是发酵车间，使他着迷了。

"立刻下来，不要对着啤酒呼吸，否则你会失去知觉。"大妹妹史蒂文对躬身看发酵的液体的普利斯特里喊道。

普利斯特里惊异地直起身子，离开大桶，询问史蒂文和二妹妹台特怎么回事。

"我自己也懂得不多。"台特答道。

台特在灯上点燃起一根细木条，把它举到啤酒汁上面。使普利斯特里惊奇的是，燃烧的木条立刻熄灭了。

"啊！这就是说木桶中有另外一种空气。让我也试试。"

普利斯特里进行了同样的试验，火焰又熄灭了。在木条熄灭时出现的淡蓝色烟云飘浮在木桶的上面，普利斯特里用手轻轻地推了一下烟云，它就慢慢地降了下去。

"瞧！木桶中储藏着多么有趣的空气啊！它比纯净的空气重，在这种空气中一切都将熄灭。"

看来存在着好几种空气——这就是说一切生物呼吸的纯净的空气中还存在着更重的空气。生物在后一种空气中难道会死去？不让我在木桶上呼吸，就是这个缘故吧？他左思右想，更加兴奋起来。于是他立刻起身，走进实验室，点燃了一根蜡烛，把它放在预先放有小老鼠的玻璃容器中，然后拿盖子紧紧地盖住玻璃容器。

过了一些时候，蜡烛熄灭了，不久，小老鼠也死了。普利斯特里立即想到，空气中存在着一种什么东西。

于是，普利斯特里对"被污染"空气做了净化实验。他弄到一个大水槽，槽底倒了一些水，将一个个玻璃罩口朝下放入槽中。在罩内放一支燃烧着的蜡烛，这样就制得了"被污染"的空气。

他想用水净化它，但结果使他诧异。他发现，水只能净化空气的一部分，而另一部分对生命还是无用的：老鼠在其中照样死去。企图使关闭在罩子里的空气恢复原有生气的一切尝试都失败了。

普利斯特里如同丈二和尚摸不着头脑。突然，他又想到植物。于是，便把一盆花放在罩内，花盆旁放了一支燃着的蜡烛来"污染"空气。蜡烛很快就熄灭了，植物却毫无变化，普利斯特里将水槽连同花盆一起放到靠近窗户的桌子上。次日早晨，他惊奇地发现，花不仅没有枯萎，而且又长了一个花蕾。普利斯特里的实验，证实了植物和动物都在呼吸，动物和人呼吸时，吸入氧气，呼出二氧化碳；而植物吸入二氧化碳，放出氧气。二者截然相反，二氧化碳能令动物和人窒息，却能帮助植物生长。

普利斯特里多次重复了自己的试验，以便确定究竟存在几种空气。

那时"气体"这个概念还没有使用，科学家们把一切气体统统称为空气。实际上，普利斯特里在啤酒发酵、蜡烛燃烧、动物呼吸时观察的气体是二氧化碳。在当时二氧化碳被称为"固定空气"。

与此同时，他还证明，植物吸收"固定空气"而放出"活命空气"（氧气）这种没有被研究过的活命空气维持着动物的呼吸，有了它，物质就会剧烈地燃烧。

有了这种想法后，普利斯特里又开始投入制取活命空气的实验中。

在制取活命空气的实验中，普利斯特里没制得活命空气，却意外制得了"碱空气"（氨）、"盐酸空气"（氯化氢）、二氧化硫……他根据自己的实验结果写成了一本著作《论各种不同的空气》，从而大大地丰富了近代气体化学的内容。

1774年8月1日是一个阳光灿烂、适于试验的日子。普利斯特里在一个大玻璃瓶底放了厚厚一层黄色的粉末——水银灰（即氧化汞），把透镜聚集的阳光投射到水银灰上。光照在粉末上形成了耀眼的光点。普利斯特里细心地观察，突然发现了一种奇怪的现象：粉末微微地颤动、腾跃，似乎有人在向它们吹风。数分钟过后，在这个地方出现了小水银珠。

"看来，光是燃素！也许燃素留在玻璃容器中了？"

普利斯特里点燃干木条，将它放入玻璃瓶内，想去点燃燃素。这可是意外的收获，木条燃着了，而且燃烧得更旺，光焰更亮！他迅速地取出小木条，扑灭了火焰，再次放入玻璃瓶内，但是冒烟的木条又重新燃烧起来了。

"一种新空气？"普利斯特里正想对它进行深入研究，可是，英国的政治家舍尔伯恩勋爵要他陪同到欧洲去旅行。

到法国巴黎后，普利斯特里立即访问了法兰西科学院。在那里，他向科学家们讲述了自己对气体的研究，同时，他还到拉瓦锡的实验室进行了学术交流。

普利斯特里向拉瓦锡揭示了新空气的秘密，并向他表演了制取这种新空气的方法。拉瓦锡立即着手研究了它，并把氧气的问题联系起来，创立了新的氧气燃烧理论，揭示了燃烧的本质。"燃素说"彻底破产，化学界因此发生了一场革命，开创了化学发展的新纪元。

人物小传

〔普利斯特里〕（1733—1804）英国政治家、教育家和科学家，氧气的发现者之一。他还发现了氧化氮、二氧化氮和氨等10种气体以及植物的光合作用现象。

恒星天文学之父

——英国天文学家赫歇耳

1781年,太阳系的一个新成员,第七个行星——天王星被发现,天文学又向前发展了一大步。天王星的发现,在当时引起了科学界的巨大震动。这颗行星的发现者,竟是一位极普通的音乐工作者。这位音乐工作者的名字叫威廉·赫歇耳。

威廉·赫歇耳生于德国的汉诺威城,当时父亲给他取名为弗里德里希·威廉姆。父亲是汉诺威军队的中的一名乐师,由于家庭贫困,他15岁时就被父亲送到军乐队拉手风琴和吹双簧管。然而,残酷的战争来临了。他18岁时只身从德国流亡到英国,靠演奏手风琴糊口度日。后来他把他的德国名字改为威廉·赫歇耳。

此时,赫歇耳已经迷恋上了天文学。但观察天空需要望远镜,他没有钱买,就自己磨制,终于制出了焦距为2米、3米、6米及12米的望远镜。

有了自己的望远镜,赫歇耳立即让它指向星空。

1774年,赫歇耳不仅制作出世界上最好的反射望远镜,而且第一次使反射望远镜的效能真正超过了当时的折射望远镜。正是这架反射望远镜使他的天文事业进入到科学的研究阶段,进而取得一些重大发现。

那是1781年,赫歇耳进行"巡天观测"的第七个年头。这年初春的一个夜晚,晴朗的天空格外寂静,月光下,赫歇耳照例用自制的2.1米焦距反射镜和放大200多倍的目镜进行"巡天观测"。

突然,朦胧的双子星座内出现了一颗绿色的光点,他重新调节了一下焦距,没错,是一颗美丽的绿色的星,还带有草帽似的光环呢!

当时,他无比激动,寂静的夜晚无法抑制他的喉咙:"我发现新的星星了!"嘹亮的声音,响彻天空。

起初,他怀疑这可能是一颗彗星,所以他报道说,自己发现了一颗彗星。

然而，他在进行了多次观测后，发现这个小圆面像一颗行星那样具有明显的边缘，而不像彗星那样只有模模糊糊的边界。

后来，许多天文学家摆出了各种证据，特别是当计算出它的轨道时，赫歇耳才恍然大悟："原来自己的确发现了一颗新的行星，是一颗比土星更远的大行星。"这一重大发现震撼了英国，传遍了全世界。从前，人们一直把土星当作太阳系的边缘，认为太阳只有6颗行星：金星、木星、水星、火星、土星和地球。现在这一传统观念被打破了。

威廉·赫歇耳，这位英籍德国人发现新行星后，当年5月，被英国皇帝学会授予科普利勋章，6月被选为英国皇家学会会员。

英皇乔治三世鉴于威廉·赫歇耳的重大成就，特别奖给他200英镑的年俸，还给他大笔观测费用和设备。从此以后，赫歇耳再也不必为穿衣服吃饭发愁了，他把全部的精力都投入到天文学事业。

"天王星"的发现，给宗教神权又一次致命的打击，为哥白尼的"日心说"增添了科学证据。这一发现开阔了天文学家的视野，导致了海王星、冥王星的发现，使行星天文学跨进了一个新的历史时期。赫歇耳成为他那个时代最重要、成就最大的天文学家。

1800年，赫歇耳用灵敏温度计研究光谱里各种色光的热作用时，把温度计移到光谱的红光区域外侧，它的温度上升得更高，说明那里有看不见的射线照到温度计上，这种射线后来就叫作红外线。

由于赫歇耳发现了太阳光中的红外辐射，并推测出这种辐射的性质，从而创立了天文学中的一门新学科——彩色光度学。成为人类第一个发现大自然中除可见之光还存在着其他辐射的光。

此外，赫歇耳先后做出三份《双星表》，发现2500个星云和星云团，发现天王星的两颗卫星，土星的两颗卫星，提出了银河系的形状假说。由于他对恒星及恒星系的研究做出了巨大的贡献，被人们称为"恒星天文学之父"。

人物小传

〔赫歇耳〕（1738—1822）英国天文学家。制作了当时世界上最大的望远镜，并发现了天王星和红外线。

工业革命的发端

——瓦特与蒸汽机

马克思说过：资产阶级不到一百年的统治中创造的生产力，比在此之前人类创造的生产力总和还要大得多。现在一般公认，人类存在了约200万年。那就是说，从生产力这个角度说，近100年＞以前2000000年！

资产阶级为何具有如此神奇的力量？秘密即在于一件宝物：蒸汽机。

看一看蒸汽机车，就不难想象蒸汽的巨大威力。一台火车头牵引着几十节车皮，在铁路上飞驰前进，它的全部动力，只来源于车头那个横躺着的大锅炉。把蒸汽变成动力，便需要蒸汽机，一提起蒸汽机，人们便想到瓦特。过去说，童年的瓦特从开水顶开水壶盖领悟到蒸汽的力量，于是发明了蒸汽机，这个说法并不确切。瓦特之前，已有蒸汽机存在。那么，又为什么说蒸汽机是瓦特发明的呢？

詹姆斯·瓦特1736年1月19日生于苏格兰，父亲是一位木工技师。

瓦特在父亲的工厂里度过了他的少年时代，学会了操纵机器、使用工具，学到了作为一名精密机械工应掌握的技术。中学毕业后，贫寒的家境无力让瓦特上大学深造，他只好进了父亲工作的工厂做工。对瓦特来说，这是最好的学校，这个工厂主要是制造船舶的装备以及所需要的各种小型木工器具等。瓦特和手工劳动结下的不解之缘，对造就他成为未来的"蒸汽机之父"无疑起了决定性作用。

青年时代，瓦特有机会在格拉斯哥大学学习了一年的光学和力学。之后，瓦特赴伦敦投到精密仪器制造者摩根门下，从他那里学到了许多知识，并以其勤奋好学和对本职工作认真负责的态度很快远近闻名，后被聘为格拉斯哥大学的机械技师。

在那里，有一次他接受了一项维修纽康门蒸汽机的任务，这激发了他对蒸汽机的研究兴趣。

蒸汽机的历史并不悠久，1690年法国人帕平发明了第一部活塞式蒸汽机。帕平的蒸汽机是由装有活塞和连杆的竖式管子构成的，管子下部盛水，加热使水变成蒸汽，蒸汽推动活塞向上运动，活塞上行到顶部被插销固定住，移去热源，蒸汽冷凝，汽缸内形成真空，拔去插销，上部大气压迫活塞，使它向下运动，并通过杠杆提起重物。

1705年，英国一个铁匠纽康门，综合了前人的技术成就，设计制成了一种更为实用的气压式蒸汽机。它实现了用蒸汽推动活塞做一上一下的直线运动，每分钟往返12次，每往返一次可将45.5公升的水提升46.6米。当时的纽康门蒸汽机主要用于深矿井排水。纽康门蒸汽机有重大缺陷，它不仅效率低，做功时需要大量的燃煤，并且只能做简单的往返运动，其使用范围很受限制。人们渴望获得新型的蒸汽机。

面对运转失灵的纽康门蒸汽机，瓦特决定着手研究新的蒸汽机。在研究了纽康门蒸汽机的动作方式、动作步骤后，瓦特注意到，在蒸汽机锅炉里产生的蒸汽量，只够活塞几次工作所用，然后需要等锅炉将蒸汽积蓄起来后，才能重新工作。通过进一步观察研究，瓦特又发现，用蒸汽加热汽缸，再用水冷却，是不合理的。汽缸由热变冷，再由冷变热耗费很多时间。经过一番苦思冥想瓦特豁然开朗了。蒸汽是有弹性的物体，所以，可以使其进入真空。如果将蒸汽和排气容器冷缩，同样可以完成纽康门蒸汽机的工作。经历多次实验和修改，瓦特发明了冷凝器，在科技发展史上奠定了蒸汽机实用化的坚实基础。不久，他又设想将汽缸两端加盖封闭起来，就可以实现蒸汽机的二冲程连动。将二冲程直线连动转变成循环圆周连动，就容易多了。巧妙的设想为瓦特打开了走向成功的大门。

然而在瓦特时代，英国的工业界还很少有人能够按着比较复杂的机器图纸，准确无误地加工各种机器部件。通过好友安塔逊教授的介绍，瓦特结识了发明镗床的威尔金森技师。这位技师为瓦特苦心钻研的精神所感动，他决定帮助瓦特，用他拿手的镗炮筒的技术来为瓦特加工汽缸和活塞，解决了蒸汽机的漏气问题。

不久，瓦特又找到了一个重要的合作者威廉·默多克，更使瓦特如虎添翼，研制进度骤然加快。默多克是一个高级机械加工技师，他既能解决技术难题，又富有很强的进取心。

瓦特与默多克随即投入了紧张有序的工作之中。针对原有蒸汽机的弱点，他们进行了许多创造性的改进，4星期后新样机终于制成了，工作正常，一切达到了预期的效果。

此后，瓦特又开始向带自动调速器的蒸汽机进军，他一心想彻底完善他的蒸汽机。他默默地工作着，机器的重要部件他都要亲自参与制造。他既是设计师，又是翻砂工，既是车工，又是钳工。每一道工序和每一个细节，都留下了瓦特的辛劳和汗水。经过一年多的努力，1784年新机器安装好了。

机器安装好的那天晚上，他们便迫不及待地进行试机，那是个令人兴奋而又忐忑不安的时刻。只要转动阀门的手柄，高压的蒸汽就会猛力地冲入汽缸。要么失败，要么成功。最后，瓦特还是坚定地转动阀门手柄，随着一阵震耳欲聋的巨大声响，高压蒸汽进入了汽缸。透过汽缸缝冒出的吱吱作响的气雾，瓦特凝视着默多克。他看见默多克双手在调整调速轮。终于，活塞开始上下缓慢地运动了，吱吱声中断，接着活塞开始加速运动。通过曲柄和连杆的作用，一进一退的直线运动正在变成缓慢而平稳的转动。

默多克想用手使劲将调速轮刹住，但是轮子却把他的手推向一旁。他急了，使出全身的力气，再加上几个身强力壮的工人，也做不到这一点。

"这就是力量！"瓦特大声地叫道。他们终于成功了，从此一个震撼世界的"蒸汽时代"开始了。

瓦特旋转式蒸汽机一出现，就立即被用到了采矿、纺织、冶金、机械加工、运输等各行各业。它在很短的时间内改变了人类的生产方式，极大地提高了劳动生产率，促使传统的手工业迅速走向机器大工业，直接促进了社会变革。

人物小传

〔瓦　特〕（1736—1819）英国发明家，高效率蒸汽机的发明者，对工业革命的发端起了重大作用。1764年发明冷凝器，1784年又成功设计制造了改良的蒸汽机车，使人类进入了"蒸汽时代"。

征服天花的使者

——医学家金纳

中国有一句成语叫作"以毒攻毒",这句成语最初来源于医学。中国古代医生用"人痘"防治天花,就是运用这种方法。17世纪,这种方法传入欧洲。但是这种方法远非安全可靠。18世纪末,一位医德高尚的名医发明了安全可靠的方法。这方法是什么呢?这位给人类带来巨大益处的医生又是谁呢?

古代社会人口稀少,而且不大流动。因此那时即使医疗卫生条件较差,恶性传染病也很少发生。然而,从文艺复兴到19世纪末,整个欧洲人口剧增,而且流动性增强,恶性传染病大规模地在欧洲肆虐。使欧洲人胆战心惊、万分恐惧的恶性传染病有鼠疫、伤寒、天花和霍乱等十几种,其中尤以天花最为厉害。它们每次袭来,像野火烧荒一样席卷各地,所到之处,往往造成高达20%的人口死亡率。

欧洲人一直熬到18世纪末,天花才第一次不为人们所恐惧了。医生用"种牛痘"的方法防治天花,使人类首次从天花这种巨大的灾难中解脱出来。这一切都要归功于富于献身精神的卓越医生金纳。

1749年5月17日,金纳生于英国格罗斯特一个牧师的家庭。年轻的金纳堪称博学多才,为了解救人们的病痛,他毅然学习医学,开办卫生所,成了远近闻名的医生。当他为死于天花的朋友的爱女送葬时,内心被深深地刺痛了,暗暗决心攻破医治天花的难关。

金纳博览群书,勤学不倦。他从一位教士的医学著作中,了解到了古代中国防治天花的医疗技术。中国古代医生把患有轻微天花的病人身上水泡里的水,用棉花蘸着擦在健康的人身上;或把患天花的病人身上的水泡结痂物,磨成粉末吹进健康人的鼻孔。这样做会使健康人感染上一次轻度天花,但却能保证今后永不再得天花。

然而,用接种"人痘"的方法并非万无一失,有时健康的接种者还会染上重症天花，留下一脸麻子或危及生命。有什么更好的法子能够根治和预防天花呢？1766年的一天，几位挤奶工在金纳诊所就诊时的闲谈引起了他的注意。

"为什么你们养牛场的人都躲过了天花大流行？"金纳关切地问道。

"前些日子天花作乱，我们农场的挤奶女工，却没有一个人染上天花。人们说，这是我们的手常接触乳牛，手上常长牛痘，才免去了灾祸。"

金纳心里豁然一亮，"牛痘能避免天花！"这可是个好消息。不知道是不是其他地方的挤奶女工也如此！金纳决定进行广泛的调查。金纳对很多农场挤奶女工进行了调查，发现她们确实都没有患天花，但却都感染过牛痘。原来，她们在挤奶时，大都无意接触过患天花的奶牛的脓浆。开始时，她们手上长出了小脓疱，身体略感不适，有的出现低热，不过症状会很快消失，以后也没患过天花。连续多日、广泛的调查，使金纳确信，牛痘能够防治天花。联想到古老中国接种人痘的方法，更加坚定了金纳的信心。

作为恶性传染病，不仅人能够染上天花，动物也能染上天花。天花发生在牛身上，出现带有浓浆的疱痘，称为"牛痘"。染上牛痘的人很少染上天花，即便染上也是轻的天花，不会引起水泡而给人留下麻坑，因此接种"牛痘"是控制天花感染的安全方法。

金纳决定先在动物身上进行实验，以验证接种牛痘的安全程序和防病效果。结果和预想的一样，十分理想。但是，在人身上接种牛痘会怎样呢？它很安全吗？不经过实验，是不能普及推广的。用谁来做实验呢？当时金纳找不到这样的志愿人员，在别人身上偷偷接种是不道德的。他颇费心思，怎么办？最后决定在自己儿子身上接种牛痘。

金纳的想法立刻遭到亲人的愤怒指责和制止，他解释说："如果能为全人类解除天花瘟疫，付出我的一个儿子不是很值得吗？他的一条命换来的却是成千上万条人命呵！"当气愤不已的妻子含泪做祷告时，金纳说："请相信我，我已经感到万无一失了。"他不顾亲人的反对，硬是在儿子身上种上了牛痘。

当金纳把传染极强的天花脓浆接种给儿子时，人们都认为他一定是疯了。大家都说他着了魔，要把亲生儿子害死。科学不是碰运气，不能莽撞行事，为了保险起见，他曾先后观察过许多位挤奶女工。虽然他确信儿子无事，但父子亲情毕竟使他牵肠挂肚。一天天过去了，儿子不仅没有染上天花，就连种痘后出现的略有不适的感觉都没有出现。他成功了。

征服天花的使者

1789年是金纳最忙碌的一年。经过事实的证明，金纳的接种牛痘日益受到人们的欢迎和信服。很多人从遥远的乡间赶来，请妙手回春的金纳大夫接种牛痘。这一年，金纳经过反复试验，认为万无一失，才公开了他的种"牛痘"防治天花的方法，并且出版了《牛痘成因与作用》一书。从此，预防天花的金纳种痘法，像春风一样，吹遍了欧洲和世界。

接种牛痘是最早的免疫治疗法。今天，人们用接种各种疫苗，包括卡介苗、狂犬病疫苗等预防疾病的方法已经普及了。

1980年5月，联合国世界卫生组织宣布天花已经在地球灭绝。人类能够彻底送走天花这个瘟神，主要应该归功于爱德华·金纳。

人物小传

〔金　纳〕：(1749—1823) 英国医生，牛痘接种法的创始人。为现代免疫医学的发展奠定了基础。

揭开电荷相互作用的奥秘

——库仑定律的发现

库仑1736年生于法国,学生时代的库仑即聪明又顽皮,他醉心于科学技术。他喜欢玩莱顿瓶(最早的电容器),许多同学都被库仑的莱顿瓶电击过。由于这个恶作剧,别人便给他取了一个绰号:"莱顿瓶"。库仑在人类科技史上的主要贡献就是发现了两带电体间相互的作用力和它们的电荷、距离紧密相关。后来,人们把他的发现称为"库仑定律"。青少年朋友,你知道库仑定律吗?下面,就告诉你什么是库仑定律和它是怎样被发现的。

当时,人们利用莱顿瓶来观察物体的放电现象。同时科学家们又设计出各式各样的验电器,例如,意大利牧师贝内特制造了一种金箔验电器。在玻璃容器内放两张金属箔片,在起电时两张金属箔张开,人们用它来检测电力的存在。但电力是什么,究竟有多大,当时谁也说不清楚。

当时牛顿力学的成功以及所产生的影响,使库仑决定暂时放下他心爱的莱顿瓶,专门攻读牛顿力学理论。库仑用牛顿力学解决实际问题,取得了很大的成绩。1784年,库仑发表了一篇论文,介绍了他所发现的线性扭转力与线材的直径、扭转角度等数值之间的关系,引起了科学界的广泛好评。

库仑成为科学院院士之后,又拿起了心爱的莱顿瓶,向电学问题发现冲击了。此时的库仑,经过20多年的磨炼,已经不是那个拿着莱顿瓶引诱别人尝尝电击滋味的毛头小伙子了,他已是一个具有很深力学理论造诣和施工设计能力的专家了。

现在我们用电压表一量,马上就知道电流强弱,方便得很。但是,在库仑那个时代,无法测量电的强弱,物理学家们只好用自己的身体及感受作为一只测量仪表。和库仑同时研究电现象的英国科学家卡文迪许就是这样记录大量数据的,他用手指抓住电极的一端,注意是手指局部,还是从手指一直到腕关节,甚至从手指一直到肘全部感到电震,从而来估计电流的强弱。

揭开电荷相互作用的奥秘

库仑也紧咬牙关多次这样测量电荷的强弱。他想，这种方法测量结果必然要受到个人主观感受的影响，准确度很难把握。经过反复实验，库仑发明了测电力的精密仪器——扭秤。它是一条轻的水平铁片，在中点系上一根长的细铁丝，挂在玻璃匣内，由此构成扭秤。库仑把一个带电的球放在铁片的一端，拿另一个带电的球与它接近，铁片就会扭转。他用这个仪器发现了静电之间相互作用力与距离之间的关系。

1785年，经过长期思考和多次扭秤实验，库仑终于豁然开朗：用电流大小来测量带电体相互作用力的大小，或者用电荷相互作用力的强弱来标定电流的强弱。这样，电荷量与电力就结合在一起了，在这一思路的指导下，经过一系列的实验，他总结出表示两静止点电荷间相互作用力的定律，即著名的库仑定律。

库仑的研究工作使电学从定性研究进入定量研究的阶段，从此，电学的春天到来了。在春光沐浴中，安培、欧姆、高斯……一批批致力于电力为人类造福的科学明星升起，一系列电学现象被定量地揭示出它们的奥秘。电成了新的能源和动力，一批批用于生产和生活的电器被研制出来，人类由此从蒸汽时代进入了电气时代。

库仑定律，是电学史上的第一个定量的定律，从此揭开了发现各种电学定律的序幕。

后来，德国物理学家、数学家高斯，根据库仑定律做出了电量单位定义：即当两个具有同样电量的电荷，在真空中距离为1厘米，作用力等于一达因时，这两点电荷具有1个绝对静止单位的电荷。高斯还发展了库仑定律，按高斯定律，推广了库仑定律的应用范围。为了纪念法国物理学家和工程学家查理·德·库仑，直到现在人们还把电量单位叫库仑。

人物小传

〔库　仑〕（1736—1806）法国的物理学家。发现了库仑定律，即两带电体相互间作用的力，与其电荷的乘积成正比，而与其距离的平方成反比。

献给新世纪的稳恒电流

——伏特电堆

现在,电池给人们带来的便利简直多得数不清,手电筒、收音机、电钟、录放机、电视、甚至汽车、飞机、轮船,都可以借助型号不等的电池活跃起来。可以肯定地说,每个家庭都离不开电池。电池的原始雏形就是科学史上赫赫有名的"伏特电堆"。从某种意义上说,伏特电堆孕育了电磁学、化学、冶金和光学。

伏特是意大利物理学家,生于1745年。他是怎样发明伏特电堆的呢?说来有趣,这项造福人类的发明,竟来源于他和伽伐尼的争论。他们争论的问题是什么呢?上一篇已提到,其详情大致是这样的:

1793年,伏特应邀参加了英国皇家学会的会议,这是一个群星荟萃的精英大会。来自欧洲各地的科学家汇集在伦敦伯明翰宫,交流他们的最新的科学发现,切磋技艺。

在会上伏特结识了伽伐尼,伽伐尼的发现引起了伦敦会议的轰动。他用两块不同的金属片构成回路时,可以让死去很长时间的青蛙发生抽搐。有人夸张地认为,伽伐尼实验可以使死人复活。伽伐尼则认为他发现了存在于肌肉之内的"生物电"。伽伐尼的青蛙实验深深吸引了伏特。

在返回意大利的路上,两个人变成了无话不谈的朋友。伽伐尼告诉他自己是怎样偶然发现青蛙抽搐,然后穷追不舍地去研究。伏特却老在想那两块神奇的金属。不管伽伐尼怎么说,他认为秘密就在金属片之间。

回到帕多瓦大学自己的实验室里,伏特重复着伽伐尼的实验。实验与伽伐尼说得一模一样,电流像是贮存在肌肉中一样。

经过上百次试验,伏特渐渐发现了这样一个现象:用一根铜线作为一端,改换不同金属线做实验的另一端时,青蛙抽搐的激烈程度随金属不同而改变。伏特心里想,要是电流存在于肌肉中,改变金属时,青蛙肌肉的收缩不应该变化。更换金属品种的实验坚定了伏特的想法，他认为电肯定来自于金属，而不是肌肉。

在这期间，伏特将实验结果写信寄给伽伐尼，不料却引起了伽伐尼的批驳，一场产生于青蛙腿的科学论战就这样开始了。

科学论战拓展了伏特的研究视野。有一天，他想把实验中用的两条性质不同的金属线，改换为两条性质相同的金属线，看实验结果将会怎样，实验结果使伏特大为吃惊。两条相同的金属导线构成回路时，并不能实现青蛙肌肉抽搐。这一实验结果使伏特坚信，使青蛙肌肉收缩的能量，的确来自一种新的电能，但它不是由动物组织产生的，而是由两种不同性质的金属接触产生的。

从此，伏特进行的实验发生了一个根本的转折，由过去重视青蛙实验本身转向重视金属的生电性质。不久，他意识到，蛙腿肌肉的抽搐显示其中有电流通过，蛙腿肌肉在这里起着验电器的作用。

当时，仅有的电学实验仪器都是用来研究静电的，伏特既没有电压表，也没有电流计，而用两种金属接触产生出来的电流又极其微弱，所以测量极其困难。

任何一个人要想从事科学研究，必须具有动手研制实验仪器的能力，在过去，这一点尤其重要。伏特使用当时的双叶式验电器根本无法测出电流的强弱。后来，他将自己设计的电容器加在验电器上，从而提高了验电器的灵敏度。他反复使用两种不同的金属相互接触，中间隔上湿的硬纸、皮革或其他海绵状东西，结果都有电能产生。

1799 年，伏特制成一种把不同金属片浸入盐水中的装置。不久，他又对这种装置进行改进，把许多圆形金属片和用盐水浸润过的圆形厚纸片，按照铜片、纸片、锌片……次序叠起来，制成了"电堆"。伏特看到成对金属片和浸盐纸堆得越高，产生的电流越大，所以把这个装置形象地命名为"电堆"。

伏特电堆是世界上最早的电池，它可以产生连续恒定的电流，为电学研究开辟了道路。

1801 年，法兰西共和国第一执政官波拿巴·拿破仑盛情邀请伏特来法国演示他发明的电堆。这一天法兰西科学院的大厅座无虚席，连拿破仑和各部部长都亲临听讲，伏特一边讲，一边演示电堆的作用，神秘的力量引起了人们极大的兴趣。最后拿破仑宣布，为奖励电学领域的发明家，将设立 20 万法郎的奖励基金，第一笔奖金就授予伏特。演讲大厅立刻响起雷鸣般的掌声。

各国物理学家得知伏特电堆的问世后，纷纷开始研究电流的作用。在此过程中，伏特电堆也越造越完善。

1802年，俄国物理学家彼得洛夫在圣彼得堡建立了最大的伏特电堆，由4200个锌圈和铜圈组成。同一时期，美国宾夕法尼亚大学的黑尔博士制成的大伏特电堆，产生的电力足以熔化金属。

1807年，英国化学家戴维通过电解，发现了钾和钠两种新元素，轰动了世界。戴维还利用伏特电堆发现了电弧，制成照明用的弧灯。这种碳极电弧灯，在19世纪70年代白炽灯问世以前，一直作为电光源。

人物小传

〔伏　特〕（1745—1827）意大利物理学家。电池、电容器的发明者。1794年发现产生电流并不需要生物组织，而引起学术界争论。其电解水的方法，奠定了以后电化学的基础。电压单位"伏特"即因纪念他而命名。

喷云吐雾的怪兽

——斯蒂芬逊与蒸汽机车

迄今为止，各种运输工具中，运载量最大的，莫过于火车。火车的出现，距今还不足两百年，但它极大地改变了社会的面貌。特别是长途运输，至今，火车还独占鳌头，尽管现今公路已四通八达，但面对几十节车皮组成的列车，汽车还只能自叹弗如。

这里，说的是世界上第一台蒸汽机车的发明者和制造者。

斯蒂芬逊出生于英国维拉蒙特·塔茵一个贫困的矿工家庭，清贫困苦的家庭无力支持他上学读书。8岁那年，为了帮助家里维持生活，他不得不到矿井干活。斯蒂芬逊心灵手巧，又十分勤快，刚满14岁就被一位操纵纽康门式气压蒸汽机的技术工看中，选他当了自己的助手，干些擦拭机器和保管蒸汽机零件的杂活。天天跟蒸汽机打交道，使他对蒸汽机的构造、性能逐渐熟悉。

斯蒂芬逊的文化知识低得可怜。他认识到，无论干什么工作，都需要知识。所以，他以18岁的年龄进入塔茵的夜校学习，而这一夜校原本是为七八岁的儿童开办的。斯蒂芬逊不在乎孩子们好奇、讥笑的目光，和他们坐在一起，认真听课。斯蒂芬逊自夜校毕业以后，养成了自学的好习惯，此后阅读了大量的科技书籍，掌握了必不可少的数理化知识。

斯蒂芬逊跋涉750多公里路，专程到瓦特的故乡苏格兰的格拉斯哥去做工，目的是深入研究蒸汽机的构造、性能和原理。仅一年时间他便成了小有名气的蒸汽机维修技师。1803年，他担任了基林格沃斯矿山的主任技师。斯蒂芬逊为矿山引进并改进了一些采矿机械。工友们称他为"机械博士"。1812年，斯蒂芬逊被任命为矿山的技师长。他拥有了一定的职权，这为他研究发明各种机械，提供了极大的方便。

自从担任技师长之后，斯蒂芬逊把全部精力用在研制蒸汽机车上了。

1813年，为了解决从坑口到贮煤场的运煤问题，他制造了第一台移动机械——"布鲁海尔",这是一架蒸汽机推进器。1814年,33岁的斯蒂芬逊改进了"布鲁海尔",使它成为具有两个汽缸的蒸汽机车。它的时速为7公里,可以在坡道上行驶,载煤30吨。煤矿老板看到斯蒂芬逊的研究成果有利可图,决定投入大笔资金支持他研制新的蒸汽机车。

1815年,斯蒂芬逊制造出第二台搬运车,这是斯蒂芬逊根据1804年特莱茨克制造的机车改制的。1816年,他制造了第三台运煤车,这是斯蒂芬逊的又一项创造。他独自发明了装在机车外部外连杆连接车轮的传动方式,从而增加了机车的牵引力。自此他成了蒸汽动力移动机械的专家。

从1814年1825年,斯蒂芬逊为各地矿山制造了55台采矿机械,其中16台是蒸汽机车。

由于越来越多的矿山、工厂需要蒸汽运输机车,1823年斯蒂芬逊与两个出资者建立了世界上第一家机车制造厂。当时,全国各地的矿山和工厂,已经广泛地使用了斯蒂芬逊制造的蒸汽机车。但它们都是短距离的,而且速度缓慢。

能不能让蒸汽机车以更快的速度长距离运送客人和货物呢!斯蒂芬逊认为理论上是可行的。在一次试车中,由于车上螺栓被震松,从而酿成了翻车事故,这引起了社会舆论的注意。反对蒸汽机车的人借此提出的责难,迫使斯蒂芬逊对蒸汽机进行改进。为了减少蒸汽机汽缸排气的噪声,他用导气管把废气引入烟囱,这样不仅减少了噪声,还加快了烟囱内的空气循环,使煤燃烧得更旺,增强了机车的牵引力。另外,斯蒂芬逊为了减少震动带来的不利后果,在蒸汽机车上添加了许多减震弹簧及其他部件。

1825年,英国官方同意斯蒂芬逊在斯托敦与达林敦之间长达40公里的铁路上,做长距离试车。9月27日,他制造的"旅行1号"蒸汽机车,牵引30多辆货车和客车,运载旅客600多人,成功地在斯托敦与达林敦之间行驶了33公里。

1829年,政府同意铺设利物浦和曼彻斯特之间的铁路。

为了挑选最好的牵引机车,事先举行了试车比赛。比赛那天,有三台披红挂绿的蒸汽机车整装待发。其中,斯蒂芬逊亲自驾驶的是"火箭号"。它运载13吨货物,以24公里左右的速度行驶了100公里。时速、性能超过了另外两台机车,取得了胜利。

从此,人们不再怀疑蒸汽机车的性能了。在英国,出现了铁路建筑热。

到 19 世纪 40 年代，主要铁路干线都已建成。19 世纪末，世界铁路通车里程达到 65 万公里。20 世纪 20 年代，通车里程又翻一番。

斯蒂芬逊蒸汽机车在结构上，是现代蒸汽机车的雏形，现代蒸汽机车上所有的部件，都能从这个雏形中找到它的原始印记。斯蒂芬逊一直从事铁路建设、机车制造工作，直到逝世。由于他对蒸汽机车的杰出贡献，被后人称为近代蒸汽机车的奠基人，又称他为"火车之父"。

人物小传

〔斯蒂芬逊〕（1781—1848）英国铁路机车的主要发明家。1813 年研制了"布鲁海尔"机车，1825 年 9 月 27 日斯蒂芬逊所制造的列车成功地载旅客完成试车，铁路运输事业就此诞生。

梅花香自苦寒来

——安培与电磁学

安培是电流的单位,是以法国物理学家安培的姓氏命名的,测量电流的电表,通常都叫"安培表"。有趣的是,安培原是卓有成就的数学家,直到45岁时(安培享年61岁),他还没有涉足物理学领域。投入电磁学方面的研究,他是从零开始的,这时,他已年近五十了。他在电磁方面辉煌的成就,却是在他生命的最后十多年实现的。

"孩子们,谁能背一下$\sqrt{2}$的数值是多少?"

在数学课快下课的时候,圣·列日尔牧师试探性地向他的学生们提出了问题。列日尔牧师一向认为,背诵枯燥无味的数字,等于进行头脑体操,可培养学生们良好的记忆能力。因此,他十分热衷让学生们背诵那些无限不循环小数。前一节课时,他讲解除法时无意中介绍了它,并不敢奢望有谁能将它背诵下来。

课堂上一片沉静,没有一个人举手。孩子们打心里不喜欢这位牧师,不喜欢背诵那毫无价值的数字,过一会儿,第六排紧靠窗子边上坐着的一个少年,腼腆地举起了手。列日尔牧师点了点头,鼓励加赞赏地说"很好,安德烈,你会背得很好的。"

腼腆的少年名叫安德烈·安培,今年刚刚14岁,是全班数学成绩最优秀的学生。安培生在里昂,父亲是个小商人,一心想把他培养成一个有出息的人。安培从小就具有惊人的记忆力,尤其在数学方面有非凡的天赋,13岁时就能理解有关圆锥曲线的原理。他是数学老师们心中的"王子"。

当安培背诵完几十位的数字,周围是那样安静。整个教室里,连每个人的喘气都能听得清楚。俄顷,教室里爆发出热烈的掌声,几十双眼睛望着小安培,目光流露出钦佩的神情。

后来,安培随父亲回到了里昂乡下,由于家庭生活十分艰苦,他只好中途辍学了。生活困难,安培只好靠为私人补习数学来维持生活。另外,他用大部分时间去钻研植物学、化学和物理。当他18岁时,除了拉丁语外,还通晓意大利语和希腊语。

在艰苦的自学生涯中,他省吃俭用刻苦攻读。一次他收到补习费后全部用来购买了数学书籍,为此挨了一周饿,只好以蔬菜充饥。他钻研数学入了迷,房东太太都说他是"让数学勾走了魂"。

梅香出自寒冬。艰苦的自学生涯,获得了丰硕的果实。终于,他发表的一篇有关概率方面的数学论文,引起了当时法国科学界的注意,他的生活环境也因此逐渐改善了。26岁那年,安培成了布尔日市中心学校的物理教师,生活才有了基本保障。从此,他的科研成果像雪片一般大量产生,这些科研成果成为他进入科学殿堂的阶梯。

1820年奥斯特发表了用拉丁语写的《磁针电抗作用实验》的著作,整个欧洲刮起了"奥斯特旋风"。

当安培参加奥斯特实验的电科学演讲会以后,他的心被自然现象的奇妙所震撼,竟使他放弃已奠定基石的数学王国,又转战物理学领域。从零开始,安培立即投入电磁方面的研究。紧接着,安培宣布了他在这个领域中的一些发现。

一天,好朋友弗朗索瓦·阿腊果去安培家造访,谁知敲了几次门,都未见回音。安培在工作,他在家,阿腊果凭着傍晚的灯光和以往的经验这样断定。

"没有关系,安培一搞完试验自己就会出来。"阿腊果思忖着。

果然不出所料,不久,安培出来,面露悦色地拉着阿腊果的手,进入他的工作室去。"我给你看点东西。"阿腊果从安培神色异常的脸上看出,他肯定又琢磨出什么名堂了。

安培的桌子上放着仪器,看得出来安培刚刚完成一项研究。

"看呀,这是个自由悬浮磁针,当它处在水平状态的时候,是可以转动的。你瞧,磁针在南北方向上停住了。现在再按同样方向在磁针上空挂个导线,不过导线上还没有通电。"

安培接通了电流,磁针开始轻轻地摆动,接着在偏向导线的位置上停住了。

"怎么样,弗郎索瓦,看到了吗?电流作用于磁针,并将它从原来的位置上移开，奥斯特就是达到了这个地步。"

安培接着进行另一个试验。安培拿起一个线圈。

"现在你往这儿看。"安培开始演示。"马上我就将这个线圈通上电。"

安培拿起一块磁石，磁石和通了电的线圈相互作用，一会儿吸引，一会儿离开，吸引和离开的关键在电流的方向的变化。

阿腊果惊诧地观看着磁石如何吸引和推开线圈。

"似乎线圈同样也是磁石。"他试探地望着安培。

"很清楚，如果电流通过线圈，那么，在线圈的两端就产生了磁力线。"

随后，安培把一个铁棒插入线圈内。阿腊果把桌子上的钉子和其他金属屑都收集过来，使它们靠近线圈，当他们再通上电流，所有铁质的碎屑都被吸引到线圈铁棒两端。当切断电流时，铁钉之上的碎屑立刻掉到桌子上。当每次接通或中断电流时，都同样重复着引力产生和消失这一往复变化的奇迹。

"人造磁石！弗朗索瓦，带电的磁铁，甚至可以说——电磁铁！"安培异常兴奋。安培这个电磁学实验，是用自己的汗水浇灌出了人类的智慧之花。

人物小传

〔安　培〕（1775—1836）法国数学家、物理学家，建立了电磁学。计量电流的单位，就是以他的姓氏命名的。

把欧洲和美洲连接起来

——威廉·汤姆逊设计跨洋海底电缆

自从莫尔斯发明有线电报以后,这种新的通信工具很快风行各地。最初几年,莫尔斯电报只能在陆地上使用,8年后,通过海底电缆,伦敦和巴黎间建立了直通电报。当美国和欧洲贸易日益增加,人员和物质交流日趋扩大时,修建铺设横跨大西洋的海底电缆的呼声渐趋高涨。然而要铺设4000~5000公里长的海底电缆,工程十分艰巨,许多理论技术问题需要解决,谈何容易?何况,当时多佛海峡电缆电报公司的技术人员克拉克又发现了信号延迟现象。威廉·汤姆逊获悉这一信息后,以极大的兴趣进行了研究。他意识到这一问题是长途海底电缆成败的关键。因为电缆越长,信号延迟的时间也越多,而且衰减和失真现象也就越加厉害,最终导致电报不能正常传递。经过整整一年的研究和系统实验,汤姆逊提出了海底电缆信号传递衰减理论,一举解决了铺设长距离海底电缆的重大理论问题。

由于理论上研究的成功使得汤姆逊在尚未肩负大西洋海底电缆工程重任之前,就已经成了这一工作的奠基人。经过6年的酝酿和筹备,1856年大西洋海底电缆公司正式组成。按公司章程,在工程完成并盈利之前,汤姆逊只能白干活。当一个人把工作当成事业时,往往是不计较报酬的。汤姆逊渴望自己的理论付诸实践,在第一条大西洋海底电缆工程中大显身手。无薪水保证的汤姆逊一干就是10年,直到永久性的大西洋海底电缆大功告成。

但是,汤姆逊只是一名普通的董事,既无职又无权,没有办法发挥自己的专长,所以,工程一开始就陷入了困境。工程正式开始后,他才发觉公司筹委会早已把电缆设计书交给了承包厂商,而且已经开始制造。汤姆逊和总工程师博拉特发现,设计书上的电缆直径比理论要求小得多,不合标准,但取消合同已经来不及了。为了补救设计错误,使工程走向正轨,汤姆逊对铜的电阻率进行了突击研究。汤姆逊希望在无法增大电缆直径的前提下,能用其他方法提高铜电缆的导电率。他把当时各厂商用的各种铜线都拿来做测试，发现各自的电阻率差别很大。

根据总体设计，第一条大西洋海底电缆将由1200段铜电缆焊接而成。每段长2英里。如果各家承包厂商不按相同的电阻率生产电缆，各段铜电缆电阻率相差过大，势必使总电缆的参数发生很大偏差。汤姆逊及时解决了这个问题，对电缆铜材提出了规格要求，并总结出一套实用的测量法。汤姆逊还发现在铜内加入化学微量元素时，能使电阻减少很多。这些都为建造合格的电缆提供了保障。

1857年，盼望已久的电缆终于造好。沟通欧美大陆的第一条海底电缆就要铺设沉放了，它引起了电信界和全体社会公众的普遍关注。英、美两国政府拨出两艘海轮，专供铺设施工使用。电缆的两个终端地点，选在北美的纽芬兰岛和英国的爱尔兰，因为这两个地方横跨大西洋的距离最近。

电缆一海里一海里地延长着。当电缆沉入到距离出发地330海里时，汤姆逊一直担心的问题终于发生了：电缆意外地断了。而且此前的信号联络也极微弱，接收有困难。就这样，第一次电缆沉入以失败而告终。

事后，人们在事故分析中找到了两条失败的原因。电缆断裂的原因是外层机械抗拉强度太低所致，这倒不难解决。关键的问题在于如何放大弱电信号。多佛海底电缆距离较短，弱电信号的接收问题还不十分明显，可是铺设大西洋海底电缆必须重视这一问题。

汤姆逊卓有远见地意识到，必须研制接收灵敏度更高的电报机。随即，汤姆逊把全副精力投入到研制新型电报机上。在汤姆逊那个时代，还没有电子管。当然，没有电子管就不可能有电子放大电路。弱小的电信号不经过放大就接收不到。这对于跨洋海底电缆的命运意味着什么，汤姆逊是再清楚不过了。这位年轻的物理教师尝试了许多方案，都没有成功。汤姆逊陷入了困境之中。

一个阳光和煦的日子，汤姆逊邀请赫尔姆霍茨等好友去海湾游玩。当大家兴冲冲地跳上船准备起锚时，忽然发现汤姆逊失踪了。赫尔姆霍茨扫兴地在甲板上来回踱步，他无意中向船舱望了一眼，竟发现汤姆逊躲在船舱下面独自搞他的运算！赫尔姆霍茨看见汤姆逊丢下朋友不管，又好气又好笑。他从衣袋里取出单柄眼镜对着太阳，把阳光反射到这位"临阵脱逃"的主人脸上，晃动起来。

汤姆逊正聚精会神地画着他的新电报机的草图，忽觉一个刺眼的亮点在眼前晃来晃去。他抬头看见赫尔姆霍茨的笑脸，才想起今天来海滨的目的，懊悔自己得罪了朋友。这位失礼的主人正想站起来赔不是，突然望着射来的镜片反光发起呆来。

忽然他狂喜地跳起来，大声喊道："有啦！有啦！我的赫尔姆霍茨！"同伴们还未醒悟过来，汤姆逊已经撒腿跑回实验室。

很长时间以来，汤姆逊就为无法放大弱信号而发愁。阳光下的镜片反光启示了他，镜片在手中只需稍稍晃动，远处的光点就会大幅度跳动，这不就是一种放大？根据这个原理，汤姆逊研制成功了吊镜式电流计电报机。这种电报机接收弱信号时可将信号放大，具有很高的灵敏度，可以解决长距离电缆通信信号衰减无法接收的问题。于是汤姆逊做好了第二次出山的全部准备。

1858年春夏之交，大西洋海底电缆沉放铺设工程再次开工。"阿亚末加"号电缆铺设船载着电缆从北美出发，东渡大西洋。大西洋是希腊神话中海神波塞冬的圣地，铺缆船好像惹怒了这位海神似的，从出海的第二天，海上就刮起了狂风。大风大浪持续了整整一个星期。汤姆逊不顾危险，指挥大家一边沉入电缆，一面破浪前进。

风息了，浪平了。海神波塞冬像是服输了似的，退却了。铺缆船在海上工作了一个多月，终于在8月3日驶进爱尔兰。8月5日上午，电缆安全着陆。下午3点50分，汤姆逊拍发出从欧洲到美洲的第一份电报。5分钟以后，纽芬兰岛上的美洲电报终端清晰地收到了信号，并回复了信号。

"成功了！"

茫茫的大西洋终于被征服。当时汤姆逊高兴得几乎发狂了。消息传出，大西洋两岸的人们都异常激动，欧美两块大陆仿佛一下子被拉近了。大西洋电报公司开业了。

然而好事多磨，海底电缆使用不足一个月，就出现了严重故障。信号变得模糊不清，造成两岸通信中断。原来，这是电缆制造上的问题。绝缘层抗腐性太差，海水浸泡时间一长，便造成漏电，有的线路甚至完全断裂了。

耗费几十万英镑的电缆，就这样葬身海底了。后来在政府的鼓励和资助下，建造第二条跨海海底电缆的计划又重新开始了。

1865年初，经过反复实验，被认为万无一失的新电缆终于制造出来了。

但是想不到铺缆船航行到大西洋中部时，新电缆意外地折断，坠入3700米深的海沟。几年来的心血又付之东流了。

1866年4月，在汤姆逊的主持下，进行了第四次电缆铺设。6月中旬，电缆铺设完毕。至此，永久性的大西洋海底电缆终于宣告成功。整个工作耗费了10年时间！历尽曲折、坎坷。几个月后，在汤姆逊的指挥下，经过一个月的紧张搜寻，幸运地把折断的电缆打捞了上来，然后又接上一段新电缆，于是公司因祸得福，获得了两条完整的海底电缆。他们为建立全球通信闯出了一条新路⋯⋯

一百多年后的今天，海底电缆仍然是国际通信的一种重要手段。汤姆逊因铺设海底电缆而举世闻名。后来，他被授予开尔文勋爵封号。

汤姆逊用他的越洋海底电缆造福人类，是和他在物理学领域的非凡造诣分不开的。他在儿童时代就迷上了电学，当他还是个毛头小伙子时，就当着许多世界一流的大科学家的面，在英国皇家会议厅报告他的电学新成果，他发现了法拉第的磁力线可以用数学来表示，当场引起了法拉第的极大兴趣。

他和大物理学家焦耳（即发现能量守恒定律者）是知己，二人一起研究热力学，共同发现了著名的汤姆逊—焦耳效应。

他用精巧的实验，证明莱顿瓶放电具有振荡性质，这是发现电磁波的前兆，他还用数学方法推导出电振荡过程的方程和振荡频率的公式。

1853年，他发表电磁学史上一篇重要文章《瞬间电流》，揭开了电磁运动的奥秘。

人物小传

〔威廉·汤姆逊〕（1824—1907）英国著名物理学家，和焦耳、法拉第、赫尔姆霍茨等人一起奠定了现代物理学的基础。

拉近你我的距离

——贝尔发明电话

朋友,当你手握话筒和远在几里、百里甚至万里之遥的亲友通电话时,可曾想到:电话是谁发明的?发明电话,经历了怎样艰辛的探索过程?如果你不了解,那么,请听我讲一个故事吧!

贝尔在一个书香世家长大,父亲和祖父都是著名的语言学家。他17岁毕业于著名的英国爱丁堡大学,22岁应聘为波士顿大学教授。贝尔父子经常被邀请到各地去讲演,贝尔十分善于讲演,很受听众的欢迎。然而,就在这个时候,贝尔却突然向校方提出了辞职的请求。

贝尔为什么要放弃令人羡慕的教授职位呢?原来,当贝尔定居美国时,莫尔斯电报已广泛应用,成为一种新兴的通信工具。贝尔想:"既然电流能够传递电波信号,为什么不能传播音波信号呢?"贝尔打算发明一种传播声音的"电报"(即电话)。

贝尔向校方提出辞职时,他的电话研制已经进入了关键阶段,他实在脱不出身来教学。买材料、安装、做实验、查数据,紧张的工作搞得他精疲力竭,就连辞职信也是请别人代转给校长的。

贝尔终于辞职了,可以全身心地投入到电话研制中去了。电磁铁片的振动膜研制成功了,信号共鸣箱也宣布告竣,事情进展得非常顺利。一个偶然的机会,他遇到了18岁的电子技师沃森,两人一见如故。很快,共同的理想和追求使他们成了终生不渝的合作伙伴和朋友。

贝尔和沃森的实验室坐落在波士顿柯特大街109号寓所内。那是两间废弃多年的马车棚,尘土满地,拥挤闷热,一间房子四周被他们堵得严严实实,贝尔叫它"听音室";另一间是"车间",兼作"喊话室"。房内满是电磁元器件。经过贝尔和沃森的勤奋劳作,两间房子的隔音效果十分理想。

经过两年的研究,无数次地拆装实验,经历了无法统计的挫折与失败,两位年轻人终于看到了胜利的曙光。

1875年6月2日是一个令人难忘的日子。这一天，贝尔和沃森像往常一样重复信音共鸣试验。

沃森走入喊话室，准备发出声音信号。贝尔跑进听音室，随即把门关得紧紧的。按照两人的约定，在试验中沃森用声音使振动膜轮番振动，而贝尔则依靠自己特殊的语音学家的敏锐听觉，倾听振动簧片产生的共振。他挨个将那些共振薄膜安装到收话器上，仔细地辨听电流脉冲产生的音响。

突然，他听到了一种断断续续的声响，那是从颤动的共振膜里发出来的。细心的贝尔当即断定，它不是脉冲电流产生的声音。他需要沃森的证实！这一切只不过是一瞬间的事情，然而，在导通认识思路的一瞬间，贝尔感到他终于捉住了那鬼魂般时有时无的振动的尾巴。

贝尔迫不及待地将收话器放到桌子上，冲出房门，大步流星地朝隔壁房间奔去。他异常激动，朝着被连续16小时紧张工作弄得精疲力尽的沃森喊道——

"你是怎样做的？你什么也别动！按照两分钟前的做法重复一遍！"

"请原谅，我太累了，所以搞错了。"沃森辩解道。由于不了解究竟发生了什么情况，沃森显得有点紧张。

贝尔平静下来和颜悦色地安慰他说——

"亲爱的沃森，我知道你很累了。我请你完整地重复一遍搞错的过程……"

沃森解释说，他在接通振动膜时，未能把它接到电路上。为了排除故障，他就扯动了几下膜片，想用这种方法使它振动。而这正是贝尔在接收器里所听到的颤音。

贝尔告诉沃森，以前我们的设计思路只着眼于发送和接收电流脉冲信号，这样就使接收复制出的电流脉冲信号发生很大的变形。两年多来，那古怪的电流脉冲信号时有时无，使我们一直困惑，这次，你手动膜片必然带动线圈，因而产生了法拉第所发现的感应电流，我接收到的正是你的感应电流，这种电流是由簧片牵动线圈振动产生的……

聪明的沃森立刻明白了。他建议把精力放在感应电流的产生和复制上，这样就可以实现通话。"对！"贝尔狠劲地拍了一下伙伴的手掌。两人笑了起来，又接着做起试验。

电话基本原理的雏形，在两位年轻人的头脑中形成了。用声音振动膜片，同时使线圈振动产生感应电流，通过导线传递到收听一方，感应电流又转化为线圈振动，最后振动膜片复制出声音。

经过半年多的苦干，他们终于制成了第一套传话器和听筒。这是1876年，贝尔刚刚29岁，沃森22岁，两个勇敢的青年克服了重重困难，终于把电话机制造成功了。

1876年，贝尔获得了美国专利局的专利证书。几个月后，正好赶上举行美国建国100周年纪念博览会。贝尔和沃森风尘仆仆地赶到费城，在博览会上表演了电话通话，参观的人络绎不绝，赞不绝口，但此时人们没有认识到此项发明的重要性。

后来贝尔和沃森回到波士顿，又对电话做了改进，并且开始利用各种场合宣传电话的原理和用途，使更多的人认识到了电话广阔的前景。

1876年，贝尔和沃森在波士顿和纽约之间进行了首次长途电话实验，两地相距300公里，实验取得了圆满成功。这次实验成功主要得益于爱迪生的发明。为了使电话跨越长距离，爱迪生改进了电话的送话器，在其中加大了感应线圈，使电话实用化。这一年，贝尔电话公司正式成立。

由于电话的社会信息传递异常便利，因此不久便得到突飞猛进的发展。1878年美国电话不过几百台，两年后猛增到48000多台，1910年仅北美就拥有700多万台电话机。

人物小传

〔贝　尔〕(1847—1922) 美国发明家。贝尔曾获18项专利，并和其他人一起获得12项专利。包括14种电话、电报、4种光电话机、1种留声机、2种硒光电池、5种航空飞行器、4种水上飞机。

电磁波的妙用

——麦克斯韦和电磁理论

英国剑桥大学的霍普金斯教授,是世界知名的数学家。连续几天来他感到很烦躁,接连几天到图书馆去借数学期刊和专著,都被人借走了。这些书刊很艰深,学生是不会借的。问过同事,也都说没有借。最后问到图书管理员,才知道被一名叫詹姆斯·麦克斯韦的学生借走了。

霍普金斯由烦闷转为惊异,他要去见见这个学生。来到学生宿舍,科学家特有的直觉使霍普金斯对这位学生产生了浓厚的兴趣,他正埋头于作业,笔记本摊了一桌子,教授想借而没有借到的书刊展开在桌子上。

"小伙子,这些书不好啃呢,小心啃掉牙齿。"教授风趣地说。经过这次交谈,教授和学生成了忘年交。学生的非凡才能引起了教授的重视。

詹姆斯·麦克斯韦生于苏格兰古都爱丁堡。9岁那年,母亲不幸得了重病,扔下小麦克斯韦去世了。从此以后,他和父亲相依为命,度过了艰难困苦的少年时代。他自幼对数学、物理学产生了浓厚兴趣,尤其喜欢钻研数学。当麦克斯韦还不满15岁时,他写的一篇数学论文就获得了行家们的好评,发表在《爱丁堡皇家学会会报》上。这是一门数学和物理相互交叉渗透的学科,运用数学理论来解决物理方面的问题。

后来麦克斯韦考入剑桥大学继续深造,投身到霍普金斯教授门下。霍普金斯教授是剑桥的著名教授,他学问功底深厚,知识渊博,培养过不少世界知名的人士。在科学技术上有多方面成就的威廉·汤姆逊(即著名的开氏温标的创始人开尔文勋爵)和著名数学家斯托克等人,都出自霍普金斯教授的门下。

霍普金斯教授对麦克斯韦要求极严,对他进行了严格的训练。俗话说,名师出高徒,麦克斯韦的学习和科学研究进步很快,仅仅3年时间就掌握了当时欧洲所有先进的数学物理方法。

毕业后，麦克斯韦留校工作。一次，他阅读了法拉第的《电学的实际研究》一书，读着读着就被书中的奥秘给迷住了。它记录了法拉第一生从事电磁学研究的全部实验结果，其中也包含了法拉第深邃的思考。

麦克斯韦受到这位电磁学先驱的深刻启示，日夜刻苦研读法拉第的著作。通过与法拉第著作的思想交流，麦克斯韦悟出了电磁力线思想的宝贵价值，同时也看到了法拉第定性表述电磁现象方面的弱点。初出茅庐的青年数学家麦克斯韦决心用数学定量表述来弥补这一缺陷。

1855年，24岁的麦克斯韦发表了学术论文《论法拉第的"力线"》。这是麦克斯韦第一篇关于电磁学理论方面的论文。麦克斯韦通过运用数学上的一个矢量微分方程，圆满地导出了法拉第的结论。这一年，恰好是法拉第结束了他长达30多年电磁学研究的时候。

麦克斯韦从此高擎着从法拉第手中接过的熊熊火炬，开始向电磁学理论的纵深领域挺进。

金秋，硕果累累的季节。因公来到伦敦的麦克斯韦特意前去拜访法拉第，这是一次难忘的历史性会见。年轻的物理学家恭敬地递上名片，连同他4年前发表的学术论文也交给了仆人。过了一会儿，法拉第满脸笑容地走了出来。此时，这位电磁学实验大师已年届70岁，两鬓斑白，智慧的眼睛闪着和善的光芒。虽然，宾主二人年龄相差40多岁，在性情、爱好、志趣、特长等方面也迥然各异，但是在探索自然之谜上，他们却产生了共鸣。

法拉第和麦克斯韦一见如故，很快就亲切热烈地交谈起来。这对奇妙的一老一少，彼此堪称天造地设、相得益彰。法拉第快活、和蔼，麦克斯韦严肃、机智。老师待人如一团温暖的火，学生处事像一把锋利的剑。麦克斯韦不善辞令，但一针见血；法拉第演讲娓娓动听，却主题鲜明。一个不很懂数学，另一个则应付自如。

麦克斯韦的最大的功绩是建立了电磁理论，将光、电、磁现象统一起来，他建立了电磁场的基本方程，即麦克斯韦方程组。他用一组方程表示电磁场的连续性，另一组方程表示电磁场变化及其相互影响。

麦克斯韦预言：电磁场的变化以波的形式在空间传播，这就是电磁波，他还运用方程组推算出电磁波的速度和光速大体相同。

1873年，麦克斯韦出版了集电磁学大成的划时代著作《电磁学通论》，全面总结19世纪中叶以前对电磁学的研究成果，建立了完整的电磁理论体系。

这是一部可与牛顿的《自然哲学的数学原理》、达尔文的《物种起源》相媲美的里程碑式的不朽名著。

由于这部著作一般人读不懂，而且十几年间一直没有人证实电磁波的存在，所以许多物理学家怀疑麦克斯韦的理论，他的功绩生前未受重视。

直到1888年，即麦克斯韦逝世9年以后，物理学家赫兹通过一系列实验证实了电磁波的存在，人们开始惊羡麦克斯韦的天才预想。

至此，由法拉第开创，麦克斯韦完成的电磁理论终于取得了决定性的胜利！

不久以后，无线电收音机出现了，再以后，无线电报、无线电话、短波通信、传真、雷达、电视、导弹、遥感遥控、卫星等应运而生。一想及此，就会感到麦克斯韦的电磁理论造福于人类的功绩，真是说也说不完。

人物小传

〔麦克斯韦〕：（1831—1879）英国著名物理学家。建立了电磁理论，将光、电、磁现象统一起来。

摧毁"神造万物"的人

——达尔文和他的进化论

仔细观察各种动物,会感到大自然真是奥妙无穷。猫的瞳孔会随着光线的改变而改变,鸬鹚的腿和嘴都特别长,兔子的嘴是三瓣的,狗的舌头是经常吐在外面的,猿猴的臂长而有力,长颈鹿的颈长得惊人,刺猬周身布满针刺,所有的鸟类头都是圆的……纷纷繁繁,千差万别。什么原因呢?神学理论说这一切都是上帝的安排,中国古代信奉"造物者之无穷变也"。只有到距今一个世纪的时候,即19世纪中叶,达尔文进化论诞生了,充满无穷奥妙的生物界才有了科学的解释:这是自然选择的结果。

"物竞天择,适者生存"是生物界永恒的规律。在上万年、几十万年甚至几百万年的历史长河中,为了生存,生物必须面对严酷的现实,适应自然环境,否则就要灭亡。在关于物种命运的生存竞争中,各种生物被迫改变自身的某些器官,发展一部分,进化一部分,以适应生存环境。北极熊没有厚厚的脂肪和浓密的皮毛,只有冻死;鸬鹚的腿长,嘴也必须相应的长,否则就捉不到鱼虾;猿猴的臂长而有力,才能在林中攀援自如。人类的原始祖先也是四肢动物,在长期进化中,先是学会直立行走,然后是前肢主要担负采集果实、劳动、狩猎的工作,逐渐变成了双臂和双手,后肢进化成双腿和双脚。为抓取物体,人的五指进化得特别灵巧。尾巴没用了,便退化,如今只剩一节尾骨。兼有草食动物和肉食动物的特点,人便需要长而尖的犬齿。

总之,自从有了达尔文的进化论,人们才懂得,生物界不是神造的,彼此毫无联系的,也不是偶然的,万古不变的。现存的各物种,都是长期进化的结果,这种进化,今后也会无限期的演变下去,一万年、十万年、百万年以后的人类,某些器官会明显有别于今日,青少年朋友们,你们是否相信呢？

达尔文1809年2月12日生于英格兰西部的布鲁伯里小镇，父亲是医学经验丰富的罗伯特·韦林·达尔文博士。达尔文从小就被人认为是一个平庸的孩子，智力水平低下。青年时代，有人断定他"既无才智，又缺少毅力"。罗伯特大夫担心他一事无成，会给家族丢脸，强迫达尔文进了神学院，将来当一名职业牧师，去侍奉那虚无缥缈的上帝。

但是，达尔文没有因为别人说他才智平庸而自卑，在神学的课堂上没有学到什么有用的东西，却靠自学获得了知识的乳汁。达尔文从一个智力平庸的孩子成长为举世闻名的伟大科学家，从一个神学院的青年转变为推翻"神创论"和"物种不变论"的进化论创始人。5年环球考察的艰苦历程，将近40年疾病的折磨，使他后半生从来没有像普通人那样健康。但是，他就是在这样的境地中，写下《物种起源》等一部又一部的著作。

达尔文有一位好朋友叫华莱士，比达尔文小14岁，两人从事共同的研究，持共同的观点，所以成了莫逆之交。华莱士发表进化论文章比达尔文还早些。他们两人是在大英博物馆相识的，博物馆新增了一批动植物标本，人们争相前去参观，别人看了一会儿，就离去了，只有华莱士（当时27岁）和达尔文（当时42岁）一连几天又是绘图，又是记录，从早到晚忙碌着，往往闭馆时间到了，整个博物馆大厅里就只剩下他们俩人，在管理员的提醒下，二人才恋恋不舍地离去。二人从此相识，达尔文的深刻见解使华莱士为之倾倒。俩人不断有书信往来，交流着研究的心得。

1836年9月中旬，"贝格尔"舰驶进太平洋，向南美洲的加拉帕戈斯群岛驶去。加拉帕戈斯群岛是由7个大岛和23个小岛组成的，位于太平洋赤道线上，距离南美大陆只有900公里，却不像南美大陆那样热。岛上的植物、动物非常丰富，各种动物的形态、习性都不一样，就是同一种动物，也有差异。达尔文在岛上采集了193种植物和26种鸟类标本。

达尔文经过客观地观察和艰苦地探索，终于发现加拉帕戈斯群岛的动植物在外界环境长期影响下发生变异的事实。该岛有14种不同的地雀，分布在不同的小岛上。原先，这个群岛并没有鸟，地雀是从南美洲大陆飞到这儿的。由于地理隔离，生存环境发生变化，地雀的形态渐渐发生变化，不仅不同于南美洲的地雀，而且群岛中的不同小岛也出现形态不同的地雀。

离开加拉帕戈斯群岛时，生物进化的理论已经在他的心中萌芽，经过5年科学环球考察，达尔文已经初步建立了生物进化论。1836年10月结束的环球航行是科学史上的一次伟大的经历，决定性地影响了达尔文的一生。

1859年11月24日，达尔文的《物种起源》在伦敦公开出版了。《物种起源》一书的出版，标志着生物进化论的诞生。它向生物的神创论等观点发起了挑战。自然界的生物不是上帝创造的，而是生物与自然界适应和选择的结果，是"物竞天择，适者生存"的结果。

达尔文的生物进化思想很快引起了世界科学界的轰动，长期困扰人们的生物进化问题，有了十分透彻的答案。然而，生物进化论也引起社会不同阶层的强烈反响。19世纪中叶之前，上帝主宰世界和创造生物的观念风行于欧洲，教会的势力仍然十分强大，他们开始恶毒地攻击和诽谤达尔文。更使达尔文伤心的是，他的一些好朋友也站在反对他的行列中，对进化论表示蔑视，进行冷嘲热讽。

达尔文的进化论完成了生物学一次伟大的革命，在科学界特别是博物学家中产生了巨大的反响。一批正直和进步的学者站在达尔文理论一边，如胡克、赫胥黎和华莱士等，其中赫胥黎成了拥护达尔文的斗士。

支持真理的虽然是少数人，但代表着历史发展的主流。宗教势力虽然加紧攻击、挖苦、咒骂、嘲笑，却是在垂死挣扎。

斗争进入了白热化。1860年，在达尔文的故乡——英国发生了一场进化论与神创论、科学与迷信、真理与谬误短兵相接的战斗。双方以口舌为武器，进行一场针锋相对的辩论。

6月30日，牛津大学图书馆大厅。辩论还没有开始，大厅里就已经被人挤得水泄不通，走廊上和窗台上也挤满了人，大厅外边还站着许多听众。进化论的反对派、牛津大主教威尔伯福斯带着很多教会人士和保守的学者来到会场。进化论的支持者代表赫胥黎和胡克出席了会议，原来教会点名要求前来的达尔文因病未能参加会议。

会议主席是亨斯洛教授，达尔文的老师，他处于对进化论了解不够而犹豫不决的状态。但要他选择科学还是神学，他会毫不犹豫地选择前者。他在辩论前宣布——

"今天要求发言的人比较多，凡是不能从正面或反面进行论证的，都请不要在这里发言。"

"主席先生，我请求首先发言，以维护万灵之神的尊严，痛斥邪恶缠身的达尔文及其理论，请准许！"

辩论开始，威尔伯福斯大主教抢先跳上讲台。在牛津，威尔伯福斯大主教是一个远近闻名的雄辩家，当时被人们称为"油滑的山姆"，很有名气。他抢先发言，妄图用连篇累牍的花言巧语来蛊惑人心，煽动宗教情绪，控制会场。他大谈《物种起源》冒犯造物主，说达尔文的理论支持了一种粗野愚蠢的世界，不合神意，是对基督教的直接挑战。他不懂生物学，除了装腔作势、以势压人以外，没有一点实际科学内容。在博学的牛津，人们厌恶没有实质性内容的讲演，会场里到处是嗡嗡的谈话声。

大主教的胡说八道引起台下教徒们的喝彩、鼓掌，他们不断地发出一阵阵歇斯底里的狂叫。大主教傲然地环视了一下会场，俨然以胜利者自居，突然转向静坐在一边听讲的赫胥黎教授，用挑衅的口气问道："最后，我想问一问坐在我对面的、企图把我撕碎的赫胥黎先生，你相信猴子是人类的祖先，你是通过祖父还是通过祖母接受了猴子的血统呢？"

赫胥黎从容不迫地走上讲台，首先用平静、坚定、通俗易懂的语言，概括地阐述了达尔文进化论的内容，指出这个学说不是凭空捏造出来的，而是建立在20多年观察研究基础上的，反映了生物世界的客观规律。它是科学的真理与人类智慧的结晶。赫胥黎以雄辩的事实，富有逻辑性的论证，与大主教那种内容空洞、语无伦次的谩骂形成了鲜明的对比，全场鸦雀无声。

最后，赫胥黎用铿锵有力而富于幽默感的语言回敬了大主教的挑衅："关于人类起源于猴子的问题，当然不能像主教大人那样粗浅地理解。通俗地说，人类是由类似猴子那样的动物进化而来的。主教大人并不是用平静的、研究科学的态度向我提出问题。因此，我只能这样回答：一个人没有任何理由因为他的祖先是无尾猿而感到羞耻。我们应该感到羞耻的倒是这样一种人：他惯于信口雌黄，还要粗暴地干涉他根本不理解的科学问题。所以他只能避开辩论的焦点，而用花言巧语和诡辩的辞令来转移听众的注意力，企图煽动一部分听众的宗教偏见来压倒别人，这才是真正的耻辱！"

赫胥黎的话音刚落，听众立刻报以热烈的掌声。威尔伯福斯大主教气得面如土色，那些虔诚的教徒一个个也惊慌失措。

摧毁"神造万物"的人

牛津大主教掀起的这场轩然大波以大主教及其教徒们失败而平息了。至此，在英国像这样的围攻进化论的论战再也组织不起来了。达尔文生物进化论渐渐得到了全世界的承认，成为人类研究生物进化规律的有力工具。

人物小传

〔达尔文〕（1809—1882）英国生物学家，进化论的奠基人。著有《物种起源》等书。

排列元素的"方程"

——门捷列夫与元素周期表

宇宙万物是由什么组成的？古希腊人以为是水、土、火、气四种元素，古代中国则相信金、木、水、火、土5种元素之说。到了近代，人们才渐渐明白，元素多种多样，绝不止于四五种。18世纪，科学家已探知的元素有30多种，如金、银、铁、氧、磷、硫等，到19世纪，已发现的元素达54种。

人们自然会问，没有发现的元素还有多少种？元素之间是孤零零地存在，还是彼此间有着某种联系呢？

门捷列夫发现的元素周期律，揭开了这个奥秘。

原来，元素不是一群乌合之众，而是像一支训练有素的军队，按照严格的命令井然有序地排列着，怎么排列的呢？门捷列夫发现：元素的原子量相等或相近的，性质相似相近。而且，元素的性质和它们的原子量呈周期性的变化。

这一发现让门捷列夫激动不已。他把当时已发现的60多种元素按其原子量和性质排列成一张表，结果发现，从任何一种元素算起，每数到8个就和第一个元素的性质相近，他把这个规律称为"八音律"。

门捷列夫是怎样发现元素周期律的呢？

1834年2月7日，伊万诺维奇·门捷列夫诞生于西伯利亚的托波尔斯克，父亲是中学校长。16岁时，他进入圣彼得堡师范学院自然科学教育系学习。毕业后，门捷列夫去德国深造，集中精力研究物理化学。1861年回国，任圣彼得堡大学教授。

在编写无机化学讲义时，门捷列夫发现这门学科的俄语教材都已陈旧，外文教科书也无法适应新的教学要求，因而迫切需要有一本新的、能够反映当代化学发展水平的无机化学教科书。

这种想法激励着年轻的门捷列夫。当门捷列夫编写有关化学元素及其化合物性质的章节时,遇到了难题。按照什么次序排列它们的位置呢?当时化学界发现的化学元素已达 63 种。为了寻找元素的科学分类方法,他不得不研究有关元素之间的内在联系。

研究某一学科的历史,是把握该学科发展进程的最好方法。门捷列夫深刻地了解这一点,他迈进了圣彼得堡大学的图书馆,在数不尽的卷帙中逐一整理以往人们研究化学元素分类的原始资料……

门捷列夫抓住了化学家研究元素分类的历史脉络,夜以继日地分析思考,简直着了迷。夜深人静,圣彼得堡大学主楼左侧的门捷列夫的居室仍然亮着灯光,仆人为了安全起见,推开了门捷列夫书房的门。

"安东!"门捷列夫站起来对仆人说,"到实验室去找几张厚纸,把筐也一起拿来。"

安东是门捷列夫教授家的忠实仆人。他走出房门,莫名其妙地耸耸肩膀,很快就拿来一卷厚纸。

"帮我把它剪开。"

门捷列夫一边吩咐仆人,一边动手在厚纸上画出格子。

"所有的卡片都要像这个格子一样大小。开始剪吧,我要在上面写字。"

门捷列夫不知疲倦地工作着。他在每一张卡片上都写上了元素名称、原子量、化合物的化学式和主要性质。筐里逐渐装满了卡片。门捷列夫把它们分成几类,然后摆放在一个宽大的实验台上。

接下来的日子,门捷列夫把元素卡片进行系统整理。门捷列夫的家人看到一向珍惜时间的教授突然热衷于"纸牌"感到奇怪。门捷列夫旁若无人,每天手拿元素卡片像玩纸牌那样,收起、摆开、再收起、再摆开,皱着眉头地玩"牌"……

冬去春来,门捷列夫还没有在杂乱无章的元素卡片中找到内在的规律。有一天,他又坐到桌前摆弄起"纸牌"来了,摆着,摆着,门捷列夫像触电似的站了起来,在他面前出现了完全没有料到的现象,每一行元素的性质都是按照原子量的增大而从上到下地逐渐变化着。

门捷列夫激动得双手不断颤抖着。"这就是说,元素的性质与它们的原子量呈周期性有关系。"门捷列夫兴奋地在室内踱着步子,然后,迅速地抓起记事簿在上面写道:"根据元素原子量及其化学性质的近似性试排元素表。"

1869 年 2 月底,门捷列夫终于在化学元素符号的排列中,发现了元素具有周期性变化的规律。同年，德国化学家迈尔根据元素的物理性质，也制出了一个元素周期表。到了1869年底，门捷列夫已经积累了关于元素化学组成和性质的足够材料。

元素周期表有什么用呢？它可非同一般。

一是可以据此有计划、有目的地去探寻新元素，既然元素是按原子量的大小有规律地排列，那么，两个原子量悬殊的元素之间，一定有未被发现的元素，门捷列夫据此预言了类硼、类铝、类硅、类锆4个新元素的存在，不久，预言得到证实。以后，别的科学家又发现了镓、钪、锗等元素。迄今，人们发现的新元素已经远远超过上个世纪的数量。归根结底，都得益于门捷列夫的元素周期表。相信在广大青少年朋友中，一定会涌现出许多新的化学家，进一步解开微观世界之谜。

二是可以矫正以前测得的原子量。门捷列夫在编元素周期表时，重新修订了一大批元素的原子量（至少有17个）。因为根据元素周期律，以前测定的原子量许多显然不准确。以铟为例，原以为它和锌一样是二价的，所以测定其原子量为75，根据周期表发现铟和铝都是三价的，断定其原子量应为113。它正好在钙和锡之间的空位上，性质也合适。后来的科学实验，证实了门捷列夫的猜想完全正确。最令人惊异的是，1875年法国化学家布瓦博德朗宣布发现了新元素镓，它的比重为4.7，原子量是59点几。门捷列夫根据周期表，断定镓的性质与铝相似，比重应为5.9，原子量应为68，而且估计镓是由钠还原而得。一个根本没有见过镓的人，竟然对它的第一个发现者测定的数据加以纠正，布瓦博德朗感到非常惊讶，实验的结果，果然和门捷列夫的判断极为接近，比重为5.94，原子量为69.9，按门捷列夫提供的方法，布瓦博德朗新提纯了镓，原来不准确的数据是由于镓中含有钠，钠大大减少了镓本身的原子量和比重。

三是有了元素周期表，人类在认识物质世界的思维方面有了新飞跃。例如，元素周期表，有力地证实了量变引起质变的定律，原子量变化，引起了元素的质变。再如，从元素周期表可以看出，对立元素（金属和非金属）之间在对立的同时，明显存在统一和过渡的关系。现在哲学上有一个定律，说事物总是从简单到复杂呈螺旋式上升。元素周期表正是如此，它把已发现的元素分成8个家族，每族又分5个周期，每个周期、每一类中的元素，都按原子量由小到大排列，周而复始。

排列元素的"方程"

元素周期律使人类认识到化学元素性质发生变化是由量变到质变的过程,把原来认为的各种元素之间彼此孤立、互不相关的观点彻底打破了,使化学研究从只限于对无数个别的零星事实的无规律罗列中摆脱出来,从而奠定了现代化学的基础。

人物小传

〔门捷列夫〕(1834—1907)俄国化学家。建立的元素周期分类法,揭示了元素的化学性质之间的内在联系,成为大部分化学理论的骨架。

惊心动魄的爆炸

——诺贝尔与炸药

蒸汽机的出现，使人类社会从手工时代进入机械时代，社会一下子向前推进了许多年，工矿交通突飞猛进地发展起来。制造机械需要钢铁，烧蒸汽需要煤，炼铁采煤需要开矿，开矿就需要威力强的炸药。修水库、建河坝、修铁路也需要炸药劈开山谷、凿通隧道……

炸药有两种截然相反的作用，破坏力大，生产力也大。一方面，开矿要用它炸开矿石，修路靠它劈开山谷、凿通隧道、扫除障碍，修水库、建大坝靠它移山填海……另一面，用它装填炮弹、炸弹，不知毁坏多少房舍、农田、村庄，夺取多少人的生命……建设者需要它，战争狂也喜欢它。

自它一出世，两种作用就兼而有之。蒸汽机推动着钢铁业和采矿业，人们到处找矿，铁矿石、煤靠炸药源源不断地开采出来。资产者为争夺资源、市场打得你死我活，都想找到摧毁力更强的武器。于是，炸药便应运而生。

炸药源于中国的火药，但比火药的威力大得多。

这里说的就是炸药和引爆物——雷管的发明者。

早晨，太阳刚刚升起，淡淡的月牙还没有消逝，熙熙攘攘的人群已经开始活动。突然，平地一声雷，震得人们耳根子发麻，清晨的静谧顿时变得无影无踪了。远处，教堂钟楼的大块玻璃轰然坠落，人们感到地面在颤动，许多人都以为发生了地震，胆小的人纷纷祈祷上帝保佑……

城东的诺贝尔家族住宅附近，发生了一场罕见的爆炸。属于诺贝尔家族的大平房实验室，随着一声巨响变成一片瓦砾。进行实验的5个人全部死于非命，老诺贝尔的小儿子埃米也在这次爆炸中丧生。炸药的爆炸力是人们从未见过的。

当市政厅方面公布爆炸情况后，城内的百姓们简直要造反了。原来，诺贝尔一家正在研究一种爆炸力极强的硝酸甘油，因操作不慎引起爆炸。谁愿意躺在炸药桶旁睡觉呢？愤怒不已的邻居们简直要将诺贝尔一家赶出城去。市政厅当即发布命令，禁止在城里搞实验，否则将驱逐诺贝尔一家。

政府明令禁止在城里制造炸药，他们只好把设备搬到距斯德哥尔摩较远的马拉湖面的一只平底船上。人们都说诺贝尔一家全疯了。其实，诺贝尔一家是热衷于科学技术，沉浸在炸药研究中的发明家族，从老诺贝尔开始，这个小工厂主就献身于技术发明，直到阿尔弗莱德创立不朽的诺贝尔奖金。诺贝尔家族历经磨难，为科学事业做出了卓越的贡献。

老诺贝尔是一位献身科学技术的发明家。当他在瑞典苦心经营的小工厂毁于火灾之后，他便远离祖国和妻儿，到俄国寻求生路。在俄国，老诺贝尔从事机械发明和研制炸药。他的研究成果受到俄国方面的赏识，但好景不长，俄国皇室的政治动荡使他的事业难以为继。

年近60岁的老诺贝尔回国后，重整旗鼓，和他的3个儿子一起研制炸药。父亲不屈不挠的性格被阿尔弗莱德继承。当阿尔弗莱德看到硝酸甘油具有威力无比的爆炸力时，就决定认真研究这种炸药，将它用于矿山开凿和运河挖掘等工程建设上去。从此，阿尔弗莱德·诺贝尔就与不断的爆炸结下了不解之缘。

阿·诺贝尔初次见到硝酸甘油，是在俄国的圣彼得堡。当时，俄国化学家齐宁教授向前来请教的诺贝尔父子演示了硝酸甘油的爆炸性。很少的硝酸甘油在锤击下发生猛烈爆炸，给诺贝尔留下了极深的印象。

为了控制硝酸甘油的爆炸，首先必须发明引发装置。经过研究，诺贝尔发现要硝酸甘油爆炸，必须把它加热到爆炸点或以重力击发。1862年，诺贝尔用火药引爆硝酸甘油获得成功。诺贝尔把硝酸甘油装在玻璃瓶里，再把装满火药的锡管放入，然后装进火药引爆。

诺贝尔终生忘不了那最早的一次安全爆炸。清晨，小河畔还弥漫着白茫茫的雾气，诺贝尔兄弟3人一起来到小河边，由阿尔弗莱德点燃导火线，然后丢入水中。猛然间，传来了一声刺耳的金属爆裂声，显然它的爆炸力远大于一般火药，这次实验的成功使诺贝尔坚定了研制烈性炸药的决心。可是，随后不久的猛烈爆炸，就使他们失去了最小的弟弟埃米，并且被迫迁移到湖中小船上进行实验。

这时，诺贝尔利用雷酸汞具有稍经打击或震动立即爆炸的敏感特性，制成了引爆装置——雷管。一天，诺贝尔在马拉湖岸边进行引爆实验，远处观望的人们亲眼目睹了诺贝尔从死神手中挣脱的情景：敏捷的诺贝尔刚刚轻手轻脚地将实验装置安装完毕，转身走开，还没有走开多远，就听到"轰"的一声冲天巨响，炸药卷起了浓重的黑烟、尘土，人们都以为这回诺贝尔肯定完了，可是，谁知满脸血污的诺贝尔却出人意料地从硝烟中跑了出来，兴奋地喊道："雷管试验成功了！"

有了引爆烈性炸药的雷管，诺贝尔开始生产硝酸甘油。社会迫切需要烈性炸药，诺贝尔工厂的产品供不应求。然而，一连串的大爆炸，又使诺贝尔面临绝境。硝酸甘油遇到剧烈震动，就会引起爆炸，当时人们对炸药的危险性一无所知，随意处理硝酸甘油，而不知死神正伴随自己。不久，报警的信函如雪片一般涌向诺贝尔。

1865年12月，一名商人带着10磅硝酸甘油，住进纽约一家旅馆，突然的爆炸令屋毁人亡，连地基也炸出一米多深坑。

1866年3月，悉尼一家货栈贮存的两箱硝酸甘油爆炸，一声巨响，货栈片瓦无存。

1866年4月，"欧罗巴"号轮船运载硝酸甘油因爆炸而沉入海底，船上人员无一幸免。

人们恐慌、怀疑、抵制和咒骂的话语向诺贝尔涌来，大有黑云压城城欲摧之势，坚毅的诺贝尔也为之焦虑不安。但是他没有像发现硝酸甘油的索布莱洛那样痛悔不已、手足无措地去向上帝祈祷宽恕。他坚信新炸药的优越性一定能为工业发展带来极大的益处，眼前的困难一定能够克服！

怎样才能解决烈性炸药的安全性问题呢？经过日夜奋战，诺贝尔想出了两种安全措施，最终解决了硝酸甘油的安全性问题。运用硅藻土吸收硝酸甘油的方法，诺贝尔制成了固体炸药。试制成功以后，诺贝尔亲自去各处表演。

1867年7月14日，英国北部矿山矿石贮存场的平地上，挤满了企业界的要人和好奇的观众，他们谨慎地俯身在一道拦水坝后，惊恐地向前眺望着。

只见诺贝尔的几个助手，用废枕木点燃一堆篝火，然后，诺贝尔从容地把10多磅重的炸药，放在熊熊烈火上。围观的人们心惊胆战，他们深知不安分的硝酸甘油的威力，有些人吓得闭上了眼睛……

过了一会儿，诺贝尔又跑到贮存场边缘的断崖旁边，当他将10磅多重的炸药箱丢到二三十米深的断崖下时，许多人吓得俯卧在拦水坝后。不论是火烧、还是撞击，新炸药都安然无恙。诺贝尔又将炸药埋入一个废洞里，用引爆剂引爆，炸药使碎石乱飞、地面颤动……

诺贝尔用铁的事实证明新炸药的威力和安全性能，以解除了人们的疑虑，挽回了不良影响，新炸药赢得了人们的信任。从此以后，诺贝尔的炸药又广泛地应用到工业、矿业、交通业之中，全世界到处都响着诺贝尔炸药那震耳欲聋的爆炸声。

1896年12月10日，孤独的诺贝尔在意大利西部的疗养胜地悄然死去。他留下遗嘱，将多达3300多万瑞典克朗的遗产建立了诺贝尔奖金，奖励那些为人类共同利益而奋斗的科学家、医学家、文学家以及为人类和平而努力的和平主义者。

诺贝尔奖金虽然不是世界奖赏中数额最高的，但它推动了科学技术的进步。20世纪以来，诺贝尔科学奖获得者走过的道路，就是现代科学技术发展的历史轨迹。

人物小传

〔诺贝尔〕（1833—1896）瑞典化学家、工程师和实业家。临终遗嘱将大部分财产捐给瑞典科学院作为基金，1901年首次颁发了诺贝尔奖。

揭开微观世界之谜

——巴斯德与微生物

19世纪30年代初,在巴黎,一种人称"虎列拉"的恶性瘟疫肆虐流行。虎列拉就是霍乱,它几乎毁灭了整个法国,而且危及了欧洲,使人大量死亡。仅巴黎的60万居民中,就死了3.8万人。直到20世纪30年代,霍乱仍在中国的某些地区流行。医务人员确定瘟疫的主要发源地是亚洲的恒河湾,染病的原因之一是饮水,特别是因饮用生水。后来人们也不敢喝井水,连泉水也不敢喝了,只能靠酒活命。

整整过了半个多世纪,虎列拉这个害人魔头才被科学制服,人们欢呼雀跃,在欢喜之中却淡忘了一位著名科学家的功绩。历史告诉人们,是征服神奇的细菌世界的勇士——路易·巴斯德追踪虎列拉,发现虎列拉致病菌螺旋菌,挽救了芸芸众生。

路易·巴斯德1822年出生在法国多耳的一个制革工人家庭。父亲是拿破仑军队的退伍军人,他希望自己的儿子将来能成为一个学者和教授。巴斯德从小聪明伶俐,富有极强的进取心,特别是在考取巴黎高等师范学校时的表现尤为突出。

巴黎高等师范学校是法国人才辈出的名牌学校,培养了一大批世界知名的学者专家。允许报考这所学校本身就是一种荣誉。在进入该校的竞争考试中,巴斯德只排在第十六位,巴斯德拒绝入学,他要准备得更充分一点儿,然后再去就读。1843年,他再次参加入学考试,取得了第四名的优异成绩。

大哲学家维根斯坦曾经说过:"天才并不比任何普通的人有更多的光,但是他有一个聚焦光至燃点的特殊透镜。"巴斯德的特殊透镜就是他的坚韧和执着。毕业后,巴斯德首先在酒石酸方面(酿酒过程中产生的一种有机酸)的研究成果,引起了学术界的瞩目。他勇敢地推翻了当时的化学权威对酒石酸结晶体的已有论断,得出了酒石酸结晶同质异晶的结论。这一结论引起了巴黎大学物理教授普伊雷的重视。在普伊雷的大力举荐下,巴斯德来到巴黎大学当化学教授,他以他的勤勉和才华博得了学术界的尊敬。

1854年,巴斯德离开巴黎大学,来到法国著名葡萄酒产地里昂任职。不久,他发现了发酵的奥秘,这使巴斯德从此踏入细菌的神奇王国。

人们都有这样的常识,啤酒和葡萄酒开瓶后,不及时饮用会变质,其原因,巴斯德在到里昂后不久就查明了。那时,他在法国里昂的一家酿酒厂任科学顾问。当时各酒厂经常发生酒变质的问题,因而使酒厂蒙受巨大经济损失。巴斯德通过实验发现,在酿酒过程中,由于酵母菌的作用,水蒸气和酒蒸汽在这里分离,然后冷却。问题正是出在这个环节,冷却后的酒蒸气往往会发酸变质,用显微镜观察,巴斯德发现,酒变质时,圆形的酵母菌消失了,出现另一种杆状菌,巴斯德给它们取名乳酸杆菌。它们是使酒变质不能饮用的罪魁祸首,怎么办?

巴斯德发明了加热灭菌法。把刚酿好的酒缓缓加热到55℃,以杀死酒中的乳酸杆菌,然后塞紧瓶塞,保证酒不再发酸变质。"巴斯德消毒法"杜绝了酒质变酸的事故。

这些历史性的发现,不仅仅给生物学开辟了一个新纪元,同时也给医学开拓了一个新天地。

在解决了酒变酸之后,巴斯德又应蚕农们的要求解决了养蚕业的蚕病问题。这时的巴斯德已经成为一位闻名遐迩的大化学家。他由酒变酸和蚕病都是微生物所致联想到,威胁着千百万人生命的狂犬病、斑疹伤寒、霍乱、黄热病以及禽畜的瘟疫等,可能也是细菌等微生物作祟的结果。巴斯德要证实这一点,于是他又有了新的研究目标。然而,真正促使他走上医治疾病道路的,是他终生难忘的那两件事情。

在阿莱斯治疗蚕病的某一天夜里,一个种植葡萄的人敲响他家的门。正打算就寝的巴斯德在砖石铺地的前厅接待了他。"我的女儿病了,病得很重。巴斯德先生,您能不能去看她一下?"

"可是我并不是医生啊!"

"等我去城里请到医生,我的女儿大约要死了,她喘得厉害……"

"先生,我没有权力给您的孩子治病,因为我只是一名化学家。"

"您不是治好了蚕病吗?"

由于巴斯德治好了法国南部加尔省的蚕病,在蚕病重灾区阿莱斯巴斯德已成为一位传奇式人物,人们把他看作是一个高明的医师,一位像魔术师一样的能人。

虽然打发走了葡萄种植者,但他的话却一直萦绕在巴斯德的耳畔。"您不是治好了蚕病吗?"

葡萄种植者的论断并不完全对。治好蚕病,至多不过指出防止蚕生病的方法罢了。然而,难道不能由此看到更广阔的前景吗?难道不能通过消灭致病细菌、微生物来抑制传染病吗?

当致病菌还没远离人类的时候,战争却向人们推进了。

1870年,普鲁士和法国的战争已经将战线推进到巴黎附近。战争期间,最凄惨的工作就是救护那些伤员。在巴黎的圣蒙特罗医院,巴斯德看到了上百个伤员等待救治,手术室里,十几个外科大夫组成的手术小组在给伤员做截肢和清创手术。

在乙醚的麻醉作用下,一切手术都在安静的环境中进行,听不到病人的叫喊声。然而,巴斯德却通过他的显微镜看见病菌造成的感染正从一个病床蔓延到另一个病床,从一个伤口传染到另一个伤口。细菌在大量繁殖,使伤口不断化脓发臭,形成坏疽。不到24小时内,大部分手术病人几乎都被"医院手术的通病——败血症"夺走了生命。当时,医院手术人员还没有无菌操作的概念,就连著名的医生都相信细菌自生说,成千上万的伤员因此而丧生。

巴斯德再也坐不住,他不愿意只作一个显赫的化学家了,他要成为一个医生。他曾经写道:"看来,我非得同时研究化学和医学两种专业不可了!"

巴斯德用几只头部细长、容易封口的圆底烧瓶,其中盛上极易变质的液体——啤酒酵母液。然后,用沸煮法消毒,杀死液体中可能含有的一切细菌。当液体沸腾时,他封闭了瓶口,制成了一个绝对纯净的无菌区。只要瓶口封着,液体就能在几个月甚至几年内长时间地保持不变。倘若打开瓶口,让载有细菌的空气进入瓶内,几小时后,就可以看到液体变质。显微镜显示出,在变质的液体内,细菌确实在大量繁殖。他用无可辩驳的事实,证实了自己的观点。

医学界逐渐接受了巴斯德的科学观点,不再重复使用脏纱布,手术刀使用前用火烧一下。最后演变成成套的消毒除菌技术,挽救了无数的伤病员。

巴斯德从事医学研究不久,就把精力集中到发现各种致病菌的实验研究上了。1878年夏天,巴斯德确定恶性炭疽病的致病菌为炭疽菌(一种杆状细菌）。不久，又发现致病种类繁多的葡萄粒子菌，它可以引起瘰疽、疔疖、咽喉炎和各种脓疮，它又是世界上散布极广、危害范围极大的细菌之一。

巴斯德在研究禽类霍乱的病理实验过程中，还发现了动物的接种免疫能力，后来又扩展到畜类的炭疽病免疫方面。巴斯德的研究促进了各国科学家对致病菌的研究。

1885年巴斯德发现了欧洲人谈虎色变的虎列拉病原菌——霍乱螺旋菌，为最终根治霍乱立下了汗马功劳。

一天，一个叫布埃尔的军队老兽医，送给巴斯德两条疯狗，希望他研究为什么疯狗咬人会造成人的死亡。

实验研究十分艰难，最终巴斯德证实，狂犬病毒不仅存在于动物的唾液里，其大脑内病毒含有量更高。虽然那时巴斯德还无法分离狂犬病毒，但是他仍然坚信能制成抗狂犬病的疫苗。

经过3个月反复不断地研究，巴斯德在法国巴黎科学院宣布：继炭疽病和虎列拉之后，狂犬病也有了它的疫苗。

1885年7月6日，9岁的梅斯特来到巴斯德的住所，这个孩子被疯狗咬伤手、足、肩和大腿等10多处。别的医生诊断后都宣布这孩子无活命希望了。巴斯德用他发现的方法给他接种了疫苗，最后小梅斯特在巴斯德的治疗下复原了。巴斯德的第二个病人，也同样得到了成功的治疗。他的初步成功，轰动了整个欧洲，人们纷纷把病人送到巴斯德这里，他是世界上唯一能把他们从狂犬病中挽救出来的人。人类从此再也不用害怕狂犬病了。

人物小传

〔巴斯德〕（1822—1895）法国化学家，微生物学家。提出分子不对称性理论，开创了立体化学，发明了低温杀菌法。

神奇的电影开映了

——电影发明者卢米埃尔兄弟

现在,由于电视走进千家万户,人们去电影院的次数已大大减少了。但就在20年前的中国城市,电影却是人们业余生活的一个必不可少的部分,尤其是孩子们,对电影更为喜爱。

喜爱是喜爱,但对于电影的历史,知之者甚少。算起来,电影至今已有100多年的历史了,从最初的无声电影,到音像电影,从黑白片到彩色片,从二维画面发展成立体电影、全景电影……它越来越精美了。

但是,万事开头难,第一部电影上映时,是个什么样子呢?

1895年12月28日下午,卢米埃尔兄弟在巴黎卡普辛路14号,第一次公开售票放映电影。尽管当时所放映的电影片子内容极为简单,而且没有声音,可它还是使"全场观众都看得出了神,每个人都为这样的效果惊叹不已"。从此,人类社会又出现了一种年轻的艺术娱乐形式,它是科学和艺术高度结合的产物,是集生物医学、光学、电磁学和机械学、感光化学于一身的综合性科学技术的应用。

电影的产生还得从1824年英国生物学家、医生罗吉特的研究和发现说起。

17世纪,江湖艺人发明了一种"转画风车"的表演玩具,它是一种依靠机械旋转力量使两幅不同画面产生重叠现象的玩具。当时,这种玩具被人带到英国以后曾风靡一时,吸引了许多人对它进行研究和仿制。

罗吉特医生在研究中发现,人的眼睛有这样的功能:外界的视觉对象消失以后,视觉本身并不马上消失,而是保留一定时间,当然这是很短暂的时间,这就是后来被人们称之为"人眼视觉暂留现象"的科学理论。这一发现为电影诞生奠定了坚实的科学基础。

1830年,法国普拉德等人发明了可以演示活动影像的"机械式转盘"。该转盘是在同一转轴上装上两个圆形硬纸板,其中一个剪开若干空心细条缝儿,另一个等距离画上若干鸟儿不同姿势的连续飞行动作。轴转时,纸板上的鸟儿依次快速通过空心细条缝儿时,人们所看到的就是鸟儿翱翔的动画了。

1845年有人将"机械式转盘"装进幻灯机,制成了活动幻灯。它成为电影的雏形。

从活动幻灯跨进电影时代,需要克服3个的技术难关。首先是电光源方面的技术;其次是电影机械方面的技术;第三是摄影方面的技术。有了技术之后再把三者综合起来,才能形成电影技术。

美国发明家爱迪生,从1878年开始研制白炽灯的成品,他试验了1600种物质,进行了几百次实验,1879年10月21日,终于发明了电灯。爱迪生的电灯可连续点燃40个小时,它是现今白炽灯的雏形。这样,电光源方面的技术发展,为电影技术提供了基础。摄影技术的成熟,则使电影成为现实。

18世纪末,瑞典化学家舍勒发现了具有感光性能的氯化银。1799年,英国化学家发现了硫酸钠溶液能够溶解氯化银的化学反应,为显影和定影的技术打开了理论的大门。

从此,摄影技术一日千里地飞速发展起来。1827—1839年,法国化学家兼画家德克拉,摸索出一套比较成熟的"银板照相法"技术。但它不仅价格昂贵,还存在着严重缺陷,就算照一张普通相片,人也要在强光下纹丝不动地坐上半小时。1851年,英国弗赖埃发明了珂罗版感光法,使感光拍照时间缩短到几秒钟,这是现代摄影技术的前身。

从此以后,照相技术又经历了溴化银干版法、赛路璐胶片、照相机快门等技术突破,达到了可以随意拍摄运动物体镜头的程度。随着摄影技术的发展,一大批职业摄影师出现了,他们的实践为人类跨入电影王国的门槛累积了丰富的经验。

18世纪中叶,运用照相机拍摄的照片与活动幻灯结合,可使影像活动起来。1888年,法国人玛莱终于制成世界第一架连续摄影机,但拍摄速度还不够快。

1894年,爱迪生制成了一种名为"电影视镜"的装置。它里面可以装一盘15米长连续照片的胶片,每秒放映40~60个画面,它用蓄电池作电源,用白炽灯作光源,用电动机和齿轮皮带带动影片转动,每场放映10分钟,可供一个人观看里面的电影。电影视镜在欧洲各地巡回演出。有一天,法国发明家卢米埃尔兄弟在巴黎观看了神奇的电影视镜,这给兄弟俩极大启示,他们跟着电影视镜放映小组跑了几天,总算看清了视镜箱子的内部构造。然后,他们又考虑到应该使用电动机拉动电影胶片,这样既省力,拉动胶片的速度又平稳均匀,卢米埃尔兄弟俩开始了自己的创造设计。

经过反复调试、改进,卢米埃尔兄弟制成了新型电影放映机,经过反复试验,效果十分理想。他们邀请亲朋好友到自己的实验室观看"电影",大家兴奋不已,经过几次请求和商量,兄弟俩终于在一家小咖啡馆里安放了银幕和放映机。人们听说喝咖啡还放"电影活动画面",一些被好奇心驱使的人,终于坐进了咖啡馆。

电影出现了。人们奔走相告,不久电影风靡巴黎,风行世界。在此基础上,1916年有声电影问世;1940年彩色影片又宣告问世,色彩斑斓的画面、生动感人的情节和高超神奇的特技,使看电影成为人们不可缺少的娱乐活动了。

人物小传

〔卢米埃尔兄弟〕(1862—1954,1864—1948),电影的发明者。1892年摄制了人类历史上第一部电影。

玻璃管的贡品

——阴极射线、X射线及放射性的发现

如今稍具规模的医院,都有放射科,里面安装X光机,对许多疾病,特别是骨科疾病的诊断,帮助极大,给医治病痛带来极大方便。

第一个发现X射线的是德国物理学家伦琴。因为是偶然发现,对它还几乎一无所知,就好像数学中的未知数一样,所以称它为"X射线"。不过,一般人不知道,伦琴第一次发现X射线时,曾被惊吓得出了一头冷汗,你知道这是为什么吗?

早在18世纪上半叶,德国学者文克勒和其他研究者用一架发电机,使抽去部分空气的玻璃瓶内部产生了光。他们记录下了这种放电现象,但没有予以深究。

1836年,伟大的科学家法拉第也注意到低压气体中的放电现象。他曾经想试验真空放电,但是,因为缺乏获得高真空的技术方法和手段而未能如愿。

不久,德国波恩大学教授尤利乌斯·普吕克尔提出了这样的问题:当电在不同气压下通过空气和气体时,会发生什么现象呢?为了得出正确答案,普吕克尔需要一些有关的试验设备和装置。首先需要玻璃管,并且在管的两端封口装上输入电流用的金属体,其次需要能把玻璃管内的压力减少到最低值的抽气泵。

普吕克尔在波恩一个制作物理和化学仪器的手工坊找到了技艺高超的玻璃工盖斯勒。

1850年,盖斯勒成功地制造出含有稀薄气体放电用的玻璃管,普吕克尔十分高兴地邀请盖斯勒参观他的实验。细心的盖斯勒发现玻璃管放电发光的亮度不同,与玻璃抽成真空的程度有关。普吕克尔迫切渴望真空设备,盖斯勒也早就对传统的机械式抽气泵和流水式抽气泵不满意了,于是盖斯勒决心改造传统抽气泵,研制新的抽气泵。

经过大量研究试验,他改造了流水式抽气泵,研制成功一种简单、可靠、实用的水银泵,用它几乎可以抽掉玻璃管中的全部空气。用水银泵抽成真空的放电管,使普吕克尔完成了对低压放电的研究。后人为了纪念这位玻璃工,便将低压放电管称为"盖斯勒管"。现代的发光文字和霓虹灯广告就是以盖斯勒管为基础发展起来的。

普吕克尔利用盖斯勒管进行了一系列的低压放电实验,发现了阴极射线。他为盖斯勒管阴极管壁上出现美丽的绿色辉光所倾倒,这使他把研究方向转向了研究盖斯勒管本身。

1868年,普吕克尔去世。他没有能够把实验进行到底,普吕克尔的学生希托夫和英国物理学家威廉·克鲁克斯继续普吕克尔的事业。他们分别独立地运用水银泵制成高真空放电管,后来人们称其为"希托夫—克鲁克斯管"。

希托夫研究的是高真空放电所产生射线的主要性质。希托夫—克鲁克斯管的真空度高,放电时没有辉光。在管中,从阴极发射出的一种射线碰到玻璃管壁或者硫化锌等物质,会发出荧光。这种发光现象被称作"冷光"现象。这种从阴极发射出的能产生荧光的射线,被物理学家正式命名为"阴极射线"。

这一研究成果,引起了整个物理学界的极大兴趣。希托夫—克鲁克斯管的出现,使科学家更方便、更深入地研究起阴极射线来了。

正是阴极射线的发现才导致了X射线、放射性和电子等一系列重要研究的发现。在研究阴极射线的人群中,德国物理学家威尔海姆·伦琴脱颖而出。

他师从当时著名物理学家库思德,学成回国后担任巴伐利亚州维尔茨堡大学物理学研究所所长。在此期间,他发现了具有极强穿透力的X射线,从而名扬天下。

伦琴发现X射线以前,已经有一些人观察到这一现象,只不过没有引起足够的重视罢了。克鲁克斯曾多次发现放在阴极射线管附近的照相底片会感光,但是他认为这只是偶然现象,并没有给予重视。伦琴谨慎细心,独具慧眼,所以成了发现X射线的幸运者。

自从担任维尔茨堡大学物理学研究所所长以后,伦琴一直研究阴极射线。由于希托夫—克鲁克斯管在低压放电时没有辉光产生,那么随之而来的检测阴极射线是否存在的问题就被提出来了。

1894年,一位德国物理学家改进了克鲁克斯管。他把阴极射线碰到管壁放出辉光的地方，用一块薄铝片代替原来的玻璃，制成阴极射线管。结果，阴极射线管中发射出来的射线，穿透薄铝片射到外边来了。

这位物理学家用铂氰化钡（一种荧光物质）涂在玻璃板上，制造出能够探测阴极射线的荧光板。当阴极射线碰到荧光板上时，荧光板就会在黑暗中放出耀眼的光亮。

伦琴在重复上述实验时，发现了奇迹。他为了防止荧光板受偶尔出现的管内闪光的影响，用一张包裹相纸的黑纸，把管子包得严严实实。在黑暗中，伦琴打开阴极射线管的电源。当他把荧光板靠近阴极射线管上的铝片洞口时，荧光板顿时亮了，距离稍远一点，荧光板又不亮了。

伦琴从中发现了阴极射线的一些新性质。原来，射出的阴极射线只能在空气中跑很短距离，距离一远，就被空气吸收了。同时，伦琴看到，阴极射线只能穿过薄铝片，而不能穿过玻璃。

为了进行验证实验，伦琴把一个完整的梨形阴极射线管包裹好，打开开关，顿时出现了奇异现象：尽管阴极射线管一点亮光也不露，但是放在远处的荧光板竟然亮了起来。伦琴十分惊奇，他让他的夫人帮他拿着荧光板，一个完整手骨的影子突然魔术般地出现在荧光板上。因为手骨的影子很自然地令人想到骷髅，更何况是在漆黑的夜晚，又事先毫无思想准备，伦琴额头上冷汗顿出，一时弄不清自己是在做实验还是出现了幻觉。

伦琴当然不会放过这个稍纵即逝的奇特发现，他立即开亮电灯，仔细检查后，又重新做起实验。奇妙的光线又被荧光板捕捉到了，他让夫人把手放到阴极射线管和荧光板之间，完整的手骨影子又出现在荧光板上。这是事实，从未报道过的事实。伦琴激动得要晕过去了。

第二天，伦琴经重复实验确定无误之后想，它肯定不是阴极射线，因为它能穿透玻璃、遮光的黑纸和人的手掌，其能量是很大的。阴极射线不可能穿透玻璃。

为了检验它还能穿透哪些东西，伦琴几乎把手边能拿到的东西都拿来了，木头、纸板、橡皮、金属片……经过多种物质的验证，这种未知的神奇光线全把它们穿透了。最后只有铅挡住了它的进攻，伦琴还发现这种射线能使包在黑纸中的照相底片感光。

伦琴对神奇的光产生的现象了解得越来越多，但是对它产生的原因、性质却知道得很少。伦琴感到这种神奇的射线对人类来说还是一个未知领域，为了吸引更多的人研究它，伦琴将他发现的神奇射线命名为"X射线"。

1895年12月18日，伦琴宣布了自己的研究成果，并且出示了用X射线照出的手骨照片。4天后，一位美国医生就用X射线发现了伤员脚上的子弹。于是，X射线成了神奇的医疗工具。

从1895年到1896年，人们沉浸在X射线之中，都按照自己的理解去对待X射线。绝大多数人都认为，不管X射线是怎样产生的，肯定与荧光物质有关。这也难怪，因为人们对X射线产生中荧光板的作用印象太深了。

1896年1月，法国物理学家昂利·贝克勒尔在参观X射线照片展后决定来解决这一问题。如果说，德国伦琴演奏了19世纪末物理大发现乐章的序曲，那么，贝克勒尔肯定要演奏主旋律了。

贝克勒尔家族一直在研究荧光、磷光等发光现象。为了证实X射线与荧光的关系，他从父亲那里找来荧光物质铀盐，立即投入实验。他很想知道铀盐的荧光辐射中是否含有X射线，他把这种铀盐放在用黑纸密封的照相底片上。昂利从小就看见爸爸用阳光中的紫外线激发荧光物质，进而获得荧光。他想，黑色密封纸可以避阳光，不会使底片感光，如果太阳光激发出的荧光中含有X射线，就会穿透黑纸使照相底片感光。

1892年2月，贝克勒尔把铀盐和密封的感光底片，放在太阳光下一连照射了几个小时，结果发现铀盐使底片感了光！重复的实验也证实了以往的设想。为了稳妥起见，贝克勒尔又用金属片放在密封感光底片和铀盐之间，因为X射线是可以穿透它们使底片感光的。如果不能穿透金属片就不是X射线。这样做了以后，他发现底片仍会感光。

这似乎更能证明，铀盐这种荧光物质在照射阳光之后，除了发出荧光，也发出了X射线。但是，事实上贝克勒尔的感光实验确实和他开了一个天大的玩笑。不久，他的一次偶然发现，推翻了他自己的结论。

2月里的巴黎，几天来一直阴天，贝克勒尔只好把准备好的实验用品放在桌子的抽屉里。一连几天，太阳没有出来。可是，底片冲洗出来时却是感了光的。

铀盐不经过太阳光照射，也能使底片感光。善于留心实验细节的贝克勒尔一下子抓住了问题的症结。贝克勒尔慎重地又重新做了实验，一切和以前一样，只是不再让铀盐和底片曝光了。冲洗感光底片的结果显示，铀盐不需要阳光照射也能使底片感光。

从此，贝克勒尔开始怀疑他已拟就的报告结论了，他决心一切推倒重来。不过，这次他又增加了几种荧光物质，实验结果很快出来了。其他荧光物质不论是否用阳光照射，都不能使感光底片感光，而铀盐不论是否用阳光照射，都能使底片感光。

问题再明显不过了，贝克勒尔进行的实验说明，底片感光不是荧光物质发射 X 射线的结果，而是一种新的射线在作怪，是它使底片感光，这种射线源就是铀盐。

此后，贝克勒尔便把研究重心转移到研究含铀物质上面来了，他发现所有含铀的物质都能发射出一种神秘的射线，他把这种射线叫作"铀射线"。

贝克勒尔的发现吸引了众多科学家的注意。波兰科学家居里夫妇，就冲向深入研究铀矿石的最前沿。居里夫妇经过千辛万苦，相继提炼出钋、镭等放射性元素，引起全世界的高度重视。

X 射线的发现，把人们引向了一个完全陌生的王国——微观世界。放射性的发现，则为我们打开了通向原子内部的大门。

人物小传

〔普吕克尔〕（1801—1868）德国数学家和物理学家。提出了影响深远的对偶理论，并进一步发展了现代电子设备，还发现了阴极射线。

〔伦　琴〕（1845—1923）德国物理学家，因发现 X 射线而获得首届诺贝尔物理学奖。

〔贝克勒尔〕（1852—1908）法国物理学家。因发现天然放射性，与居里夫妇共同获得了 1903 年度诺贝尔物理学奖。

寻觅真正的"宇宙之砖"

——约瑟夫·约翰·汤姆逊发现电子

阴极射线的发现，引出了 X 射线和放射性两个轰轰烈烈的事件，形成了两次强烈的冲击波，使物理学家欢欣鼓舞。此后一年，又一项关于阴极射线的伟大发现，再次震撼了整个科学界。

这就是英国物理学家约瑟夫·约翰·汤姆逊于 1897 年发现的电子。

阴极射线的发现和关于它的性质的初步研究，立即使物理学家们猜测到阴极射线很可能就是电流本身。如果真是这样，那么只要再进一步研究阴极射线的本质，就可能在很大程度上，揭示出电的本质。这一假设吸引着众多的科学家。当伦琴埋头研究 X 射线时，物理学界正在热火朝天地讨论着"阴极射线究竟是什么"的问题。

物理学家们的认识分成了两派：一派以德国物理学家赫兹为代表，认为阴极射线是一种类似光的电磁波。另一派以英国物理学家克鲁克斯为代表，认为阴极射线是一种带负电的粒子流。他拿了一块电磁铁接近真空管，阴极射线的方向改变了，这说明阴极射线是由带电粒子组成的；他又把正电场放在真空管下，结果阴极射线向下偏斜，说明阴极射线的粒子带负电。

1895 年，法国物理学家佩兰，通过让阴极射线进入电屏的实验，有力地支持了阴极射线是带负电的粒子流这一论点。

约瑟夫·约翰·汤姆逊接任第三任卡文迪许实验室主任以后，对阴极射线进行了多年的研究。汤姆逊十分赞同克鲁克斯的观点，他认为阴极射线是一种动能极大的微粒子。但要进一步弄清阴极射线的本质，就必须称量出阴极射线中一个带电粒子的重量。

汤姆逊不仅使阴极射线在磁场中发生了偏转，而且还使它在电场中发生了偏转。他利用电场和磁场来测量这种带电粒子流的偏转程度，从中计算出带电粒子的重量。同时他还观察到，无论改变放电管中气体的成分，还是改变阴极材料，阴极射线的物理性质都不改变，这表示来源于各种不同物质的阴极射线粒子都是一样的。

汤姆逊通过实验还发现，除阴极射线外，在其他许多物体运动变化中，也会遇到这种粒子。例如，把金属加热到一定温度，金属受紫外线照射时，也会发射带负电的粒子。

1897年2月，汤姆逊得出了"称量"的结果：阴极射线粒子速度每秒10万公里，它的质量只有氢原子质量的一千八百四十分之一，它带的电荷量与法拉第电解定律计算出的数值基本相同。于是汤姆逊采用了1874年英国物理学家斯通尼提出的名词——电子，把阴极射线的带负电的粒子命名为"电子"。从此，电子作为电的不连续性结构的最小粒子而被科学界承认了。电子不再是一个抽象概念，而是一个人们新发现的实实在在的物质粒子了。

开始人们不相信汤姆逊的研究，因为物理学家一直确信，原子是自然界中最小的微粒，古希腊哲人甚至把原子尊称为"宇宙之砖"。

时间不长，物理学家又测量出在光电效应和放射性衰变中获得的带负电粒子的电荷质量，在所有的情况下计算都得到了相同的数值。这些实验事实，坚定了物理学家们的信念，他们确信自然界存在比原子更小的粒子，真正的"宇宙之砖"该是电子。

电子是世界上极轻的运动粒子之一。大约1024亿个电子合起来，其重量也不足1克的千分之一。但是，无数个电子汇集成电流，以接近光速的速度运动，成为新时代的动力，为生产自动化开辟了道路。

人物小传

〔约瑟夫·约翰·汤姆逊〕（1856—1940）英国物理学家。发现了电子，从而推动了原子结构知识的革命。后来他被称为"分离原子的人"。

贮藏室里的奇迹

——居里夫人与镭的发现

玛丽娅·斯可罗多夫斯卡娅,即著名的居里夫人,被誉为"镭的母亲"。她1867年11月7日出生于俄国沙皇侵略者统治下的波兰首都华沙,父亲是华沙高等学校的物理学教授,使她从小就对科学实验产生了兴趣。

1891年,她到巴黎继续深造,获得了两个硕士学位。学业完成后,她本打算返回祖国为受奴役的波兰人民服务,但是,与法国年轻物理学家皮埃尔·居里的相识,改变了她的计划。1895年,她与皮埃尔结婚,1897年生了一个女儿,一个未来的诺贝尔奖获得者。

居里夫人注意到法国物理学家贝克勒尔的研究工作。自从伦琴发现X射线之后,贝克勒尔在检查一种稀有矿物质"铀盐"时,又发现了一种"铀射线",朋友们都叫它"贝克勒尔射线"。

贝克勒尔发现的射线,引起了居里夫人极大兴趣,射线放射出来的力量是从哪里来的?居里夫人看到当时欧洲所有的实验室还没有人对铀射线进行过深刻研究,于是决心闯进这个领域。

理化学校校长经过皮埃尔多次请求,才允许居里夫人使用一间潮湿的贮藏室做理化实验。在摄氏6度的室温里,她完全投入到铀盐的研究中去了。

居里夫人受过严格的高等化学教育,她在研究铀盐矿石时想到,没有什么理由可以证明铀是唯一能发射射线的化学元素。她根据门捷列夫的元素周期律排列的元素,逐一进行测定,结果很快发现另外一种钍元素的化合物,也能自动发出射线,与铀射线相似,强度也相像。居里夫人认识到,这种现象绝不只是铀的特性,必须给它起一个新名称。居里夫人提议叫它"放射性",铀、钍等有这种特殊"放射"功能的物质,叫作"放射性元素"。

一天,居里夫人想到,矿物是否有放射性?在皮埃尔的帮助下,她连续几天测定能够收集到的所有矿物。她发现一种沥青铀矿的放射性强度比预计的强度大得多。

经过仔细研究，居里夫人发现，这些沥青铀矿中铀和钍的含量，绝不能解释她观察到的放射性的强度。

这种反常的而且过强的放射性是哪里来的？只能有一种解释：这些沥青矿物中含有一种少量的比铀和钍的放射性强得多的新元素。居里夫人在以前所做的实验中，已经检查过当时所有已知的元素了。居里夫人断定，这是一种人类还不知道的新元素，她要找到它！

居里夫人的发现吸引了皮埃尔的注意，居里夫妇一起向未知元素进军。在潮湿的工作室里，经过居里夫妇的合力攻关，1898年7月，他们宣布发现了这种新元素，它比纯铀放射性要强400倍。为了纪念居里夫人的祖国——波兰，新元素被命名为"钋"（波兰的意思）。

1898年12月，居里夫妇又根据实验事实宣布，他们又发现了第二种放射性元素，这种新元素的放射性比钋还强。他们把这种新元素命名为"镭"。可是，当时谁也不能确认他们的发现，因为按化学界的传统，一个科学家在宣布他发现新元素的时候，必须拿到实物，并精确地测定出它的原子量。而居里夫人的报告中却没有钋和镭的原子量，手头也没有镭的样品。

居里夫妇决定拿出实物来证明。当时，含有钋和镭的沥青铀矿，是一种很昂贵的矿物，主要产在波希米亚的圣约阿希姆斯塔尔矿，人们炼制这种矿物，从中提取制造彩色玻璃用的铀盐。对于生活十分清贫的居里夫妇来说，哪有钱来支付这件工作所必需的费用呢？他们的智慧补足了财力，他们预料，提炼出铀盐之后，矿物里所含的新放射性元素一定还存在，那么一定能从提炼铀盐后的矿物残渣中找到它们。经过无数周折，奥地利政府决定馈赠一吨废矿渣给居里夫妇，并答应若他们将来还需要大量的矿渣，可以在最优惠的条件下供应。

居里夫妇的实验室条件极差，因为顶棚是玻璃的，夏天，实验室被太阳晒得像一个烤箱；冬天，又冷得像个冰窖。居里夫妇克服了人们难以想象的困难，为了提炼镭，他们辛勤地奋斗着。

有了原材料，居里夫人立即投入提取实验。她每次把20多公斤的废矿渣放入冶炼锅熔化，连续几小时不停地用一根粗大的铁棍搅动沸腾的材料，而后从中提取仅含百万分之一的微量物质。

他们从1898年一直工作到1902年，经过几万次的提炼，处理了几十吨矿石残渣，终于得到 0.1 克的镭盐，测定出了它的原子量是 225。

镭宣告诞生了！

居里夫妇证实了镭元素的存在，使全世界都开始关注放射性现象。镭的发现使科学界爆发了一次真正的革命。

居里夫人以《放射性物质的研究》为题，完成了她的博士论文。1903 年，居里夫人获得巴黎大学物理学博士学位。同年，居里夫妇和贝克勒尔共同荣获诺贝尔物理学奖。

继镭的发现之后，另一些新的放射性元素如锕等也相继被发现。探讨放射性现象的规律以及放射性的本质成为科学界的首要研究课题。

人物小传

〔**居里夫人**〕（1867—1934）法国物理学家。因发现了钋和镭，获得诺贝尔物理学奖，对现代物理学的发展起了突出的作用。1911 年 12 月，居里夫人获得了诺贝尔化学奖，她是第一个两获诺贝尔奖的科学家。

永不消失的电波

——马可尼与无线电的发明

每年 4 月 25 日,是"世界海上无线电服务马可尼日",青少年朋友们,你们知道它的来历吗?这是为了纪念马可尼对无线电事业所做的杰出贡献而设置的。

马可尼 1874 年 4 月 25 日出生于意大利博洛尼亚城,在著名的博洛尼亚大学学习物理。在马可尼的学生时代,德国物理学家赫兹用自己设计的实验证明了电磁波的存在,同时还向人类表明它是可以无线传播的。虽然,在赫兹的实验装置中,电的发射源和接收源之间的距离是微不足道的,但它却启发人们,用电进行无线通信是可能的。

用电进行无线通信的关键,是扩大赫兹实验装置中电的发射源和接收源的距离。在赫兹实验的鼓舞下,物理学家开始了对扩大电波传播距离的研究。不久,法国物理学家布冉利研制的金属屑玻璃管电波接收器,在 140 米以外的地方,接收到发射源发来的电磁波。

法国布冉利的实验,引起了英国科学家洛奇的兴趣,他改进了布冉利装置,成功地在 800 米外接收到了用莫尔斯电码发送来的信号。

马可尼刻苦攻读了赫兹、布冉利等人的电学著作,同时找来当时所能找到的实验设备和仪器:多路火花放电器、感应线圈、莫尔斯电报键和金属屑检波器。1894 年,马可尼首先实验了无线电室内传导信号,使电铃响了起来。他是在自己家里做无线传导信号实验的。门铃就是接收器,他一按发射器的按钮,门铃就会响起来,弄得母亲大惑不解,因为听见铃声去开门,每次门外都是空无一物。

同年的秋天,无线电波冲出了房间,在小阁楼的实验室与 2.7 公里外的山丘之间,马可尼成功地进行了通信实验,实验的进展使马可尼万分高兴。由于父亲的坚决反对,马可尼缺少继续做无线电实验的经费,他写信给意大利邮政部长要求予以资助,遭到拒绝。最后,在母亲的支持下,马可尼来到英国寻求舅舅的帮助。

幸运的马可尼后来得到英国邮电部门普利扶斯总工程师的支持和帮助。1896年,马可尼的发明取得了英国政府的专利。在普利扶斯总工程师的支持下,无线电通信实验十分顺利。1897年,他在南威尔士越过布里斯托尔海峡,至索美寒得丘陵高地之间,进行通信实验表演,收发报之间的距离已达15公里以上。普利扶斯非常高兴,他幽默地说:"人人都知道鸡蛋,但只有马可尼把鸡蛋立了起来。"

1897年5月间,马可尼的无线电通信实现了从海岸到船只等活动目标之间的通信实用化。同年,马可尼无线电报公司在伦敦成立,马可尼兼任董事长。

1897年,马可尼成了欧洲的知名人物,意大利政府盛情邀请马可尼回国。不久,他回国为意大利建立了一座陆上电报通信电台。1898年,马可尼无线电装置正式投入商业性使用,成功地为《每日快报》报道了有关金斯汤帆船比赛的情况。

在19世纪的最后几天,马可尼的无线电信号第一次跨越了100公里的距离。无线电传播的距离到底有多长,马可尼关心,电视电报公司更关心。19世纪下半叶,全球性的有线通信网络基本建成,无线电业务的迅速扩大必然对有线电报公司造成威胁,当马可尼提出让电波从欧洲飞越大西洋到达美国时,当即遭到来自四面八方的反对。

物理学家认为,光是直线传播的,不可能绕过地球表面的曲面,拐弯到达美洲。一些数学家也错误地从理论上证明,无线电波的长距离传送是根本不可能的。诸如此类的反对意见并没有动摇马可尼的决心。

经过长达两年的对实验装置的改进,无线电收发装置灵敏度逐步提高,抗干扰性能增强了,发射机波长调谐装置研制成功了,天线高度日益提高。1901年在英属牙买加的康沃尔,一座高达52米的电波发射塔竣工。随即,马可尼赶往加拿大的纽芬兰,用几只巨大的风筝把接收天线升到122米的高度,万事俱备了。预定的发报时间到了,经过紧张的调谐、匹配、去干扰,1901年12月12日,一组莫尔斯电码中的"三点短码"代表"S"字母,飞越了2000多公里,成功地传到了大洋彼岸。人类第一次实现了跨越大西洋的无线电通信,望着译电员译好的电文,马可尼流出了喜悦的热泪。

美洲轰动了，欧洲轰动了，世界轰动了。此后无线电事业迅速发展，各国纷纷建造电台，连大洋中航行的航船，也纷纷安装无线电装置。

电波本是直线传播的，它怎么拐弯到达美洲了呢？当时马可尼也说不明白。后来人们才知道包裹着整个地球的大气电离层像镜子反射光线一样，把无线电波反射到了美洲大陆。

1933年10月的一天晚上，美国一群科学家宴请马可尼，马可尼即席表演的无线电通信，发出的SSS传号，经世界6大电台接转后再回到原地，绕地球一周仅用了3秒钟！其神速令世人惊叹！

无线电开始成为全球性的事业，马可尼为人类无线电事业打开了大门。

1937年7月20日马可尼病逝。为了纪念他对人类的贡献，国际海上无线电协会把马可尼的诞生日命名为"世界海上无线电服务马可尼日"。

人物小传

〔马可尼〕（1874—1937）意大利物理学家，实用无线电电报系统的发明者，被誉为"无线电通信之父"。1909年因其对无线电报技术的贡献而获诺贝尔物理学奖。

原子时代的先驱

——德国物理学家普朗克

19世纪末,许多科学家运用牛顿力学原理,成功地研究了流体、弹性体的运动规律,创立了力学的新分支——流体力学、弹性力学;天文学家运用牛顿力学的原理,正确地计算了哈雷彗星的回归时间,并发现了海王星……牛顿力学已经被视为"完美无缺的理论"和科学真理的顶峰,物理学界的许多人都完全沉醉在完美而和谐的气氛之中,悠然自得。德国的一位物理学家却对牛顿力学所建造的物理学大厦的完美性提出了质疑,开始研究黑体辐射问题并正确地解释了这一难题,悄悄地把世界带入原子时代。这个人就是德国柏林大学物理学教授马克斯·普朗克。

普朗克是一位卓越的理论物理学家,他致力于热力学的研究,于1900年提出了一种崭新的理论——量子论。这种理论表明,自然界中存在着这样一些变化,它们的发生不是平稳的,而是跟踪跳跃的"爆炸"式的。

这个理论动摇了人们对整个自然界变化的传统看法,有关能量连续变化的观念再也不能被认为是正确的了。这一理论的提出,使物理学发生了一场重大的革命。正是由于它的诞生,现代物理学才发展起来。"量子论"被公认为是经典物理学和现代物理学的分界线,普朗克因此荣获了1918年诺贝尔物理学奖。

普朗克于1858年4月23日出生在德国基尔的一个知识分子家庭,父亲是法学专家,担任基尔大学教授。他生活在学术气息浓厚的家庭里,从小就接受良好的家庭教育,养成了踏实的学习态度。

普朗克天分很高,成绩总是名列前茅。他爱好数学,也爱好音乐,尤其对音乐更加迷恋。他几乎把所有课余时间都消磨在钢琴上,这引起了父亲深深的忧虑。虽然普朗克喜欢音乐,但他在冷静地思考和父亲的劝说下,终于忍痛割爱,放弃了音乐,选择了数学,走上了钻研自然科学的道路。

中学的时候，普朗克遇到一位对学生循循善诱的物理老师，使他对物理学逐渐产生了兴趣。中学毕业后，他先后就学于慕尼黑大学和柏林大学，接受著名的物理学家赫兹和基尔霍夫的指导，打下了相当坚实的物理学基础。

普朗克大学毕业之后，就开始了物理学研究。他系统地自修了著名物理学家克劳胥斯的《热力学》，为其中深奥的理论所吸引，于是，他确定以热力学第二定律作为自己博士论文的题目。

当普朗克这位 21 岁的博士候选人在进行论文答辩时，他怎么也没有想到，著名化学家阿道夫·冯·拜耳对他竟是极为蔑视的态度。拜耳是一位充满经验主义情绪的化学家，他认为理论物理学是完全空洞的科学，也是"投机的东西"。

过了一年，他又写出了《各项同性体的各种温度下的平衡状态》一文，经答辩，他获得讲授理论物理学的权利。

1885 年春，他被基尔大学聘请为理论物理学副教授。这时，理论物理学还属于一门新的学科，选修的学生较少，这就使他有更多的时间去从事新课题的探讨和研究，并为他后来提出的辐射理论打下了基础。

普朗克从 1896 年开始热辐射的研究，他的研究，利用了许多德国物理学家的工作成果。例如，基尔霍夫的热力学方法，威里·维里的辐射定律等。而普朗克正是在这些工作的基础上继续研究，引导量子物理学通过了这座大门。

在热辐射的研究中，他发现，发热的物体都会发出光线，这些光线不一定都能被肉眼看到。极高温的物体可能发射出可见光或其他肉眼看不见的光；低温的物体，可能只会放出红外线。

这个理论，可应用在高温物体的温度测定上。当物体的温度很高，普通的温度计已经不能使用时，我们可以分析物体放出的光线，来测得物体的温度。大体上说，颜色愈接近白色的光，温度就愈高。灯泡中的发光钨丝，通电后可达 2800℃ 的高温。

普朗克在研究发热体辐射光线时，产生了一个疑问，"地球上的万物或多或少都具有温度，如果根据已知的理论去计算，物体即使只有少量的热，也会发出非常强的光。这么说，几乎每种东西都是发热的。可是，事实并非如此。"他仔细地检查计算过程，发现并没有错误，于是，大胆地指出前人理论错误的地方，在科学上引起了相当强烈的震撼。

光和热有密切的关系，普朗克在对这一问题深入研究后，指出："光在某些方面具有粒子的特性，一束光线所含的粒子，如同机关枪打出的子弹一般，是一个接着一个往外发射的，每个粒子都带有能量。"

光的本性是什么，光是粒子还是波呢？科学家们进行了长期的争论，事实是某些波动理论难以说明的光学现象，可以用粒子的理论来说明；可是，有些现象只能用波动理论来解释，而不能使用粒子的理论来说明。对光的本性争论，一直持续了200多年，仍然没有得到统一的结论。

1900年10月19日，普朗克开始论证一个新的辐射公式。1900年12月14日，他终于论证完了他的公式，提出了著名的"普朗克量子公式"。在这个公式中有一个重要常数h，叫作"普朗克恒量"，即"普朗克常数"。量子论从此诞生了，正是它开辟了一条通往原子时代的崭新的道路。

量子论的诞生是科学发展史上的一个重大事件，它促进了其他科学的发展。著名物理学家爱因斯坦当时正在瑞士研究相对论，他看过普朗克的论文以后，发觉量子论可用来解释光电学上的某些疑问。他用一束强光照射到金属板上，结果有电子从金属板上弹出，如果用更多的光来照射金属板，就有更多的电子被弹出来，这项实验证明了量子理论的正确性。如果用波动的理论来解释，增加照射光束，应该是使电子的速度加快，而不会使电子数量增加。

爱因斯坦非常钦佩普朗克的才华，对于量子论的推广不遗余力。后来，他到柏林大学任教，成为普朗克的至交好友，而柏林大学有了普朗克和爱因斯坦这两位物理学大师，立即成为当时世界物理学的研究重地。

普朗克的量子论打开了量子力学的大门，把科学引入原子时代。这个伟大的成就不仅为他赢得了诺贝尔物理学奖，还使他被公认为英国皇家学会最高级的名誉会员，并且被选为美国物理学会名誉会长。德国政府为了纪念他在科学史上的卓越贡献，将恺撒威廉学院改名为"普朗克学院"，同时将德国最高科学奖定名为"普朗克奖章"。

人物小传

〔普朗克〕（1858—1947）德国物理学家。量子物理学的开创人和奠基人，1918年诺贝尔物理学奖得主。代表作有《热力学讲义》及《理论物理学导论》。

开创现代技术革新的先河

——电灯的发明者爱迪生

在科学发展史上，恐怕没有人像托马斯·艾尔瓦·爱迪生那样，其独创性的发明和改进涉及如此广泛的领域：从照相感光技术到建筑材料，从军事航海到印刷制版，从灯光照明到真空包装食品，从电话到电报，从股票交易到输配电系统，从打字机到留声机……简直五花八门，无所不及。而这一切又都极大地影响了当时以至后来的人类的生存状况，改变着人们的生活、工作方式。

爱迪生最伟大的发明，几乎都和电联系在一起。也就在录音机器诞生以后的两年，他开始了电灯泡的研究。

一直到 19 世纪末，人们的照明能源主要还是煤气。1835 年，俄国出现了煤气灯，直至 1892 年，一种加了白炽网的煤气灯仍大行其道。从 1802 年俄国人彼德罗夫在实验里发现电弧光到巴黎剧院采用电弧灯，大约经过了 40 年。电弧灯虽然极亮、极耀眼，但要让它平衡平稳和恒定地发光却很难。常常是两只相对的炭棒顶端因为高热烧尽后，电弧强度便减弱了，最后完全熄灭，灯的寿命很短。后来有人发明了调节器，让燃烧后距离变远的炭棒再回到原来的位置上。但是这种电气照明仍少有人采用，据说 1877 年的时候，全世界经常在用的电弧灯只有 80 盏。原因是灯的功率太大，费用昂贵。也有人在开始试验用在高温下不变形的燃烧物做发光物体。1840 年，最早的电池发明者格罗夫，用白金做的白炽灯，其熔点在 1750℃，但这种灯的价格依然十分昂贵。科学家们开始寻找别的能通过电的作用发出白炽光的东西，人们把注意力转向了碳。

碳有耐高温和不熔解的特性，其软化点在 3300℃，而且它比白金更容易找得到。但碳在高温时若与氧化合则会完全烧掉，所以必须要制造出真空的灯泡。

回顾电灯的发明史可以看出，很长时间电灯泡都没有走出实验室，直到爱迪生的工作，终于使它走向了实际使用的广阔之路。

白炽灯的普及还要感谢爱迪生的亲密助手查尔斯·比奇勒，他在制造真空灯泡方面功不可没。在此之前，已有人制成过抽去空气的白炽灯。那是先在作灯泡的那一头接上一根管子，管子里装满水银，把管子没有封口的另一头放进装水银的容器中，当水银流出管子时，灯泡就形成了真空。但这样远远不够，灯丝很快又被烧坏了。查尔斯·比奇勒帮助爱迪生实现了一个构想，用空气泵的方法提高真空度。这种方法已能使烧瓶中的空气达到百万分之一。在解决了真空问题后，爱迪生开始寻找适于做灯芯的材料。

1879年的10月，爱迪生和他的助手查尔斯·比奇勒一起踮着脚尖轻轻走进他们的实验室。这么小心翼翼是因为他们正在做一项实验：制造适于做灯芯的碳丝。它是这样的：用一根缝纫用的线，小心地将它扎在一根白金丝上，然后把金属块放进一个刻有一定形状细槽的金属块内，上面再盖上一块金属，然后把金属块放进炉子。在加温的过程中，棉丝就会慢慢碳化。碳化的棉丝非常脆弱，所以他们要非常小心。

做碳丝的时间很长，为了这根灯丝，一头扎进实验室的爱迪生已经很久没有睡觉了。他常常是在实验过程需要等待的时候，蜷缩在墙角或干脆在空着的工作台上打个盹儿，已经好几天没有回家了。

到了下午，金属盒里的棉丝终于变成了碳丝，它已经根据刻槽的模子变成了马蹄形。他们小心翼翼将它封进一个玻璃球，再用空气泵抽去球里的空气。10月21日，爱迪生把灯的电路接通——灯亮了！为测定这个灯泡的亮度和寿命，爱迪生不断地加强电流强度。几乎在接近金刚石的熔点的温度，灯才被烧坏熄灭了，灯丝燃烧了13个钟头。他们成功了。

为了这项实验，爱迪生常常一连几个小时在强烈灯光下工作，得了眼睛疼的病，以至于要服用吗啡才能入睡。

爱迪生决定展示一下他的电灯泡。12月21日的《纽约先驱报》发表消息，十分详尽地介绍了爱迪生在真空白炽灯上工作的各个阶段和制成碳丝灯的全过程。报纸最后说，"期待已久的爱迪生电灯第一次公开演示将于新年前在门罗园举行……科学和整个文明世界急切地等待这天晚上获得的良好结果。"消息发表后，整个科学界轰动了，也有不少人对此将信将疑，一定要亲眼目睹才相信这是真的。

开创现代技术革新的先河

  一直过了 10 天，到了圣诞节前夕，爱迪生用灯把自家屋子和实验室照得通亮，并用灯装点了整个门罗园。那天，从纽约开来好几趟火车专列，大约有 3000 多人赶着涌进门罗园。其中有不少有名的社会活动家，他们要来看一看"用电线悬挂在树上的电灯放出奇异的光"。那天的情景可以想象：人们"噢、噢"地惊叹着，摩肩接踵，兴奋不已，表情惊喜，场面轰动，盛况空前！

  这天晚上，有 700 盏灯照亮了门罗园。

  1931 年 10 月的一个月朗星疏的夜晚，爱迪生告别了他的实验室。他死于糖尿病、肾病和胃病以及一辈子艰苦的精神与体力支出。

  爱迪生留给这个世界的遗产是令人回味无穷的。他的留声机既是唱机，也是第一台口述录音机。他的电话与录音机连接，又成为第一台应答机。他的电灯、用水泥预制板造房子的建筑方法、由电灯引领出来的发电机、电动机、输配电系统、照明系统等等——称之为"爱迪生效应"的发明，已在本质上预示了我们今天的生活方式。尽管爱迪生的一些发明在同时代也有人已经开始，尽管他的许多发明都建立在其他人的工作基础上，但这都丝毫不影响这位伟大发明家因在人类科学发展史上的杰出功勋被人们一致尊敬。

人物小传

  爱迪生（1847—1931）美国发明家，电灯的发明者。电灯的出现影响了人类的生存状态，改变了人们的生活、工作方式。

望梅止渴并非笑谈

——巴甫洛夫与条件反射

望梅止渴的典故出自《世说新语》。曹操带兵出征,时逢酷暑,军士口渴难耐,聪明的曹操心生一计,用马鞭指着前方说:"那里有一片梅林,赶快前进,到那里歇凉。"将士们听了,不觉口生津液,口渴得以缓解。我们每个人都有这种体会,一想到酸,唾液就会不自觉地分泌出来。这种生理现象,一位著名的科学家给它取了个名字:"条件反射"。这位科学家就是巴甫洛夫。

巴甫洛夫1849年9月14日生于俄国一个叫作里亚山的小乡村。父亲是一位心地善良的乡村牧师,自幼就十分注意对小巴甫洛夫的培养教育。一次小巴甫洛夫跟着父亲到一农家,为一个因饮食不良消化失常的孕妇做临终祈祷。回家途中,小巴甫洛夫晃动着他那稚嫩的脑袋感慨地问:"爸爸,有万能的上帝存在,你救不了她的命吗?"

"我救不了她的命,但愿上帝能救得了她的灵魂。孩子,俄国的医疗水平太差了,死于疾病的人太多了,我们实在无能为力。"

不久,小巴甫洛夫进入圣彼得堡的一所大学,学习自然科学。在他毕业前夕,他的一个亲密学友死于庸医之手,这件事给了他很大震动,他决心放弃自然科学的学习,改学医学。在朋友的帮助下,巴甫洛夫进了军医学校。

在圣彼得堡军医学校,巴甫洛夫从零开始,矢志不渝,取得了各门功课全部优秀的学习成绩。1883年,34岁的巴甫洛夫毕业于军医学校,鉴于他的学业成绩,特别是生理学成绩超群,因而学校留他以见习医生的身份继续研究生理学。巴甫洛夫全心地研究消化生理学。经过不断的失败和挫折,他养成了严谨的科学态度和灵巧的手术技能,这为他工作得以顺利进行提供了重要保证。军医学校充足的研究经费和优良的实验条件,很快使巴甫洛夫脱颖而出了。

有一天,巴甫洛夫正要去实验室进行实验,走在半路上,学校的校工跑来告诉他一封来自德国的信件等着他去签收。他心里感到很纳闷，自己在德国并没有熟悉的人，怎么会有信来呢？当他剪开信封一看，才知道是德国生理学界权威卡尔·鲁德威教授的来信。他在研究生理学时曾经多次阅读鲁德威教授的著作，今天，收到这位生理学权威人士的信函，真是喜从天降。

原来，鲁德威教授在一本科学杂志上看到巴甫洛夫发表的论文《腺之秘密》以后，对他大为赏识，他此次来信是为了询问详细的实验情况及巴甫洛夫的研究进展情况。巴甫洛夫激动万分地写好了回信，向鲁德威教授全面介绍了自己的研究进展及进一步研究设想。

1889年，巴甫洛夫应鲁德威教授的邀请，来到了生理学研究中心——德国柏林。这时巴甫洛夫对消化作用和脑神经作用之间关系的生理研究的成功，使他举世闻名。鲁德威及德国生理学家们热情劝说巴甫洛夫留在德国进行研究，为了了解德国同行们的工作并向他们学习，巴甫洛夫暂时在柏林居住了一段时间。

不久，圣彼得堡大学再三致函巴甫洛夫，邀请他回国担任实验医药学院生理研究所主任。巴甫洛夫看到俄国和欧洲科学研究的巨大差距，婉言拒绝了德国生理学家们的劝留，回到了圣彼得堡。

在圣彼得堡大学的生理研究所里，巴甫洛夫开展了神经系统的研究。他为了研究生理反射作用而饲养了几条狗，每天亲自喂食并进行实验观察。巴甫洛夫在狗的胃部做了一个瘘管，通过喂食、摇铃和唾液分泌之间的关系来说明动物条件反射现象。

巴甫洛夫每次给狗喂食时，同时摇铃并且从瘘管收集消化液。他观察到，喂食和摇铃同时化的训练可以在动物的大脑中建立条件反射。最终，只要动物听见铃声，即使没有食物，大脑也会让消化系统分泌出消化液。

巴甫洛夫采用严格的科学方法，以瘘管收集的消化液为指标，成功地证明了条件反射可以由训练得到，生物本身具备条件反射形成的生理基础。巴甫洛夫的条件反射理论影响甚广，涉及心理学、精神病学甚至教育学等。

在生理研究所，巴甫洛夫对血液循环的生理作用进行了深入的研究。在世纪之交，巴甫洛夫已经成为最伟大的生理学家。1904年，巴甫洛夫因对消化腺的功用理论研究，荣获诺贝尔生理学或医学奖。

1905年，俄国科学院选举他为最高级科学院士，1907年，英国皇家学会选举他为外籍会员。此后，包括牛津大学在内的世界著名大学，纷纷选派最优秀的学生前往俄国,跟随巴甫洛夫学习和研究医学生理学。

1908年后,巴甫洛夫讲授的每一小时的讲义,都立即被译成英、德、法文分发给各国学府,巴甫洛夫可谓桃李满天下。

1928年,科学界在伦敦隆重纪念解剖生理学家哈维诞辰350周年。在各国生理学家的联名邀请下,巴甫洛夫离开苏联,抵达英国。人们都认为巴甫洛夫堪称哈维再世,给予他最高的赞赏。

巴甫洛夫的条件反射理论,回答了神经系统在生理行为中的作用、机制问题,获得了20世纪初期生理学的最高成就。他的这一理论经维纳控制论充实,内容焕然一新,成为当代关于脑功能研究的重要组成部分。

巴甫洛夫是位一丝不苟的学者,他热爱科学,献身实验,井井有条和循序渐进地度过了自己的一生,为人类做出了重大贡献。

人物小传

〔巴甫洛夫〕(1849—1936)俄国生理学家,条件反射学说创立者。因对消化生理的研究而获1904年诺贝尔生理学或医学奖。

为人类插上翅膀

——莱特兄弟与飞机的发明

从第一架载人滑翔机算起，人类实现飞上天空的梦想已有150年了。150年来，航天事业的面貌日新月异，最初是以气流浮力为动力的滑翔机，进而出现以燃料为动力的飞机；先是木头机身的双翼机，继而是铝合金的单翼机；接着，又出现了喷气式飞机。飞机的速度也不断增快，现在，飞机的速度是声音速度的数倍。飞机的性能、设备越来越复杂、先进。飞机的用途也越来越广，载客的，运货的，测气象的，播种的，灭火的，杀虫的，当然，还有打仗用的，如歼击机、驱逐机、轰炸机、侦察机、加油机等等。每个机种，又有五花八门的型号。此外，还有像大蜻蜓般的直升机。

在飞机的基础上，人类又发明了宇宙飞船、航天飞机、人造卫星。不过，它们靠自身上不了天，需要威力极强的火箭把它们送入远离地球的宇宙空间。但它们仍然是飞机的延伸，而且速度比飞机不知快多少倍。

那么，世界上第一架飞机叫什么名字？它又是谁发明制造的呢？这就要从头说起。

莱特兄弟是美国俄亥俄州丹顿人。维尔伯·莱特1867年出生，比弟弟奥维尔大4岁。在童年时代，兄弟俩就形影不离。幼年时，父亲送给他俩一架会飞的竹蜻蜓，兄弟俩爱不释手，仿制了几架，都成功地飞上了天空。哥哥善于动手，弟弟善于动脑，二人合作，相得益彰。

由于家庭贫困，莱特兄弟俩失去了接受高等教育的机会，只能依靠修理当时刚刚在美国兴起的自行车维持生计。莱特兄弟从业之后，酷爱摆弄机械。一天，一则关于飞行失事惨剧的新闻报道，改变了莱特兄弟的生活道路……

谈起19世纪末的飞行失事惨剧的新闻报道，必须从飞行历史说起。从人类诞生之日起，就向往像鸟儿一样在天空上自由飞翔，各国古代的历史中都有关于模仿鸟儿飞行的趣闻轶事。1483年，意大利的天才科学家达·芬奇，分析了鸟的飞行原理，设计出蝙蝠翼飞机的图纸，但由于当时科学技术的限制，没有人能把他的设计变成现实。过了几个世纪，人们仔细观察了鸟的各种飞行动作，发现许多鸟有时在空中不用扇动翅膀，也可以滑翔飞行，这一现象给了人类很大的启发。

滑翔，是鸟类一种最简单的飞行动作，也是人类最容易模仿的飞行动作。1853年，英国发明家凯莱制成了第一架实用的载人滑翔机，不久载人滑翔机飞上了天空。从此，欧洲掀起了研制滑翔机的热潮。

时间到了19世纪最后10年，由于科学技术的进一步发展，人们进行滑翔机实验的热情更高了。当时许多著名的学者和机械发明家，都利用自己掌握的最新科学技术，投入到这一实验当中。其中以发明速射机枪而闻名欧洲的马克沁姆，发明涡轮蒸汽机的帕金斯等人最引人注意。然而，他们的滑翔飞行，都失败了。德国滑翔机实验大师李连达尔通过多年细致观察，总结了人类模仿鸟类飞行的各种方法，发表了一部轰动欧美的《鸟类飞行与人类飞上天空》的著作，他在书中详细地构想出人造翅膀的理想形状和构造。

当时，使李连达尔誉满欧美的不仅是这部著作，他精彩的滑翔飞行，更使大西洋两岸的人为之着迷。当李连达尔连续进行了2000多次滑翔飞行，成为人们心目中的空中英雄时，一股从侧后突然吹来的狂风使李连达尔机坠人亡，造成了19世纪著名的飞行失事惨剧。

当这一消息传到了莱特兄弟居住的地区时，他们兄弟俩决定继承李连达尔的事业。1896年李连达尔摔死的时候，大哥维尔伯·莱特已经29岁，小弟奥维尔25岁。他俩决定省吃俭用，用修理自行车挣来的钱从事航空飞行研究。从此，兄弟俩经常阅读、讨论有关飞行的报道和文献，关注着飞机研究的每一项进展。虽然莱特兄弟文化水平不高，但他们刻苦自学，不怕困难，善于钻研，逐步掌握了飞行的基本理论。

莱特兄弟不是鲁莽蛮干之人，他们总结前人试飞成功与失败的经验、教训，钻研刚刚问世的空气动力学理论，不断改善机械的动力结构，在1900年制成了当时最先进的滑翔机。滑翔机经过多次无人试飞，情况良好，于是兄弟俩按计划进行了载人试飞。载人试飞的成功，大大地鼓舞了莱特兄弟的斗志。他们俩进行连续的试飞实验,从 1900 年到 1902 年,莱特兄弟先后进行了 1000 多次滑翔飞行实验,获得了大量宝贵数据。

小奥维尔还在飞行中成功地实现了倾斜滑行、空中转弯等难度很大的驾驶动作,这是在当时被人们视为"拿性命闹着玩"的飞行动作。根据新的实验,莱特兄弟在 1902 年制成装有活动方向舵的滑翔机。这时,他们已经在滑翔飞行的探索中达到了世界领先的水平。

莱特兄弟深深懂得,光依靠无动力滑翔是不可能征服天空的,必须依靠动力才能完成真正的飞行。飞机的动力依靠什么呢?他们首先把目光落在了蒸汽机上。可是,当时再精巧的蒸汽机安装在滑翔机上也是庞然大物,于是他们就把研究方向转向了当时刚刚兴起的内燃机上。

从 1885 年德国人戴姆勒按奥托内燃机原理,研制成四冲程汽油机之后,本茨将汽油机用于汽车,产生了汽车工业。19 世纪八九十年代,汽油机的转数为每分钟 500~800 转;20 世纪初提高到每分钟 1000~1500 转,它具有安装在飞机上的可能性。

1903 年初,莱特兄弟在取得了大量滑翔飞行经验和数据之后,大胆计划在滑翔机上安装当时最先进的汽油活塞发动机。然而,他们两人关于汽油机的知识几乎等于零,只好从头学起。他们买来一台废弃的汽油机,卸下来再装上去,装上去再卸下来,最后总算掌握了汽油机的知识。但对于安装多大的发动机才合适,他们不清楚;发动机的功率与飞机有什么关系,他们也不知道。一切都要依靠实验。

为了测量滑翔机的运载能力,莱特兄弟一次次地往滑翔机上装沙袋进行实验,最后总算弄清楚了他们制造的滑翔机上的发动机重量不能超过 90 公斤。可是当时制造出来的最小发动机,也有 140 公斤重。没有合适的发动机就意味着永远只能滑翔飞行,怎么办?莱特兄弟又陷入了困境。

莱特兄弟最大的乐趣就是从事从"无中创造有"的事业,没有合适的发动机,"自己研制!"兄弟俩很快又变成发动机制造商。20 世纪初期,汽油机的制造已经是一门相当深奥的技术,莱特兄弟屡败屡战,以精卫填海般的坚定意志,从事着研制工作。他们终于感动了一位名叫狄拉尔的机械师。兄弟俩在狄拉尔技师的帮助下,经过许多曲折和艰辛,终于制造了一部 4 个冲程、12 马力、重 70 余公斤的汽油发动机。接着,他们又试制了螺旋桨。当他们把一切安装就绪，就等待机会进行试飞了。

仲秋时节，秋高气爽，万里无云，一个多么难得的试飞好天气呀！莱特兄弟心里十分高兴，看来胜利已经在向他们招手了。维尔伯转动螺旋桨，奥维尔启动汽油机、点火、给油、松开离合器，随即汽油机突突地运转起来，好兆头，飞机发动机启动十分成功。螺旋桨呼呼地飞速旋转着，奥维尔缓慢地把油门加大，然后放开了飞机制动器。飞机缓缓地向前驶去，速度由慢变快。奥维尔想操纵飞机由滑行进入爬升状态，他把操纵杆拉到了尽头，可是飞机仍在地上滑行。最后，这架不会飞的飞机撞到一个土堆上，停住了。试飞失败了，奥维尔失望地哭了起来。

奥维尔是一个性格外露的人，容易感情冲动。参加试飞的狄拉尔却从试飞中看出了门道，他认为不能光从减轻发动机重量这一个方面考虑问题，飞机本身的重量也要减轻。经过实验，减轻发动机重量和飞机自重的飞机可以在瞬间离开地面飞行一段短短的距离了。

1903年11月，一架用轻质木材为骨架、帆布为基本材料的双翼飞机终于制成了，莱特兄弟把它命名为"飞行者号"。该机以双翼提供升力，活动方向舵可以操纵升降和左右盘旋，汽油发动机推动螺旋桨，驾驶者俯卧在下层主翼正中操纵飞机。1903年12月17日，飞机试飞成功，极大地鼓舞了莱特兄弟。

从此，莱特兄弟一边调试改造飞机，一边进行飞行表演。莱特兄弟在全国各地的巡回表演，获得了巨大的成功。一转眼到了1908年，莱特兄弟的飞机性能已经有了很大的改进。这一年秋天，莱特兄弟应邀去法国进行飞行表演，创造了连续飞行2小时20分23秒的新纪录。

莱特兄弟发明的飞机在法国表演成功而获得公认后，飞机的研制才在欧洲，特别是在法国迅速发展起来。它使法国一跃而起成为世界飞机制造中心。1910年，德国人制造出金属飞机。1915年出现铝合金的单翼机。1926年人类驾驶飞机飞越了北极上空。德国人于1939年，英国人于1941年，先后制成涡轮喷气式飞机。1959年美国设计制造的波音707-321型喷气式客机首次从纽约飞越大西洋，直达伦敦，行程5000公里，开辟了喷气式客机飞越大西洋的定期航线。1960年，飞机速度达到了音速的3倍。

如今，航空事业已经高度发达，然而人们仍然牢记着莱特兄弟的功绩，他们的"飞行者号"被人们公认为世界上的第一架飞机。

人物小传

〔莱特兄弟〕维尔伯（1867—1912），奥维尔（1871—1948）美国飞机发明家。1903年制造和飞行第一架实用的飞机。

极 地 英 雄

——南极探险的斯科特

探险，带有冒险成分，意味着冒生命危险。所到之处，或形势险峻，无路可通；或环境险恶，人迹不至，生存极为困难。我们生存的地球，险境甚多，喜马拉雅山区、北极、南极、百慕大、塔克拉玛干都是极凶险之地。古往今来，葬身险境者何止一人！现在，人们又把探险的目光转向地球以外的天体。由于有了不惧牺牲的先驱者，人类才揭开险地的面纱，这里讲的就是为南极探险而献出生命的拓荒者。

长期以来，南极这片神秘的大陆，吸引了无数的科学家和探险者。然而，人们对南极大陆真正的了解，还是在19世纪30年代开始对南极进行科学考察之后。

1838年，科学家迪尔维尔率领法国探险队，前往南极地区进行广泛的调查，并于1840年初发现了一块陆地。

1841年，英国极地探险家罗斯接近南极海岸，并深入到南纬78度地区，创造了人类活动最接近南极的纪录。他的考察为后来的南极探险提供了重要资料。

1899年2月，英国一支考察队在南极地区罗斯海西岸维多利亚的阿德雷角，破天荒地度过了一个不平凡的冬天，并在那里一直工作到1900年1月。这支考察队由挪威的布赫吉列维克率领，共有9人。他们不仅采集动物、植物和矿物标本，还进行了气象、地磁、地质等科学观测。

布赫吉列维克考察队这次跨世纪之行，特别是在南极安全越冬的成功，极大地鼓舞了人类征服南极的勇气，提高了南极科学考察者的信心。

20世纪初期，继布赫吉列维克之后，有许多人向南极进发，他们争先恐后，展开了激烈的竞赛，为开垦地球这块最后的处女地贡献了自己的智慧甚至生命，涌现出许多英雄豪杰。探险家斯科特就是其中一。

罗伯特·斯科特原来是研究鱼雷的海军中校，后来成为一位经验丰富的极地探险家，也是一位勇敢坚定的科学考察者。虽然他是第二个到达南极极点的人，但他的名字和事迹却广泛流传。

1902年初，斯科特率领一支考察队到达南极地区的罗斯海，并在罗斯岛南端建立了越冬宿营地。同年年底，斯科特率领考察队向南极大陆内地进行考察，深入到南纬82度的地方。采集了大量的科学资料。这次考察使斯科特本人得到了锻炼，使他的经验更加丰富了，为他以后进军南极打下了重要基础。

1911年11月1日，斯科特又一次率领装备精良的探险考察队离开罗斯岛营房基地，开始向南极极点进军。斯科特把探险队员分成两队，一队在海上前进，有32个人；另一队沿陆地前进，陆上队伍有33人，配备33条爱斯基摩狗，15匹西伯利亚矮种马和两部摩托雪橇。

斯科特陆上队伍在行进途中，遇到很大的暴风雪，行程受到阻碍。斯科特觉得爱斯基摩狗和西伯利亚矮种马，同时在一起做运输工具很不适合，他决心甩掉一种而只留另一种，由于过分相信西伯利亚矮种马，而放弃了爱斯基摩狗。

他们继续前进，不久便在罗斯冰架上又遇到暴风雪的袭击，西伯利亚矮种马没有闯过这道难关，一个个全病倒了，只能拉着雪橇，缓慢前进，耽误了许多时间，耗费了很多精力。

他们越过南极横断山脉，爬上南极高原，在离他们的最终目标——南极极点250公里的地方，斯科特决定让最后一组支援队伍返回基地，留下4个伙伴——威尔逊博士、奥茨陆军上校、包尔斯海军上尉和海员伊文斯组成最后向极点冲刺的突击组。

1912年初，斯科特率领突击组继续前进。这次，他们遇到了从未见过的大暴风雪，突击队员艰苦跋涉、举步维艰。为了加快进度，争取时间，他们延长每天行进的时间，拼力地拖着沉重的雪橇向南极极点进军。斯科特和他的四位同伴，以惊人的毅力，战胜了暴风雪、饥饿和寒冷，走完全程，实现了夙愿。

1912年1月18日，斯科特和四位考察队员到达南极极点。斯科特兴高采烈，经过整整10年准备的计划终于实现了。然而，正当他们满心喜悦的时候，突然发现，已经有一支探险队比他们早36天到达了南极极点。最先到达南极极点的是阿蒙森率领的挪威探险队。阿蒙森也是著名的极地探险家,他曾经3次到北极地区探险。他身强力壮,对极地的风雪和严寒气候适应能力很强,还向居住在北极地区的爱斯基摩人学到使用爱斯基摩狗的好本领。

斯科特面对自己10年精心准备、79天艰难跋涉到达南极极点而屈居亚军的现实,神情非常沮丧。在返回基地的途中,天气变得越来越坏,暴风雪使他们躲进帐篷里,食物也日益短缺。伊文斯和奥茨因疾病和冻伤相继倒下,剩下3个人的速度也越来越慢,他们再也没有力量到达预定的埋藏食物的地点了。

1912年3月29日,他们终于为南极探险献出了生命,长眠在地球南端的冰雪世界。

斯科特考察队的坚毅勇敢和献身精神,显示了人类征服自然的伟大力量,他们的行动为后来的人们做出了光辉榜样。在极端困难的极地条件下和与死神争夺生命的搏斗中,他们始终没有抛弃精心采集的18公斤标本,并完好地保存了他们拍摄的大量照片和探险考察日记。斯科特和他的伙伴称得上是真正的科学考察者,是人类征服南极的第一批拓荒者。

1957年,美国在南极点建立了科学考察站。为了永远纪念斯科特和阿蒙森所率领的两支考察队最先登临南极极点的伟大功绩,美国把这个科学考察站命名为"阿蒙森—斯科特站"。

人物小传

〔斯科特〕(1868—1912)英国海军军官和探险家。曾3次赴南极探险,留有大量科学考察日记及采集到的地质标本,为人类征服南极提供了宝贵资料。

海陆分布觅源

——魏格纳与大陆漂移说

中国有句成语,叫"沧海桑田",这是说世界变化之巨大,本来是大海,却变成了农田,本来是人烟稠密的沃土,却变成茫茫大海。这本来是感叹人事变幻不定之语,无意中却合了海陆变迁的奥秘。"沧海桑田"之说,今天人们都确信不疑,地质考古的许多发现都为此提出了有力证明。例如,山谷中发现海洋生物的化石,说明上古时代此地曾是大海;有些地方海底逐年在升高,终有一天会露出海面,成为新的陆地。

现在的地球,有七大洲四大洋。四大洋互相连接,只能大致分出其所属水域,七大洲则有的相连,有的不相连。地球是如何形成这个样子的?自古以来人们就众说纷纭。其中最有影响的是"大陆漂移说"。

首创"大陆漂移说"的便是德国地理学家魏格纳。

阿尔弗雷德·魏格纳,是德国著名地质学家、天文学家、气象学家、地球物理学家和极地探险家,是现代全球构造理论的先驱,大陆漂移学说的创始人。1880年11月1日,他出生在德国柏林一个虔诚的天主教家庭里,从小就是个爱好冒险、喜欢幻想的孩子。

童年的时候,魏格纳就十分喜欢读探险家的故事。英国著名的探险家约翰·富兰克林探索西北航道,最后牺牲在通往北极圈的征途上的事迹,对魏格纳影响很大,富兰克林也成了他心目中崇拜的偶像。

19世纪末,探险家们的足迹已经遍及地球的每个角落,只有南极和北极,人们还没有涉足。那里,成为探险家们最有冒险意义的理想目的地。15岁时,魏格纳就下定决心,一定要超过富兰克林,到极圈内去探险。为了实现自己的理想,他认真地开始了准备工作。

一方面,他尽可能广泛地认真学习各种有用的知识,钻研天文、地质、气象学，阅读能找到的所有关于北极的书籍和资料。另一方面，他自觉地进行体育锻炼。为了使自己具有强健的体魄，魏格纳给自己制订了一个十分严格的训练计划。盛夏，太阳照得大地好像都要裂开了，他却常常背着沙袋到郊外步行十几公里。隆冬，他坚持用冷水洗澡，夜里睡觉从来不关窗户，有时甚至只穿着单衣站在冰天雪地里，一站就是几小时。只要一有暴风雪，他就出去滑雪，从不放弃任何一次机会，并且一定沿着预定的滑雪路线，不达目的绝不罢休。

他具有非凡的勇气和毅力，从小对自己的身心全面培养，为他后来成为20世纪最伟大的地质学家奠定了坚实的基础。

1900年，魏格纳在预科学校毕业，由于父亲的极力阻挠，他没能实现立刻去极圈探险的愿望，而是上了大学。当时欧洲科学界崇尚的是纯数学和经典物理学，可是魏格纳对此却一点儿也不感兴趣，他主要攻读的是天文学和气象学，去极圈探险仍是他坚定不渝的志向。

1906年夏天，魏格纳终于实现了他少年时代的远大理想，加入了著名的丹麦探险队，踏上了西北航道，来到了格陵兰从事气象和冰河的考察。他在酷寒的格陵兰岛生活了两年，长期观察、勘探使他发现一些奇异的现象——

"想不到冰冻得比石头还硬的冰河，竟然也会缓慢地移动，而且，地下居然还有煤炭层。"

这个发现令魏格纳惊奇不已，使他联想到许多问题——

"河流会改道，结冻千万年的冰河也会移动，那被汪洋大海所包围的世界各大洲，是不是也会在大自然的力量下漂移呢？"

"格陵兰位于北极圈内，根本没有高大的树木，地下的煤炭层是哪里来的呢？如果说是气候剧变，似乎是不可能的，莫非……莫非北极圈内的陆地是别处漂移过来的？"

"如果大陆会漂移，几十亿年前的世界到底是什么模样？"

魏格纳为自己解释不清这些问题而懊恼万分。

从格陵兰探险回来后，魏格纳被聘为马尔堡物理学院气象学讲师。他一边从事教学，一边更深入地研究那些令人头疼的问题。

1910年的一天，魏格纳到邻居塔可博士家聊天，两个人不约而同地又谈到了地形的变化问题。魏格纳说："我怀疑大陆是会漂移的，譬如，格陵兰岛就是从别处漂来的，否则，那么酷寒的地方，连矮灌木都不容易存活，地下怎么会有煤层呢？"塔可听了也不禁点头。魏格纳走到墙边，仔细地看着世界地图。看着、看着，他突然指着地图大叫："你看！你看！如果将非洲和南美洲这两块大陆拼在一起，正好可以相互接合哩！"听到魏格纳这么一说，塔可博士也很感兴趣地凑到地图前。魏格纳指着地图继续说："你仔细看，南美洲巴西的一块突出部分和非洲的喀麦隆海岸凹进去的部分，形状恰好相吻合。如果移动这两个大陆，使它们靠拢，不正好镶嵌在一起了吗？""确实如此！"塔可博士端详了半天，慢慢地说，"照地图看来，不但非洲和南美可以拼合，就连南极洲、北美洲和欧洲，都可以吻合地拼凑在一起。""对！"魏格纳兴奋得满脸通红，急促地说，"你说对了，格陵兰岛与加拿大的巴芬岛，不正好也吻合吗？这么说太古的时候，它们本来就是一个整体，并没有五大洲之分。"

魏格纳愈说愈觉得大陆漂移的可能性很大。为了肯定这个现象，他继续钻研，希望能找到足以证实大陆漂移的具体证据。

说来也巧，第二年秋天，魏格纳偶然看到了一篇论文，文中的大意是说，根据生物学和考古学方面的研究证实，南美洲和非洲等大陆的地层中都出现了小型恐龙的化石，可以推测这两块陆地在太古时代是以"陆桥"相连的。

魏格纳看了这篇论文，宛如拨云见日，脑子里顿时一片澄明。于是，他立刻着手研究大陆漂移说的理论。他从各大洲之间以及全球范围的联系中进行考察和探索，在浩繁的地质学资料的整理和对比中，寻找大陆漂移的重要证据。1912年1月6日，魏格纳在法兰克福召开的地质学会议上，首次发表了他的学说。他明确地指出："现在的美洲与非洲原本是相互连接的一块大陆，后来因地壳剧烈变动，导致这块大陆分裂成两片，形成了今日各自独立的两块大陆。"

大陆漂移说的发表，在全球地质界引起极大的震撼，许多科学家为魏格纳的卓见鼓掌喝彩，但也有不少人极力加以驳斥，称之为"幼稚、幻想的谬论"。

因为人们从来就认为大陆是不动、不变的，大陆会裂开又会漂移，这岂不是奇谈怪论吗？

魏格纳是个不肯轻易屈服的人，为了进一步证实自己的理论，他又多次前往格陵兰岛探险。在终年冰雪覆盖、气候环境极端险恶的格陵兰岛上，魏格纳度过了无数个艰苦的日日夜夜。为了他的大陆漂移说让人心服口服地接受，他苦苦地搜集证据，认真地思索着一个又一个问题，向世人揭示着地球上海陆变迁的奥秘。

1915年，他对大陆漂移问题又进行了系统、详细的论述，写下了不朽之作《海陆起源》。在这部书中，他犹如一位博古通今的高级导游，把人们带进"新迪斯尼乐园"，去参观古往今来海陆的迁移变化。

此书一出版，立即被翻译成英、俄、日、法等多种文字，大陆漂移说从此风靡全球。一些明智的学者已经估量到它的伟大意义，认为"这个理论一经证实，它在思想上引起的革命堪与哥白尼时代天文学的革命相比"。

但是传统的海陆固定学派已历经百年之久，根深蒂固，势力异常强大，他们是不会轻易放弃自己的理论的，而且还不断向大陆漂移说发动进攻。

魏格纳坚信自己的理论，他一面修改原著，进行再版，同时准备再一次重返格陵兰岛，试图察看新测量的格陵兰的经度，以获得它向西漂移的证据。

1930年4月，魏格纳率领着探险队第四次踏上了征服格陵兰的征途，并顺利抵达了格陵兰西海岸基地。当时，在格陵兰中部的爱斯密特基地里，有两名探险队员准备在那里度过整个冬天，以便观察天气，但是风暴和冰雪使补给运输一再耽搁。9月下旬，魏格纳决定亲自把装备补给从海岸基地运送到爱斯密特去。

他带领14个人乘雪橇顶风冒雪，在－65℃的酷寒中艰难地跋涉。当走了约160公里时，大多数人失去了前进的勇气，只有魏格纳和另外两个追随者绝不回头，最后他们终于胜利到达爱斯密特基地。

在爱斯密特基地，粮食和补给非常窘迫，他们继续留在这里就会增加补给困难，甚至出现断粮问题。11月1日，他在庆祝了自己50岁生日以后，决定冒险返回海岸基地，并发布了返回的消息。

为了爱斯密特基地同事的工作和生存，第二天，魏格纳就和一个向导乘两辆狗拉雪橇，向西海岸基地进发，从此就再也没有消息了。直到第二年4月，他的尸体才被搜索队发现，但是，他已冻得硬如石头，与冰河浑然一体了。

一个伟大的科学家就这样带着他那未竟的理想和事业，离开了人世。然而，可以慰藉死者英灵的是，科学界的一系列新发现，使大陆漂移学说终于得到了科学的解释,他的"大陆漂移说"与"海底扩张说"、"板块构造说"构成了地质科学的三部曲,为最终揭开一系列重大的地质奥秘奠定了理论基础。

人物小传

〔魏格纳〕(1880—1931)德国地质学家,天文、气象、地球物理学家。大陆漂移说的创立者。

变革科学世界的相对论

——物理学家爱因斯坦

20世纪40年代,美国普林斯顿的一次晚餐会上,一位十七八岁的少女问身旁一位满头银发的老者:"您是做什么工作的?"老者回答:"我在学习物理。"那少女大为惊讶:"您这么大年纪了还学物理?我在一年前就学完了。"

这位满头银发的老者便是"其伟大可以和牛顿相比,也许比牛顿更伟大"的著名物理学家爱因斯坦。

一提起爱因斯坦,人们便想到相对论,他是相对论的创立者。相对论很难懂,简单地说,时间、空间、运动都是相对的;而且是互相联系的,不是孤立的。时间的同时性也是相对于某一参照系来说的,是相对的;孤立地看地球,它的运动是不存在的,运动也是相对的。爱因斯坦经过复杂的数学推导和运算,最终得出相对论的结论。

相对论有什么作用呢?它使传统物理学发生了革命性的变化。牛顿提出的一直被人们深信不疑的"绝对空间""绝对时间""绝对运动"等概念被根本否定了,它还带来认识论方面的巨大变革。

根据相对论,爱因斯坦推导出一个公式:$E=mc^2$(E 表示能量,m 代表质量,c 代表光速),也就是说,物体的能量相当于质量和光速平方的乘积。这么说,在特定条件下,物体的能量会大得惊人,因为光速是每秒30万公里,其平方,该有多大!这一发现,向人们揭示了原子内部所蕴含的巨大能量,成为原子核物理学的理论基础之一,为人类利用核能提供了理论依据。

阿尔伯特·爱因斯坦,一位举世闻名的大物理学家,1879年3月14日出生在德国南部乌尔姆城的一个犹太家庭中。父亲开了一家小厂,经营电器修理和制造,母亲是个颇有造诣的钢琴家。幼年时期的爱因斯坦不但没有智力早熟的迹象,而且3岁时还不太会说话,被家人认定为低能儿。不过受母亲的影响,他对音乐的早慧却是真的。

6岁时，他便要求拉小提琴，12岁时，他已成了一位很不错的小提琴手。虽然后来他没有成为职业音乐家，但他那把心爱的小提琴却陪伴了他的一生，成为他学习和研究之余最好的伙伴。

1901年，爱因斯坦在苏黎世的联邦工业大学毕业了。他通过在校期间的刻苦自学，已经打下了从事理论物理研究的基础。可是，对于他来讲，残酷的现实却是毕业就是失业。明哲保身的教授们把他当作异端、叛逆者，不肯留他做助教。为了生活，他艰苦地奔波着，代课、当家教……贫困只能把人饿死，不能把人吓退，他没有放弃深深喜爱着的物理学。

1902年6月，在好友格罗斯曼的帮助下，他终于得到了伯尔尼专利局的正式任命。对于爱因斯坦来讲，有了固定职业，不必再为生活操心，在工作之余，可以专心致志地研究他心爱的物理学，他就非常地满足了。

伯尔尼专利局4楼86号狭长的办公室里，一位年轻人坐在桌前，一行行数字，一个个公式，他很快地往一张小纸片上写着，不一会儿，一张张纸片就变成了一叠。可是一听到走廊里有脚步声，他就赶紧把纸片放在抽屉里面，装出若无其事的样子。他就是年轻的爱因斯坦。

原来，爱因斯坦工作十分认真，加上他敏锐的判断力，一天的工作他往往不到半天就完成了。这时，他就拿出小纸片来，做自己的物理学研究。可是局长规定，上班时间不能做私事，他只好偷偷地来做了。

从1902至1909年在瑞士伯尔尼专利局工作的7年，可以说是爱因斯坦一生中最幸福、最多产的岁月。虽然他有时穷得连一只表也没有，但他却感到生活充满了乐趣。

每当夜深了，大地沉寂在一片黑暗之中时，只有爱因斯坦房间里的灯还在亮着。此时，他的大脑中正在涌现一个个假设，他的手在飞快地写着，用那一个个的数字和符号勾勒着一个新的未知世界。

还是在他16岁那年，爱因斯坦就对"以太"问题产生了浓厚的兴趣，他曾写过一篇《关于磁场中的以太的研究现状》的论文，寄给了在比利时的舅父。这个词源于希腊文，即空气的上层之意，是亚里士多德设想的与构成地球万物的水、土、火、气四元素不同的构成神灵世界的一种轻元素。由于它的神秘色彩，几千年过去了，谁也没有想到证实它的存在，更没有人想起去用它说明什么问题。

到19世纪末期，牛顿发现万有引力以后，复活了亚里士多德关于"以太"的设想,说"以太"是宇宙真空中引力的传播介质,从此"以太"被引入物理学,又被说成是光波和电磁波的传播媒介。"以太"究竟是什么?它是存在还是不存在?神奇的"以太"困扰着19世纪天才的物理学家们。1877年,迈克耳逊—莫雷实验否定了"以太"的存在,却没有真正解答"以太"之谜。

时光飞逝,转瞬之间,对爱因斯坦来说,已10年过去了。即使失业的时候,他也没有放弃过对"以太"问题的思考,而今他思考得更多更深。多少次,他已经看到道路上的障碍,似乎只要转个弯,就看到了成功的希望,可这希望就像黑夜中的一道流星,转瞬即逝。又有多少次,他已到了那神奇殿堂的大门口,他仿佛已经找到了开启大门的钥匙。可是经过一个不眠之夜,第二天,他又苦恼地告诉妻子,他的钥匙打不开那神奇的殿堂。他思索着,思索着……

这天,他兴奋异常,他坚信,他找到了成功的钥匙,终于能解开这个"以太"之谜了。当人们都已沉入甜蜜梦乡的时候,爱因斯坦却一丝睡意也没有,他伏案疾书,直到霞光映进了昏暗的房间,他才站起身来。啊,新的一天来到了。整整五个星期他都是这样度过的,经过艰辛的探索,他终于踏进了"以太"之谜这个神秘的殿堂。

《论动体的电动力学》的论文完成了,狭义相对论产生了。就是这篇论文把以前大家都认为是真理的牛顿力学完全推翻了,他对人们仅仅在思索着的东西完成了认识上的飞跃。他研究了光在"以太"中的传播问题,大胆地否定了"以太"的存在。他说:光速是有限的,不管光源怎样运动,它发出的光在真空中的速度总是不变的。

在这个前提下,爱因斯坦还否定了牛顿的"绝对时间""绝对空间"和"绝对运动"概念。认为时间的同时性都是相对于某一参照系来说的,所以是相对的;而运动又是与时间紧密相连的,所以运动也都是相对的,孤立地看地球,它的运动是不存在的。否定这些理论之后,爱因斯坦提出了崭新的时空和运动概念,并经过复杂的数学推导和运算,最终得出了狭义相对论的结论。

当时的著名物理学家普朗克称赞说:"爱因斯坦这篇论文发表之后,将会发生这样的战斗,只有为哥白尼的世界观进行过的战斗才能与之相比……"一个年仅26岁的年轻人竟将支配世界科学200年之久的牛顿物理学殿堂破坏了,整个世界为之惊叹!

在伯尔尼专利局工作的 7 年中,除了狭义相对论外,他还创造了证实原子存在、发展"量子假说"的理论,因此荣获苏黎世大学哲学博士学位、伯尔尼大学理论物理学教授称号。1909 年,他离开了专利局,被聘为苏黎世大学物理学教授,成为举世公认的第一流科学家。

荣誉和地位并没有使爱因斯坦就此停步,反倒促使他更加倍地投入到新的科学研究之中。可是多年没有规律的工作和生活,不分昼夜地紧张思考和探索,希望和绝望,激动和狂喜,给他感情上带来了巨大的波动。1915 年,肝炎和胃病终于将他的身体搞垮了,短短两个月,他的体重下降了十几公斤。爱因斯坦以为自己患了癌症,更加争分夺秒地忘我地研究。他告诉妻子,工作时间不要打扰他。

两个星期之后,爱因斯坦脸色苍白、一副疲惫不堪的样子从书房里走了出来。他告诉妻子:"我研究出来了。"一叠厚厚的稿纸摊在桌子上,广义相对论就这样诞生了。1916 年在《物理学年鉴》上,他发表了《广义相对论的基础》。

广义相对论是一种没有引力的新引力理论,是适用于所有参照系的物理定律。它以人们认为理所当然的等效原理为突破口,把引力看作是空间的一个属性,而不是物体间的作用力,他经过复杂的数学计算,得出了广义相对论的结论:由于等效原理的作用,时空变成弯曲的,光线在弯曲的时空中也变成弯曲的;引力是不存在的,地球围绕太阳转动,是因为太阳的巨大质量使其周围的时空发生了弯曲,在弯曲的时空中只有曲线,所以地球只能围绕太阳作曲线转动。

爱因斯坦为了验证这一理论,推断说引力场会使光线偏折,一束正好掠好过太阳表面的光线,将会偏离直线路径 1.75 弧秒。

1919 年 5 月,英国两位天体物理学家率领两个天文考察队在日全食时分别在巴西和西非摄影,证明了这一推断。广义相对论又给爱因斯坦带来了更大荣誉,1921 年他被选为英国皇家学会会员,同年又因 1905 年发现的光电效应定律而荣获科学界的最高奖赏——诺贝尔物理学奖。

1933 年,爱因斯坦因受到德国纳粹迫害而移居美国。为了追求自由、平等以及理想的研究环境,他接受了美国普林斯顿高等研究所的邀请,带着妻子和女儿前往美国的新泽西州,从事科学研究。1904 年 10 月 1 日,他加入了美国国籍。直到他去世的前几天，他还在修改关于统一场论的著作，点完了最后一个句号。

1955年4月18日，爱因斯坦逝世于普林斯顿。他酷爱和平，为科学鞠躬尽瘁的一生使他赢得了全世界科学界的一致肯定，被誉为"现代物理学之父""20世纪的牛顿"。

著名物理学家朗之万评价说："在我们这一代物理学家中，爱因斯坦的地位处在最前列。他现在是并且将来也是人类宇宙中有头等光辉的一颗巨星。很难说，他究竟是和牛顿一样伟大，还是比牛顿更伟大。不过，可以肯定地说，他的伟大是可以与牛顿相比的。照我的见解，他也许比牛顿更伟大，因为他对于科学的贡献更深入到人类思想基本概念的结构中。"

人物小传

〔**爱因斯坦**〕（1879—1955）德国出生的美籍理论物理学家。他提出一系列的科学理论，他的相对论对科学和哲学做出了革命性的探索。

向病魔发出的挑战书

——弗莱明发明抗生素

佛教说：佛祖法力无边，可以普度众生。当然，这是神话，现在没有多少人相信了。但现实生活中，有没有普度芸芸众生的事物呢？应该说有，那就是神奇的药物，是特效药。随着医学的进步，这种超凡的药物越来越多。金鸡纳霜对于伤寒病，是特效药，药到病除。青霉素具有广泛的抗菌功能，是特效药，普遍用于各种病症。青霉素又叫盘尼西林，自从它问世以来，拯救了数以亿计人的生命，这种具有普度众生功效的神奇药物，是弗莱明发明的。

青霉素药物的发明者亚历山大·弗莱明1881年生于英国爱尔沙亚的一座农庄，他父亲是一个庄园主，爱好自然科学。14岁时，弗莱明遵父命到伦敦去和他那当医生的兄弟住在一起。后来，弗莱明继承了一笔为数不多的遗产，得以在圣玛丽医院学医，并在赖特预防接种站找到了一份工作。

赖特笃信疫苗对抵抗细菌入侵具有神奇作用，他长期以宗教般的热情从事研究工作。弗莱明进入赖特预防接种站不久，很快便成为研究小组中一名能干的成员，他发明了一些新的研究方法，制作了一些仪器，赢得了赖特先生和同伴们的赞许。与此同时，弗莱明还成了研究梅毒的专家。

1921年，弗莱明和助手艾利森发现了溶菌酶。溶菌酶是一种大量分布在动植物组织中能够溶解病菌的生物酶。当时，弗莱明和助手正在做一项生物培养抗菌试验。当弗莱明观察培养液时，培养液板恰好被一种十分稀少的生物孢子污染，这种偶然的现象一下子把弗莱明的注意力吸引到早先并不认识的具有溶菌作用的酶上。随即，弗莱明转向酶的研究，他和艾利森一起对溶菌酶展开试验研究，为后来发现青霉素奠定了雄厚的基础。他们研究了整整7年，本以为它能够成为一种重要的疫苗或有效的药物，然而，他们的目的没有达到。

事实上，失败获得的经验已为弗莱明打开了通往青霉素的大门。1928年9月，弗莱明等人终于静下心来，从失败的阴影中走出，重新取回其中的一些器皿，做进一步的观察。其中一个试验器皿经过第二次仔细检查之后，显现出这样一种现象：靠近一团微菌的一些葡萄球菌落，明显地被溶解掉了。也许这时弗莱明脑子里已经有了溶菌酶的概念，特别是有了经历失败的宝贵经验，他决定将这些菌落进一步培养观察，并做进一步深入研究。于是发现青霉素的历史开始了！

10月30日，弗莱明在自己的笔记本上第一次记录了有关微菌试验的情况。弗莱明将菌落在常温下放在盘中培养了5天，再将其他多种生物培养液以条状穿过菌落，然后再用培养液加以培养。他把结果记录下来了："某些生物体直接朝微菌生长，甚至越过并覆盖住了微菌；而葡萄球菌却在微菌前2.5公分处停下了。"

在随后的一次试验中，弗莱明把装有混浊的葡萄球菌悬珠体的瓶中又加入一些微菌培养液，并在45℃下进行培养观察，3小时之后悬珠体混浊液开始变清了。

弗莱明在他那灰色布面的道林纸笔记本上，用墨水写了这样一句使他誉满全球的话："这显示在微菌培养液中包含着对葡萄球菌有溶菌作用的某种物质。"这"物质"后来被命名为"青霉素"。

然而一些试验结果使弗莱明把青霉素作为一种全身或局部性抗菌剂的希望破灭了。这些试验显示了它的弱点：青霉素花了4个多小时，才能把细菌杀死；在血清存在的情况下，青霉素几乎完全丧失杀菌能力；如果青霉素通过静脉注射到兔子身上，30分钟之后就会消失在血液中，并不能穿过感染的组织，因而不能将表层下面的细菌消灭……

面对困境，弗莱明感到，继续研究青霉素在临床的使用恐怕是一件得不偿失的事了。青霉素在它的发现者处的冷遇，完全被牛津试验者的热度所弥补了。

从1933年开始，一位叫欧内斯特·金的化学家专门研究酶，是他使青霉素焕发了青春。他在收集文献时发现了弗莱明的青霉素论文，他对弗莱明关于微菌酶的实验十分感兴趣，随即便将论文送给弗洛里，青霉素开始显示它的效力了。不久之后，弗洛里证明青霉素既不是溶素，也不是一种酶，但他对青霉素的抗菌效力十分满意。

1940年5月25日,弗洛里进行了动物保护性试验,证实了弗莱明的青霉素菌株具有强大的杀菌作用。

不久,弗洛里将纯化后的青霉素用于人类患者身上,获得了明显的效果,青霉素成了治疗各种疾病的神奇良药。

1945年,弗莱明与弗洛里、欧内斯特·金分享了诺贝尔生理学或医学奖金。

弗莱明既是一位技艺超群的细菌学家,同时还是一位敏锐的、有鉴别力的观察家,他受到人类永远的尊敬。1955年,弗莱明这位伟大的青霉素之父辞别了他精心维护的可爱世界。

人物小传

〔弗莱明〕(1881—1955)英国细菌学家。1928年发现青霉素,为使用抗生素治疗传染病开辟了道路,因而于1945年与弗洛里及欧内斯特·金共获诺贝尔生理学或医学奖。

科 学 通 才

——维纳和他的控制论

控制系统是什么？其实并不神秘。人体就是一个灵敏的控制系统，人手不经心碰到热水，会下意识地缩回来。这是来自手的刺激传递给大脑，大脑向肌肉发出"收缩"的指令。如遥控器、自动开关、空调器、电冰箱等都有繁简不同的控制系统。电脑现已普及了，也有很典型的控制系统。

维纳首创控制论，因此被称为"控制论之父"。

维纳1894年生于美国密苏里州哥伦比亚。维纳的父亲是俄籍犹太人，也是著名的哈佛大学语言学教授，年轻时曾当过小贩、清洁工，好学而富有进取心，靠自学取得教授的职位。他对儿子管教严格，希望他早日成才。

由于家中藏书甚多，这为维纳创造了良好的读书条件，他自幼养成广读书刊的习惯，4岁开始阅读书籍，7岁就能看但丁和达尔文的著作，并能流畅地阅读历史、语言、数学书刊。8岁时开始学解析几何学……维纳在儿童时代就被人们看成神童。

维纳9岁进入中学，11岁便写出第一篇哲学论文《关于无知的理论》；12岁上大学，在大学里，维纳的兴趣也不时地转换，先攻数学，后来又转到哲学、语言学，很快便达到通晓10国语言的水平，对汉语也颇有研究；18岁时，取得哈佛大学数理逻辑学博士学位。

维纳取得博士学位之后，先后到英国、德国和法国留学。在英国剑桥大学，维纳在著名数学家、哲学家、逻辑学家罗素等人的指导下，学习数学基础、数学逻辑以及爱因斯坦的相对论等科学新成果。他接触和熟悉了世界科学技术前沿的重大问题，这对他日后创立控制论起到了潜移默化的作用。

26岁的维纳受聘到麻省理工学院任教，他在数学方面的研究日益深入，取得了重大成就。他对数学的主要贡献是：提出无限维空间的一种测度，后人将其命名为"维纳测度"；制定复域上的傅立叶变换理论；发展了外推理论和平稳随机过程的滤波理论。1933年，维纳在数学方面的研究成果已享有相当高的声誉，37岁时他当选为美国数学会副会长。

维纳十分熟悉中国，他下功夫掌握了汉语，对中国人民有深厚的感情。1935—1936年，维纳应邀来中国讲学，在清华大学讲授数理方面的课程。此间，维纳与他的学生、清华大学教授李郁荣合作，发明了新式继电器，在机电一体化方面获得了重大成果。这些成果为维纳后来完成控制论的创立，打下了基础。

从某种意义上说，维纳就是在中国这个地大物博的文明古国里，创立和奠基了控制论。30年代末，维纳参加哈佛医学院罗森勃吕特博士主持的科学方法讨论会，从而使他的控制论思想脱颖而出。会上思想非常活跃，不同专业的专家汇集在一起，以沙龙、咖啡饮茶会等轻松自在的形式，进行科学交流。人们从不同层面发表各种各样的见解，促进了各领域科学家间的相互了解和交流。

控制论的提出，首先是由于战争的需要。1940年，正是第二次世界大战中法西斯最猖獗的时候，法西斯德国出现了超音速飞机，高炮要瞄准目标很困难，肉眼观察，误差太大，急需安装自动控制系统，准确地预测飞行目标，增加高炮命中率。

维纳和美国等反法西斯国家的科学家都加入防空自动控制的研制工作。

有一天维纳在郊外散步，遇到一位打鸟的猎人。猎枪随着飞鸟不断移动位置。他由此得到启发：高炮打飞机和人打鸟的道理是一样的，目标偏左时，就向左作一个校正，向右也同样。人的神经系统和机器的自动控制极为相似，都是通过从外界获取目标差距的信息，传达给中枢，再由中枢发出指令，控制的过程实际就是不断传递信息的过程，这需要反馈信息来进行调节。

控制论是把自动调节、通信工程、计算机和计算技术以及神经生理学和病理学等以数学为纽带联结在一起，在这些学科相互作用的基础上形成的新学科。它主要为自动控制、人工智能、系统控制等提供理论依据。

控制论的初步研究成果为反法西斯战争做出了贡献。第二次世界大战中，当纳粹德国密如蜂群的轰炸机去轰炸英伦三岛时，只见少量的盟国飞机和密集的高射炮火巧妙配合，把入侵的德国飞机打得浓烟滚滚、纷纷坠毁。这就是盟国初步运用控制论思想，将防空飞机、高射炮火和刚刚发明的雷达结合成一个综合的人机控制系统。

1948年，维纳的著作《控制论》一书出版，把控制论定义为"关于机器和生物的通讯和控制的科学"，宣告了这门学科的诞生。

控制论诞生不久，就与电子计算机相互结合，从而得到迅速发展，相继出现了工程控制论、生物控制论等新兴学科。1964年，经数学学会提名，这位曾被看成是"不安分大学生"的维纳接受了美国总统颁发的国家科学奖章，以表彰他致力于创造性的科学事业，对人类文明和进步做出的卓越贡献。可惜，几个星期之后，维纳心脏病发作，不幸于1964年3月18日病逝，享年70岁。

人物小传

〔维 纳〕（1894—1964）美国数学家。建立了控制论科学，在数学预测理论和量子理论等领域都提出了新的概念。

打开原子核之门的钥匙

——查德威克发现中子

詹姆斯·查德威克1891年10月20日出生于英国的曼彻斯特。1908年查德威克考入曼彻斯特大学,学习物理学。由于他的物理成绩突出,1911年,他在曼彻斯特大学毕业时,荣获物理优等生的称号。

大学毕业后他留校任教。第二年,他考取了卢瑟福的研究生,在这位原子核物理学大师的指导下,研究放射线的相关课题。不久他用 α 射线穿过金属箔时发生偏离的实验,有力地证实了原子核的存在。两年后,获得了理科硕士学位。

1919年,卢瑟福用氮第一次探测到核蜕变效应,此后查德威克在老师这项工作的基础上继续向前探索,发现了 γ 射线引起的核蜕变。由于他在研究上的出色成绩,1923年他被提升为剑桥大学卡文迪许实验室副主任。

卢瑟福认为原子中有带负电的电子,有带正电的质子,为什么不可以有一种不带电的"中子"呢?于是卢瑟福组织他的学生在卡文迪许实验室开始进行一项规模巨大的实验计划,希望能把这种不带电的中子从轻元素的原子核中找出来,从而直接证明它们的存在。但经过多年的艰苦努力,用各种不同的轻元素分别做实验都没有取得成功。但是卢瑟福关于中子的想法却牢牢印在查德威克的脑海中。

查德威克发现一种穿透力极强的射线,运动速度与 γ 射线大不相同,γ 射线几乎以光速前进,而这种射线的行进速度仅有光速的十分之一。

查德威克进一步向前探索,用这种射线打击别的物体,发现其中某些粒子能够以极大的力量打进该物体的原子核内,从而撞出该原子核内的质子来。这更是 γ 射线做不到的,因为 γ 射线没有质量,当然也就没有重量,因而根本不可能将质子从原子核里撞出。查德威克由此推断,这种射线不是 γ 射线,而是由比电子大得多甚至与质子一样大的粒子组成的。查德威克继续实验,打算测出这种射线粒子的质量。

1932年的一天,他又关在实验里重复他的实验;当他得到这种新射线粒子后,又用这种粒子轰击硼,从新产生的原子核所增加的质量,计算加到硼中去的这种粒子的质量,结果算出新粒子的质量与质子大致相等。这时,他终于看到老师卢瑟福预言的不带电子的粒子——中子。

"中子!这是我们寻找多年的中子!"查德威克兴奋地喊道,全实验室的人们闻讯围了上来,共同分享这成功的喜悦。为了奖励他在中子的发现和研究中的突出贡献,诺贝尔基金会决定将1935年的诺贝尔物理学奖颁发给他。

中子的发现,不仅为人类认识原子核的结构打开了大门,而且还在理论上带来了一系列深刻的变革。中子发现后不久,德国物理学家海森堡提出了原子核是由质子和中子组成的模型。这种模型解释了当元素按递增质量排列时,为什么原子量的增大要比原子序数的增大快得多,而且说明了特定元素的同位素都包含相同个数的质子,但包含不同个数的中子。

中子的发现,为人类利用原子能又增加了一个有力的依据。查德威克应邀率领一批原子专家前往美国,参加"曼哈顿计划"(即原子弹的研制工作),第一颗原子弹爆炸成功后,他心情沉闷地回到英国。

第二次世界大战结束后,他主要从事核物理和粒子物理的研究工作,开发原子能。1974年7月,享年83岁的查德威克去世了。

人物小传

〔查德威克〕(1891—1974) 英国物理学家。因发现中子而获得1935年诺贝尔物理学奖。

"人类不会永远停留在地球上"

——"星际航行之父"齐奥尔科夫斯基

"地球是人类的摇篮,人类不会永远停留在地球上。"这是齐奥尔科夫斯基的一句名言,就刻在他安眠地的墓碑上。

这句名言,既形象又寓意深刻,平静中饱含果决和信念。作者虽然生前没有亲眼看到星际航行的现实,但他以充分的科学实验为依据,坚信它一定会实现,正如人生在摇篮里,但用不了多久就必然离开摇篮一样。

齐奥尔科夫斯基逝世后不到30年,载人宇宙飞船上天,不到40年,人类成功地登上月球。

齐奥尔科夫斯基最早提出星际航行的构想并在一生中取得许多科学的理论成果,为解决航天技术方面的一系列困难问题提供了科学依据,因而被称为"星际航行之父。"

康斯坦丁·齐奥尔科夫斯基,1857年9月17日出生于俄国梁赞省的一个乡村里。他像其他孩子一样享受着童年欢乐的时光,可是,命运改变了他人生的历程,既把他推向痛苦,又使他在克服这些痛苦中得到了锻炼。齐奥尔科夫斯基9岁那年,一场猩红热使他成了一个听力很差的半聋人。从此,喧闹欢乐的世界一下子变得寂静无声,可是他的心灵却像一个被不断搅动的大锅,波动翻滚。

慈爱的母亲为了减轻耳聋给孩子带来的痛苦,为了还给他因失去朋友而失去的欢乐,就把全部的空余时间用来教他读书、写字、数数。小齐奥尔科夫斯基渐渐地沉浸到以思维为主的精神世界里去了。

就在他学着逐渐适应寂静可怕的生活时,不幸的打击接踵而来,慈爱的母亲又撒手而去,从此,母爱与他无缘了。然而,齐奥尔科夫斯基并没消沉下去,而是自学了代数、几何、三角、物理、化学、天文学,养成了沉默寡言、做多于说的内向性格。

1873年，16岁的齐奥尔科夫斯基只身来到莫斯科。在莫斯科落脚以后，就积极争取上大学。然而在沙皇统治下的俄国，一个穷苦人家的孩子想上大学简直是异想天开，谈何容易。无数次的碰壁，齐奥尔科夫斯基上学的愿望始终未能如愿，只能选择自学的道路。他以惊人的毅力进行自学，日夜攻读各种书籍。这位顽强的少年急切地要把图书馆里一排排高大的书架上的存书全部读完。

　　每天，齐奥尔科夫斯基从晨阳中走进图书馆，伏案攻读，饿了，啃几口黑面包；渴了，喝几口凉水；红日西坠，在图书馆管理人员的催促下，才恋恋不舍地离开。

　　月落日升，寒来暑往，转眼两年过去了。齐奥尔科夫斯基在图书馆里共念了两年的"大学"，两年之内，他阅读了许多书目。通过学习，他开阔了眼界，丰富了知识，钻研物理学和机械学的兴趣更加浓厚了。

　　1876年，正在图书馆刻苦攻读的齐奥尔科夫斯基，陷入饥寒交迫的境地，他不得不告别心爱的图书馆，回到维亚托卡的父亲身旁。就是在这段困窘的非常时期，齐奥尔科夫斯基提出了关于航天飞行极为大胆和惊人的设想。一是关于人造地球卫星的设想，二是利用人造卫星作为地球外层空间站进行宇宙航行的设想。

　　1880年夏天，齐奥尔科夫斯基顺利地当上了巴洛夫斯克县城中学的物理教师，微薄却稳定的薪金给他的星际飞行研究提供了基本的生活保证。

　　他每天都起得很早，去学校上课前，在家抓紧时间工作两三个小时。下课后，他一分钟也不在学校里待，风风火火地回到住地，又进行研究或写作。

　　自然风成了齐奥尔科夫斯基进行科学试验的对象。他用风帆、风筝、竹蜻蜓等进行试验，齐奥尔科夫斯基正是根据这些实验，写出了他的第一篇关于空气动力的论文。

　　不久，他又撰写了另一篇论文，相继发表的两篇论文，得到了俄国著名生物学家谢切诺夫的好评，他极力举荐这位无名之辈。齐奥尔科夫斯基因此被吸收为物理化学协会的会员。从此，齐奥尔科夫斯基进入科学的殿堂。

　　1883年，齐奥尔科夫斯基开始关于可操纵金属气球问题的研究。经过4年的刻苦攻关，1887年春天，他已经绘制出了金属气球的设计图纸。不久他应圣彼得堡皇家科学爱好者协会的邀请，在莫斯科大会上报告了自己的研究成果，获得了与会著名科学家们的高度评价。

他按照科学协会专家们的意见，重新设计金属气球的图纸，并花费苦心制作了一个模型，等待时机送往圣彼得堡。可是，一场无情的大火吞噬了他多年心血的结晶。

齐奥尔科夫斯基忍受着一般人难以忍受的艰难困苦，整整重新研究了3年，终于又把可操纵的金属气球的设计图纸和模型搞出来了，这回连同手稿一起寄往圣彼得堡。就在这节衣缩食为了宇航的3年内，他还撰写了《地球和天空的幻想》等多部科普读物，宣传和普及宇航知识，号召更多的人从事这一关系到人类利益的伟大事业。

十月革命成功后，齐奥尔科夫斯基珍惜分分秒秒的时间，加紧从事宇航飞行研究。1919年，他被选入科学院担任院士；1921年，他被授予终身养老金待遇；1926年，他修改再版《利用喷气仪器研究宇宙空间》一书，获得广泛赞誉，在苏联掀起了宇航热。

从事宇航研究已达50年之久的齐奥尔科夫斯基，精力充沛地开始了科学研究的新阶段。1929年，72岁高龄的齐奥尔科夫斯基撰写出了《宇宙火箭列车》一文，在这篇享誉世界的学术论文中，他提出了多级火箭的设想，这一设想的实施最终解决了宇宙飞船脱离地球引力所需加速度的问题。

就在这一年9月，齐奥尔科夫斯基接受国家的任命，担任了建造同温层高空气球的总指挥。他和同事们经过一年时间的紧张工作，出色地完成了任务。同温层高空气球一次试飞成功，高度达到19000米，为研究同温层大气、宇宙辐射、气温等，提供了强有力的工具。

作为"星际航行之父"，齐奥尔科夫斯基从30年代初开始，就一头钻进了研究室，专心致志地研究火箭和飞船如何返回地球的重大课题，为返回式卫星和太空船的诞生奠定了基础。

1935年9月29日，齐奥尔科夫斯基怀着对神秘莫测的蓝天深处的眷恋，离开了这个世界。他墓碑正面就是一枚宇宙火箭的浮雕，背面镌刻着他的一句名言——"地球是人类的摇篮，人类不会永远停留在地球上。"

人物小传

〔齐奥尔科夫斯基〕（1857—1935）苏联航空和太空科学家，研究火箭和宇宙空间的先驱。

神秘的曼哈顿工程

——"原子弹之父"奥本海默

一个比太阳还亮几倍的大火球,变换着颜色,滚动着从地面冲向高空,只在不到一秒的时间内就升到3000米高空,转瞬间又升到云层之上。炫目的闪光出现后几秒钟内,先是死一般的沉寂,接着就是刮过任何一级巨风都无法相比的狂风,从闪光处刮向四面八方——不是像飓风那样只刮向一个方向,风力所及,拔树毁屋,接着就是从未听见过的巨响——任何爆炸同它相比都相形见绌,震得地动山摇,轰鸣声滚动着在山谷中回荡,最后是混浊的蘑菇状烟云向四面八方飘散,宇宙立刻变得混沌起来。宇宙间从未出现过的骇状使飞鸟敛翼,走兽藏形,周围的人们毛骨悚然,惊恐万分,好像世界的末日来临了!

这是1945年7月16日第一颗原子弹爆炸成功的情景。它相当于2千吨黄色炸药爆炸所产生的威力。随后美国又造了能量更大的3颗原子弹,分别给它们取名"胖子""瘦子"和"小男孩"。40多天以后,同样的爆炸在日本广岛(1945年8月6日)、长崎(8月9日)重演。不同的是这两次原子弹轰炸造成了20万的无辜者受害,《广岛日记》一书记录了原子弹轰炸所造成的惨状。

原子弹的研制原为打击法西斯,但受害者却是无辜的和平居民。

在制造第一颗原子弹中,贡献最大的就是美国著名科学家罗勃·奥本海默。他由于对原子弹的贡献卓著,被誉为"原子弹之父"。

罗勃·奥本海默,1904年4月22日出生在美国纽约。父亲是美国有名的企业家,在父母的精心栽培和影响下,奥本海默从小就养成了勤奋好学、善于思考的好习惯。

他自小被那些五颜六色、形状各异的石块吸引,积极收集岩石标本,并与全国各地的岩石矿物学者通信。12岁那年,就应邀到矿物俱乐部去做学术报告。就是这一次他报告的学术论文《曼哈顿岛上的基岩》，引起了美国学术界的注目。

父亲见到儿子智力发育迅速，就把奥本海默送进纽约伦理文化学校学习。1921年，18岁的奥本海默以优异的成绩毕业于伦理文化学校。奥本海默幻想自己以后能当个建筑学家或矿物学家。

这一时期，原子物理、量子理论取得了突破性的进展。世界各国的一些著名大学、研究所纷纷传出了物理学家们探索原子世界取得重大进展的消息。微观世界的奥秘强烈地吸引了奥本海默，他深信自己也能为探索微观世界做出贡献。于是，他决定致力于原子物理学的研究。

正是这种理想，使他考入著名的哈佛大学，攻读物理学，从此，他一步一步地走进了原子王国。1925年，他大学毕业，翌年，去英国剑桥大学跟随卢瑟福继续深造。后来又受玻恩的邀请去哥廷根大学工作，在那里，他们两人共同发明了"玻恩—奥本海默近似法"。

二战期间，由于受法西斯德国的核威胁，1942年8月，美国政府制定出了研究原子弹的计划。为了保密，把这一计划取名为"曼哈顿计划"。奥本海默参加了原子弹的研制，负责原子能实验室的组织工作，主要承担设计制造原子弹的任务。

当时，原子弹究竟应有多大，谁也不知道。他们主要寻找裂变材料发生爆炸的临界体积，裂变材料达到了临界体积，链裂变反应才能维持下去；超过了临界体积，中子数目就会像雪崩一样激增，在一瞬间引起巨大的核爆炸。同时，他们还必须保证，设计的炸弹不能超过当时美国最大的B-29轰炸机的载重量，以便用飞机进行投掷。他带领全体科研人员在黑暗中摸索、试制……

1943年，他被正式任命为曼哈顿工程的负责人。他亲自挑选了费米、玻尔等一些一流的学者、工程师参加这一工作。

然而，在开始研制原子弹时，除了哈恩、斯特拉斯曼和梅特涅的论文，表明用慢中子轰击铀-235，进行裂变反应，可以得到巨大的能量外，原子铀是什么样子？怎样获得爆炸用的核燃料？怎样引爆？很多技术细节他们都一无所知。这一切给原子弹研制的组织、领导工作和科学家们带来极大的困难。

奥本海默首先让费米领导一个小组，负责筹建原子反应堆，以获得铀-235；让劳伦斯负责筹建电磁同位素分离器，从天然铀中分离铀-235；让尤里负责用气体扩散法生产浓缩铀-235。我们知道，天然铀中主要是铀-238，它不能进行裂变反应，只有从天然铀中把少量的铀-235分离出来才能做原子弹的原料。奥本海默三管齐下，以便早日拿到原料。同时，他让一位兵工厂的著名工程师立即着手设计原子弹的外形。

奥本海默在积极组织科学家、工程师研制原子弹的同时，还密切注意德国的动向，多次向国防部建议去轰炸德国的重要工厂及原子研究设施。

当奥本海默目睹原子弹爆炸成功的情景时，他激动得热泪盈眶。然而，当他得知原子弹落在日本广岛和长崎市，伤亡空前惨重的消息时，又是追悔莫及、十分伤心。

不管怎样，"曼哈顿计划"成功地研制出世界第一颗原子弹，使哈恩和斯特拉斯曼发现的核裂变得以具体实现。这为核电站的建造奠定了基础，为人类利用巨大的核裂变能，解决世界能源问题开辟了新的途径。

由于多年从事核的研究工作，奥本海默患了咽喉癌，1967年2月18日，他在美国新泽西州的普林斯顿逝世。

人物小传

〔奥本海默〕（1904—1967）美国理论物理学家。第二次世界大战期间担任制造第一批原子弹的"曼哈顿计划"的科学工作负责人。

探索生命的奥秘

——莫诺与生物科学

生命是宝贵的,因为生命只有一次,失去,便永不再来。生命是万灵之源,揭开生命、遗传、繁殖的奥秘,一直是科学家追求的目标。但是,揭开它的面纱实在太难了。所以,当科技的其他领域已经硕果累累时,它还几乎处于空白,直到20世纪50年代,这一领域才取得突破性进展。在这个领域走在前列的是法国生物化学家莫诺。

雅克·莫诺,1910年2月9日生于法国巴黎一个画家的家庭里,莫诺的父亲是一位爱好音乐和科学的画家,对达尔文的生物进化论有着特殊的兴趣。这些深深地影响着莫诺,引导他走上了科学的道路。

1914年,第一次世界大战爆发,莫诺举家南迁,1917年定居于法国濒临地中海的城市戛纳。1937年夏,巴黎已经光复,莫诺仍在军队中服役,他一有机会就到美军流动图书馆中阅览自己喜爱的遗传学杂志,其间艾弗里、鲁利亚和德尔布吕克关于遗传理论的最新研究论文,使莫诺眼界大开,这为他集中精力进行研究提供了宝贵资料。

第二次世界大战全面结束以后,莫诺在遗传学方面的研究已经领先其他遗传学家一步。他从事的有关大肠杆菌生理的研究,达到当时世界的先进水平。

1946年,莫诺参加了美国战后第一次召开的冷泉港专题讨论会。这次会议的主题是"微生物的遗传和变异",对日后分子生物学的发展影响很大。莫诺提供的学术报告,引起与会者的注意。莫诺被邀请于下一年到冷泉港会议作关于"酶的生长"的专题报告。

为了准备这个报告,莫诺进行了大量的研究工作,对生物的酶的形成过程等问题进行了实验研究,取得了大量的数据,成为生物酶方面的专家。

20世纪50年代以后,莫诺带领他的合作伙伴们转向DNA研究,这是战略性的转移。他利用对大肠杆菌、噬菌体以及关于生物酶研究的优势，很快跃居遗传学研究的前列。到了60年代，连分子生物学的创始人华森和克里克，也被莫诺的研究所吸引。莫诺深化了华森和克里克的理论，并在生物遗传上有很多重大的发现。

莫诺的研究逐步揭开生命遗传演化过程及生物遗传机理的神秘面纱，为最终彻底地揭开生命之谜奠定了理论和实验基础。为此他荣获了1965年度诺贝尔生理学或医学奖。

莫诺在研究核酸的同时，又把研究触角伸到蛋白质领域。莫诺带领他的博士研究生，一步一步逼近蛋白质中蕴藏的奥秘。1961年，莫诺骄傲而振奋人心地说："我们发现了第二个生命的奥秘！"这就是他后来建立的关于蛋白质变构作用的理论。

从此，各国学者，包括一些知名学者的访问，络绎不绝，莫诺所在的研究所以及法国巴黎，成为国际分子生物学界公认的研究中心，也是法国、英国和美国许多学者的长期合作的中心。

雅克·莫诺是少数几个光彩夺目的分子生物学家之一，是在分子水平上深入到基因调节控制领域里的开创者，探索者。他与合作者创立了在原核细胞的基因水平上调节控制的操纵理论，预言了mRNA的存在，建立了蛋白质的变构理论。他的一生极不平凡，给人类留下了相当丰富的、宝贵的科学遗产。

一位化学家说："给我核酸和蛋白质，不愁没有生命现象出现。"可见，生命的奥秘，第一是核酸，第二是蛋白质。1965年，中国科学家用化学方法成功地合成了牛胰岛素，这是人类首次用人工方法产生的蛋白质。核酸的化学合成更是困难得多，中国在这方面仍然走在前列。1981年，我国科学家完成了酵母丙氨酸转移核糖核酸的人工合成，在探索生命奥秘的征途上大大前进一步。

人物小传

〔莫　诺〕（1910—1976）法国生物化学家、遗传学家。1965年获诺贝尔生理学或医学奖。

向世界证明中国

——李四光开创地质力学

李四光的名字,在中国家喻户晓。大家都知道中国石油工业的发展是和李四光分不开的,李四光的地质力学为中国油田开发提供了理论依据。现在,大庆、松辽、渤海等大油田已闻名于世,中国石油年产量达 1 亿几千万吨,成为世界上超亿吨的石油生产大国。

你知道李四光是怎样为中国找到一个又一个大油田的吗?你知道李四光名字的由来吗?

1889 年 10 月 26 日,李四光出生在湖北省黄冈县回龙山下一个贫寒的家庭里,原名李仲揆。在考取武昌高等小学堂时,改名为李四光。李仲揆改名李四光,这里面还有一段有趣的插曲呢。他 14 岁那年(1902 年)去武昌报考高等小学堂,填表时,误将年龄"十四"填在姓名栏里。他急中生智,顺手将"十"字改为"李"字。于是,成了"李四",这名字太难听,踌躇间他瞥见大厅中央挂着一块书有"光被四表"的匾,他灵机一动,在"四"字后面又添了一个"光"字,光照中华,倒也不错。从此,他的名字便成了李四光。经过考试,李四光以第一名的成绩考取了武昌第二高等小学堂。学校规定凡是能够考取前 5 名的学生,就可以官费送到英、美、法、德或日本等国留学。李四光学习非常用功,争取到了去日本学习造船专业的机会。6 年后李四光以优异的成绩,从日本大阪高等工业学校毕业,决心为祖国的富强干一番事业。但辛亥革命的胜利成果被袁世凯篡夺了,李四光便愤然决定去英国留学,他选择了地质专业。经过 6 年寒窗苦读,1919 年,李四光终于取得了地质学硕士学位,毅然踏上了归国之途。

回国后,李四光应北京大学校长蔡元培之聘,任北大地质学教授。他把满腔的热情都倾注到了他的事业上。他一面教书,把自己掌握的知识全都毫无保留地传授给他的学生,希望能为我国的地质事业培养出更多的人才;一面又进行科学研究。回国后的长期教学和野外实习为他提供了良好的实践机会,他不断地累积资料,不断地思考和研究问题,他的科学知识越来越渊博。

他治学严谨,在科学研究中,始终坚持从现象深入到本质、从结果追索到原因的治学方法,因此能不断地提出创造性的见解,并敢于向地质学界的传统观点提出挑战。

20世纪20年代初期,李四光根据自己在华北地区的多次地质考察,发现了第四纪冰川的遗迹,于是在1922年发表了《华北晚近冰川作用的遗迹》一文。当时不少中外地质界的权威人士看了这篇文章后,都不屑一顾,他们认为寒冷干燥的气候条件下,不会有冰川。

李四光却想,人们所以拿干燥的气候反对他,可能是由于冰川遗迹发现得太少,零星片段,没构成系统的证据,因此打不破人们固有的成见。要证明自己的观点,必须找到更多的冰川作用的遗迹。

10年过去了,李四光带领他的学生,走遍了太行山、天目山、庐山等地,发现了越来越多的冰川遗迹。1933年11月11日,他在中国地质学会第十次年会上,宣读了《扬子江流域之第四纪冰期》的论文。他满怀信心的宣布:"强有力的事实证明,长江流域在第四纪确有冰川遗迹存在……"

李四光的新发现,震惊了世界,地质界立即掀起了轩然大波。反对中国冰川存在的人还抬出了德国冰川权威李希霍分的断言:"中国南方太暖,而北方太干,第四纪中国无冰川发生。"

面对气焰嚣张的中外权威,李四光没有丝毫的惧色,他胸有成竹。他引着这些人沿着庐山地区的几条谷地仔细查看,沿途到处可见由于冰川活动而形成的漂砾、条痕石、U形谷、冰斗、冰坎等第四纪冰川的遗迹。他一边讲述自己的见解,一边不停地与他们辩论。在强有力的事实面前,李四光终于取得了胜利。

在地质学方面,李四光除了对第四纪冰川问题的研究外,还在古生物学研究上取得了新的进展。

在实地工作中,他感到含煤地层的划分是个重要的问题。地层划分不清楚,就不可能推知矿产生成的规律。而要解决这一问题,就必须首先研究保存在地层中的古代生物的演变历史。为此,他采集了不少标本,主要是对石炭—二叠纪地层中所含的微体生物蜓科化石标本进行研究。

他鉴别出了它们不同科属,判断出了它们进化的阶段。又根据它们在进化阶段上，有的比较高级些、有的比较低级些的差别，推断出了含有这些不同种属的化石岩层的时代。然后，根据它们现在的分布情况，去考察煤矿分布的规律。

后来，他写出了一系列𰜁科方面的研究论文，创立了𰜁科鉴定的十条标准。1927年，他又将这些成果，进行了进一步的整理和研究，写成了《中国北部之𰜁科》一书，被中国地质调查所作为古生物学专著出版了。

李四光通过对𰜁这种海洋古生物的研究，还发现了另一个重大的问题：在同一地质时代里，华北地区以陆相沉积（历史上没有被海水淹过的陆地）为主，间有海相沉积（历史上地层被海水淹没过的地区）薄层；华南地区则以海相沉积为主，越往南，海相沉积越厚。这说明，在那个时期，发生了海退的现象。

为什么在同一地质时代，海浸、海退竟有这么大的差异呢？此后，他立即开始对这一现象进行探索和研究。

他首先否定了当时地质学界流行的一种传统观点：地球表面的海水运动是全球性的，要升都升，要降都降。因为按照这种观点就无法解释在同一地质时代里，北方海退，南方海浸的现象。他再查看地质文献，发现国外也有类似现象。以北半球为例，南方海浸，北方海退，海水由两极涌向赤道；而经过若干时候，又出现相反现象。

1926年，他写出了《地球表面形象变迁之主因》的论文，系统阐述了地球自转速度的变化是引起地球表面形象变迁的主要原因，提出了推动地壳运动的主要力量是在重力控制下地球自转的离心力。他认为：当地球自转速度加快时，离心力的水平分力就推动海水向赤道方向移动；当地球自转速度减慢时，离心力减少，作用就相反。

李四光还认为，这种离心力不仅影响海水的运动，而且影响地壳运动，造成地壳的褶皱、沉降和断裂……

这种把应用力学引入到地质学中，用力学观点解释和研究地壳构造和地壳运动规律的科学，就是李四光创立的地质力学。

李四光的地质力学理论，为研究地壳运动问题开辟了新的途径，它使地质科学的发展进入一个新的阶段。1948年2月，李四光夫妇赴伦敦参加第十八届国际地质学会。鉴于国内的紧张局势，会议结束后，他没有立即回国。1949年10月，李四光夫妇回到了祖国，周恩来亲切地接见了他。

1953年,他发表了题为《关于地质构造的三种基本概念》的文章,这是他研究地质力学过程中的一篇重要文献。1962年初,李四光完成了《地质力学概论》一书,这是他44年实践经验的总结,是他在地质力学方面的代表作,也是地质力学研究史中的一个里程碑。

地质力学在实际应用方面的最大贡献,是按地质构造来找石油。在黑暗的旧中国,外国的"专家""权威"们大肆鼓吹"中国贫油论",然而李四光不相信。

李四光依据自己独创的地质力学和多年的调查研究,全面系统地阐述了中国寻找石油的广阔远景。

他说:"是否存在油矿,关键不在'海相'和'陆相',而在于有没有生油和储油的条件,在于对地质构造的规律的认识。我国的地质条件很好,地层下含有丰富的石油,仅在新华夏构造体系的沉降带中,就有几个大油库。在我国的松辽平原、华北平原、渤海湾……都具备着生油和储油的条件。我们国家的石油远景很辉煌啊!"

1954年,在李四光的亲自主持下,经过地质队员们的艰苦奋战,大庆、大港、胜利、南海等一个一个大油田相继找到了、开发了。黑色的油龙冲掉了"中国贫油"的帽子,也有力地证实了李四光的科学预见。

从此,李四光真的像他的名字寓意那样光照四方了。在李四光地质理论的指导下,地下水找到了,地热找到了,金刚石成矿带找到了……

1971年4月29日,由于动脉瘤突然破裂,抢救无效,李四光的心脏停止了跳动。虽然这位卓越的科学家离开了我们,但他那种为了国家的繁荣富强,献身科学的精神,永远鼓舞着后人。

人物小传

〔李四光〕(1889—1971)中国地质学家。发现我国长江流域的第四纪冰川遗迹,并在古生物学上有卓越贡献。1927年撰写《中国北部之蜓科》一书,成为中国古生物学专著。1962年完成的《地质力学概论》一书,为其实践经验的总结。

电子计算机诞生之路

——从图灵到诺依曼

现代电子计算机的诞生，走过了从理论到实践的漫长道路。从17世纪开始，经历了几辈人的探索研究，从图灵最初的关于现代计算机的理论设想，到冯·诺依曼提出设计计算机的新思想，电子计算机终于走上了它的完善之路。

早在17世纪，德国数学家和物理学家莱布尼兹就提出了二进制，并系统地确定了二进制算术运算法则。他提出的二进制思想来源于中国的八卦，他甚至还把自己的计算机复制品送给了康熙皇帝，希望能以此增进东西方科学文化的交流。

尽管二进位制在当时机械计算器中并无优越性，但是这个数制在计算机采用电子管电路时，就显示了它的无比优越性，对电子计算机的发展起了十分重要的作用。

19世纪的数学家和逻辑学家布尔创造了逻辑代数即布尔代数，为计算机研制提供了重要的理论准备。在布尔代数的基础上，科学家们把形式逻辑和代数结合起来而发展为数理逻辑。电子计算机就是在这个数理逻辑原理上发展起来的。

20世纪初，荷兰学者埃伦菲斯特，用逻辑代数作为分析与综合继电器电路的数学方法。1913年，哥德尔发表了不完全性定理的论文，使数理逻辑获得了重大发展。这时一个重要的数学问题摆在了数学家面前：机械是否能解数学问题？或者说，一些函数是不是可以计算的？直到20世纪30年代，这还是许多数学家一筹莫展的前沿难题。出乎意料的是，一个刚从剑桥大学毕业的年轻人用人们感到惊奇的方法解决了这些难题，这个青年人便是图灵。

图灵何许人也？他是公认的现代计算机设计思想的创始人。这位计算机理论的开拓者,英国著名数学家,1912年生,1931年进入剑桥大学,毕业后留校任教。

1936年,24岁的图灵发表了著名的《理论计算机》论文,他提出了理想计算机理论,还证明了一个很重要的定理,即存在一种图灵机,这种能够模拟任一给定图灵机的机器就是"通用图灵机",这便是现代通用计算机的数学模型。图灵不仅解决了数理逻辑的一个基础理论的问题,而且证明了通用数学计算机是可制造出来的。也就是说,在世界第一台通用数字计算机诞生以前,图灵就已从理论上证明了它的可能性。图灵的理论对以后诺依曼的计算机思想产生很大影响。

图灵用机器的概念来解决抽象的数学问题是前所未闻的,不能不使人们惊叹这一理论的深刻性。图灵机理论再一次显示了人类深刻的科学洞察力,能够为人类控制自然提供坚实的理论基础。

图灵不仅从理论上阐明了制造通用计算机的可能性,而且直接参与了研制几种大型计算机的工作。图灵参加了英国ACE机的研制工作。1945年,他提出了一份50页的ACE机设计说明书,这是研制ACE计算机的主要基础,包含着图灵提出的有关贮存程序计算机的总体方案和仿真系统等的基础思想。

战争成了电子计算机的催化剂。第二次世界大战期间,破译密码、研制自动武器、大炮、高能炸弹等,都急需高速计算工具。1942年,战争处于白热化阶段,美国陆军急需短时间内计算出各种大炮和火箭的弹道表。例如,每天需要为陆军提供6张火力表,每张火力表都要计算几百条弹道,当时雇用200多名女计算员,日夜不停地计算,以辅助台式计算机的工作,仍不能完成任务。战争迫切要求改变这样的局面,向计算机提出更高的需求。

可惜,由于技术条件的限制,到大战结束时,电子计算机仍没有问世。

1946年2月15日,美国宾夕法尼亚大学的莫尔学院举行了隆重仪式,庆祝世界上首台电子计算机的诞生。在揭幕仪式之后,人们兴致勃勃地观看了第一台电子计算机的现场表演,这台电子计算机的名字叫"电子数值积分计算机",简称ENIAC。它的问世标志着现代科学技术进入了一个新时代——计算机时代。

ENIAC机实际花费48万美元,它结构庞大,总体积约有90立方米,重30吨,占地170平方米,共用1.8万个电子管,7万个电阻,1万个电容,

6000万个开关，1500个继电器，运转时耗电140千瓦。是个庞然大物。

别看它很笨，可是"脑子"特别灵。1秒钟内，它能做5000次加法运算，500次乘法运算，计算一个弹道只需3秒钟（人工需1周）。英国人香克斯用了毕生精力将圆周率π的值计算到小数点后707位，而它仅用40秒就打破这项纪录，并发现香克斯计算中528位以后的错误。

世界上第一台电子计算机的诞生，是科学技术发展的必然产物。当时，真空电子管及电子线的发展为它提供了物质上和技术上的准备；数学理论和计算机理论的发展为它提供了理论依据；一大批机电式计算机的出现为它积累了重要经验；战争的急需和刺激以及大批工程技术人员和科学家的通力合作，加上决策者的远见和当机立断，这一切就为第一台电子计算机的研制成功铺平了道路。

ENIAC研制小组的领导者是青年科学家莫希莱、埃克特和格尔斯坦。著名的科学家，被人们称为电子计算机之父的冯·诺依曼也参加了后期研制工作。

冯·诺依曼出生在匈牙利布达佩斯的一个犹太人家里。童年时期，他在吸收知识和解题方面就具有惊人的速度；12岁就读懂了法国大数学家保莱尔的专著《函数论》；不到18岁就和指导老师合写了第一篇数学论文。他学习拉丁语和希腊语卓见成效，后又掌握了7种语言，成为科学研究强有力的工具。他几乎同时毕业于两所大学：在布达佩斯大学获数学博士学位；在苏黎世高等技术学院获得化学方面的大学毕业学位。他在理论和技术上都受过严格的训练。

诺依曼是20世纪极有创造性的多产科学家之一。他是作为化学工程师开始进行研究工作的，后来改搞数学和理论物理。此外在统计学、流体动力学、弹道学、气象学、博弈论等许多领域都有重大建树。

由于一个偶然的机会，诺依曼被引向电子计算机研究。1944年，他在洛斯阿拉莫斯实验室工作中，遇到原子核裂变反应过程问题的大量计算困难，尽管实验室雇请了上百名女计算员，用台式计算机日夜计算，还是满足不了要求。

有一天，他遇到了格尔斯坦。交谈中，诺依曼得知莫尔小组正在研制电子计算机，他从中看到了具有头等意义的工作，感到极其兴奋，他急不可待地想要看看这台尚未出世的机器,很快就得到了同意。埃克特说,他能从诺依曼提的头一个问题来判断他是否真正是位天才。

8月初,诺依曼来了,他首先询问了机器的逻辑结构,这正是埃克特所谓天才的标志,以后诺依曼就成了莫尔小组的常客,并直接参与了研制工作。不过这时ENIAC制造已接近尾声,他们经常进行认真的讨论,主要集中讨论ENIAC的不足之处和改进办法。

1945年3月,诺依曼和莫尔小组一起开始设计和研制一台全新的贮存程序通用电子计算机方案,称之为"离散变数自动电子计算机",即"EDVAC",由诺依曼起草了长达101页的EDYAC设计报告初稿,这份报告提出的设计思想对电子计算机的发展具有重大影响。

在EDVAC方案中,诺依曼明确规定了计算机由五大部分组成:即运算器、逻辑控制器、贮存器、输入设备和输出设备,并描述了这五部的职能和相互关系。EDVAC方案对ENIAC机作了重大改进。首先是改十进制为二进制,另一个重大改进是把程序的外插型改为贮存程序,贮存程序使全部运算成为真正的自动过程。把程序外插变成"程序内在"的意义绝不亚于ENIAC机的发明,是计算机结构思想一次最重要的改革。它被誉为电子计算机史上的又一个里程碑,标志着电子计算机时代的真正开始。

后来诺依曼回到普林斯顿高级研究所,在美国原子能委员会和军事部门的支持下,开始研制"完全自动通用数字计算机",并以研究院的缩写IAS命名,它是现代通用机的原型。1946年6月,诺依曼、格尔斯坦、勃克斯等又提出了更加完善的设计报告《电子计算机装置逻辑结构初探》。他们一面进行实验室建设,一面进行计算机研制。1951年,IAS计算机研制成功,并交洛斯阿拉莫斯实验室使用。该机用并行运算器代替串行运算器,以并行存取的电子射线管静态贮存器代替串行延迟线动态贮存器,全机用了2000个电子管,效率比ENIAC机快几百倍。

学术界的专家们认为,诺依曼是第一代电子计算机的实际发明者,到目前为止,几乎所有计算机都采用了诺依曼的这一思想,因此这些计算机都可称为"冯·诺依曼机"。随着各种先进的计算机广泛应用,冯·诺依曼对计算机理论和技术的贡献,也被永久地铭刻在现代科学的历史中。

人物小传

〔图　灵〕（1919—1954）英国数学家和逻辑学家。开拓了计算机理论，是现代计算机思想的创始人，主要论文有《理论计算机》《智能机器》等。

〔诺依曼〕（1903—1957）美籍匈牙利数学家。对量子物理、数学逻辑、气象学和高速计算机的发展都有重大贡献。他参与了世界上第一台电子计算机的设计、制造。被誉为"现代电子计算机之父"。

微电子技术的伟大开端

——从电子管到集成电路

电子管,集成电路,一般都称为电子元件。它们都属于微电子技术,却反映了两个不同的技术水平。现在,集成电路取代电子管,是这一领域的发展趋势。

20 世纪 40 年代,购置收音机、讲究"几个灯"的。20 世纪 50 年代,"没灯的"收音机流行起来,人们称之为"半导体"。半导体就是晶体管,这种收音机体积小,效率高,所以大受欢迎。

人们对半导体的研究很早就开始了。1878 年人们发现方铅矿晶体能够单向导电,1906 年,简单矿石检波器制成,这就是现代半导体二极管的原型,它曾风行一时,广泛应用于检波。

但是,晶体二极管工作不稳定,于是渐渐让位于真空二极管。

由于真空二极管无法用于高频检波,于是人们采用经过提炼和加工的锗、硅半导体晶体制成检波器。这种检波器虽然结构简单,但检波效率很高,在第二次世界大战的微波雷达应用中起了很大作用。

随着固体物理学的发展,晶体生长理论和生长技术也在发展,高纯度的晶体锗也生产出来了,这就给晶体管的研究创造了条件。

承担起研制晶体管这一重任的是著名的电子学研究中心——美国贝尔实验室。1945 年夏天,实验室成立了以肖克利、巴丁和布拉坦为核心的固体物理研究小组。

肖克利生于英国伦敦,有很高的固体物理理论造诣,从事固体物理学、金属学、电子学等基础理论的研究。1936 年,获得物理学博士学位,同年进入贝尔实验室工作。巴丁生于美国威斯康新州,原是大学教授,1945 年到贝尔实验室工作,对半导体的体内与表面现象研究很有兴趣。布拉坦,生于中国厦门,从 1929 年起在贝尔实验室从事技术工作,是一个实验物理专家。他研究的主要方向是固体表面性质。

研究小组研制的目标是，发现控制半导体中电子流动的方法，探索一种能排除电子管缺陷并起到放大作用的电子器件，并以硅、锗这类半导体为主攻目标。

年轻的科学家们不知经过多少次的挫折，最终实现了一次突破性实验。在实验中，他们克服了很多技术上的困难，小心谨慎地做好每一个极微小的细节，终于得到了一个放大倍数达100量级的放大器。这就是世界上第一个固体放大器晶体三极管。

晶体管发明之后，他们并未立即公布于世。他们知道仅仅一次实验成功是不够的，这无法排除偶然性，还需要重复实验，使它有更高的可靠性，而且还要把原理搞清楚，才能公布发明成果。

经过半年多的努力，他们终于完成了所有的工作。于是在1948年7月公布了他们的发明成果，虽然只是一条短讯，但这其中包含的内容却是十分丰富的，它的意义也是极其重大的。

肖克利、巴丁和布拉坦三人由于发明了晶体管以及在半导体理论方面的贡献，共同荣获了1956年度诺贝尔物理学奖。

晶体管的发明在半导体技术和整个电子学的发展史上是具有划时代意义的，它开创了电子学的新纪元，使电子设备逐步踏上固体化征途，并促进许多新兴科学的发展。如果说第一支真空三极电子管的诞生曾给电子技术带来希望，使它为现代电子技术起步提供了物质准备，那么晶体三极管的问世，再次给电子器件的发展带来了光明，它使电子技术开始了一个新的历程。

晶体管的出现，仍然无法满足电子工业迅猛发展的需要。以一台中型电子计算机为例，它的电子元件数高达上百万个，单机元件增多，暴露出晶体管自身的缺陷。

为了克服晶体管的这些弱点，科学家想尽办法使它的体积变小，与之配套的元件，也沿着小型化的道路被压缩成微型电子元器件。然而，晶体管本身的小型化不是无限的，它达到一定程度后就很难再缩小了。

于是，专家们将小型晶体管和其他小型电子元件采用"微模组件"的高密度装配方法。采用这种方法，最高可以把200多万个元件封装到一立方米的体积中。

微模组件虽然缩小了元件所占的空间，但并没有减少各元件之间的焊接点数目，而电子设备中焊接点越多，越容易出故障。因此，微模组件也没能提高电子设备的可靠性。同时，由于元件过分密集，装配很不方便，人工操作增加了，所以电子设备的成本便不可能降低。要想继续改进电子设备，必须探索小型化的新道路。

人们发现在晶体管内部结构上蕴藏着小型化的巨大潜力。晶体管中真正起作用的部分只是芯片，按照理论计算，芯片面积只要数十微米的地盘就足够用了。但是，实际使用的芯片往往在0.5平方毫米大小左右，这就是说，芯片面积的99%没用上，白白浪费了。而且，芯片的体积也只占晶体管总体积的0.02%。

为了充分利用这些闲置的空间，人们又做了多种尝试，但都以失败告终。受头脑中传统电路观念的影响，人们仅仅是在维护分立状态、单独元件的基础上去缩小尺寸，思想观念的保守自然就束缚了手脚。

首先突破这一束缚的是美国雷达研究所的科学家达默。1952年，达默提出了半导体集成电路的思想。

把电子线路所需要的各个功能元件，统统制作到一块半导体晶片上，这样晶片就得到了充分利用，一小块晶片就变成一个完整电路，组成电路的各种元件集合成一个不可分割的密集整体，从外观上已不能分辨哪个是晶体管，哪个是电容器，哪个是电阻了，传统电路中功能各异的分立元件界限消除了。这样一来，电子线路的体积大大缩小，可靠性明显提高。

达默提出的半导体集成电路的光辉思想，是电子学观念的一次重大革命，它给电子学发展带来了一次巨大的飞跃，是对微电子学技术的杰出贡献。

1956年，美国材料科学专家富勒和赖斯，发展了半导体生产的扩散技术，使达默的集成电路思想变为现实成为可能，为研制集成电路提供了具体工业技术。

1958年，美国德克萨斯仪器公司的青年工程师基尔比，受达默思想的启发，大胆地提出了用一块半导体硅晶片制作一个完整功能电路的新方案。

基尔比和他的助手很快研制出第一批集成电路，经实际应用检验，效果良好。到1958年年底，他们已经解决了许多具体技术问题，为大规模工业生产做好了各项准备。

1959年，美国仙童公司的诺伊斯研究出一种平面技术，特别适合制作半导体集成电路。紧接着，光刻工艺和其他技术也相继发明，以致人们可以把晶体管和其他功能的电子元件压缩到一小块半导体硅晶片上。

　　1961年，人们开始批量生产半导体集成电路，并很快把它应用在电子设备上。当时，德克萨斯公司与美国空军合作，很快就制成第一台试验性集成电路计算机。该机重量只有285克，体积不到100立方厘米，运行可靠，工作准确无误，充分显示出集成电路的技术先进性和强大生命力。

　　随着集成电路制作技术的进步和成品率的提高，人们进一步设想，一块集成电路就是一个复杂的电子线路系统或一台电子设备，从而大大缩小体积、减轻重量、降低成本、免除焊接、提高可靠性，于是出现了大规模集成电路。扩散技术、平面技术之后，又发展了分子束外延单晶生长、离子束刻蚀、电子束曝光、电子计算机辅助设计和制造技术，使集成电路进步到大规模集成电路的新阶段。

　　集成电路的研制成功，是电子技术史上的一次重大革命，是电子技术发展道路上一个新的里程碑，它标志着微电子技术的伟大开端。

艰难的历程

——DNA 双螺旋结构的发现

1953年4月25日,英国最权威的科学杂志《自然》发表了两位年轻科学家华森和克里克的一篇重要论文,题目是《核酸的分子结构——脱氧核糖核酸的结构》。他们在论文中宣布,他们已经发现了生物大分子脱氧核糖核酸即DNA分子的双螺旋结构。

华森和克里克的发现,在分子水平上揭开了遗传现象的微观本质,开辟了生物遗传学的新纪元,从此分子生物学和分子遗传学诞生了。这项发现是20世纪生命科学乃至整个现代科学非常重要的研究成果之一。1962年,他们因这一发现而分享了诺贝尔生理学或医学奖。

华森生于1928年,1947年在美国芝加哥大学动物学系毕业。克里克生于1916年,1937年毕业于伦敦大学物理系,接着成为攻读博士学位的研究生。1939年因第二次世界大战而中断学业,战时在英国海军部科学研究实验室工作,战后从事粒子物理学研究。1951年,华森到英国克里克所在的分子研究室工作,被克里克敏锐的科学思想所折服。

当时,在攻克DNA结构之谜的科学竞赛中,有五位科学家名列前茅:美国著名科学家鲍林和富兰克林,英国结晶学家维尔金斯,还有华森和克里克。华森和克里克受到奥地利物理学家薛定谔的《生命是什么?》的影响,这也是他们决定揭开DNA之谜的重要因素。

1951年12月,华森写信给德尔布鲁克说:"克里克无疑是我过去从未接触过的最有朝气的人,也是我过去从未见过的最像鲍林的人。事实上他看上去极像鲍林,他总是不停地说话思考。自从我和他一起度过一段时间以后,我发现自己也处在高度兴奋之中,他把许多优异的年轻科学家都吸引到自己的周围。"从此两人紧密合作,共同为探索DNA分子结构而刻苦钻研。

维尔金斯和富兰克林所做的DNA分子X射线衍射照片显示,DNA分子由几个糖—磷酸骨架组成。但这些骨架如何结合到一起呢？结合力是化学键还是氢键？4种碱基配对是同配还是异配？克里克请剑桥的青年数学家格里菲思计算得出结论，碱基是不相似的本对，彼此之间以弱的吸引力氢键相结合。下一个问题是碱基的数量关系如何？

实际上，早在1950年，美籍奥地利生物化学家查哥夫就公开发表过有关的数据（在迄今为止所有已经检验过的各种DNA中，总的嘌呤和总的嘧啶分子数比值，还有腺嘌呤和胸腺嘧啶的分子数比值与鸟嘌呤和胞嘧啶的分子数比值，都与1相去不远）。

然而华森和克里克并未看过这篇文献。直到1952年6月，查哥夫访问他俩的实验室后，二人才知道这些数据。格里菲思的计算结果与查哥夫的数据惊人的一致，这就是说，DNA分子可能为1:1的不相似碱基配对。克里克意识到这点是非常重要的，因为这能解释DNA分子结合在一起和DNA分子能自我复制。

组成DNA分子的原料连接堆砌在一起会构成什么形状？起初，华森和克里克曾经想象是直线排列，1951年看到鲍林发表多肽分子的螺旋结构，两人决定把DNA分子也看成螺旋形。螺旋究竟由几股核苷酸链组成呢？华森和克里克主张3股螺旋，维尔金斯则主张单股螺旋。他们3人经常讨论DNA分子结构的问题，然而却没有选中双螺旋结构。

华森和克里克用废弃不用的蛋白质分子结构模型材料（铁块、硬纸板、铁丝等）制成一个DNA分子3螺旋模型，却发现实验数据有错误，3股螺旋模型便被否定了。

不久，他们获悉鲍林在美国建立起DNA分子结构模型，华森和克里克立刻又加紧工作。这次华森建立起一个双螺旋模型，糖—磷酸骨架在外，碱基在里，在配对碱基时坚持同配原则。

1953年2月19日，华森认为双螺旋同配模型已经成功，同室工作的美国结晶学家多诺休指出，他们采用的鸟嘌呤与胸腺嘧啶的互变异构体搞错了。他的意见中肯、正确，华森采纳了他的酮式结构，进行重新调整。

2月20日，华森来到实验室，清出桌面，摆开碱基模型。接着多诺休和克里克也进来了，华森以各种配对方式移动4种碱基。突然，他觉察到由两个氢键保持在一起的A—T配对与两个氢键连接在一起的C—G配对，形式上完全相同，整个结构自然形成。

这样，华森发现了碱基配对的正确规则。由氢键联系，两条无规则的碱基序列，可以合乎规则地排列在螺旋中间；而这意味着腺嘌呤总是与胸腺嘧啶配对，鸟嘌呤只能与胞嘧啶配对。更令人激动的是，这种双螺旋所暗示的复制格式比单纯同配更使人满意。

在DNA分子结构模型的建立过程中，华森和克里克多次试验，犯过许多错误，出现多次失败挫折。但是，他们勤于思考，不耻下问，勇于实践，不怕失败，在很多学者专家的帮助下，最终实现了突破，到达了成功的彼岸。

人物小传

〔华　森〕（1928—）美国遗传学家、生物物理学家。与克里克、维尔金斯共同获得1962年诺贝尔生理学或医学奖。

〔克里克〕（1916—2004）英国生物物理学家。因测试DNA的分子结构而与华森、维尔金斯共获1962年诺贝尔生理学或医学奖。

携手同赴斯德哥尔摩

——杨振宁和李政道荣获诺贝尔物理学奖

诺贝尔奖是现代世界公认的最高奖项,荣获诺贝尔奖是现代科学的最高荣誉。自1901年以来,每年诺贝尔物理学、化学、生理学或医学奖颁奖仪式都在瑞典首都斯德哥尔摩隆重举行。科学家们常常把荣获诺贝尔奖的研究称为"通往斯德哥尔摩之路"。

1957年12月10日下午4时30分,在金碧辉煌的斯德哥尔摩音乐大厅中,举行了世界瞩目的该年度诺贝尔物理学奖颁奖仪式,获奖者是炎黄子孙中的优秀人才——美籍华裔杨振宁、李政道。他们是怎样踏上通往斯德哥尔摩之路,并最后到达诺贝尔奖颁奖台的呢?

杨振宁是理论物理学家,1922年10月1日,出生于安徽合肥市。他的父亲杨武之曾在清华大学任教,是一位有名的数学家。父亲特别注意对杨振宁的早期教育,经常带他去图书馆和实验室,使他从小就对自然科学有浓厚的兴趣。父亲坚强的毅力,锲而不舍的精神,对杨振宁后来从事科学研究影响很大。良好的学习环境,加上杨振宁勤奋好学,他的学习成绩十分优异。

1937年,日本发动了侵华战争。不久,清华大学被迫迁往内地。杨振宁先在西南联大读书。后来又在西南联大取得硕士学位。

在西南联大,杨振宁结识了未来的伙伴李政道。两人志同道合,都喜爱理论物理学。1944年,22岁的杨振宁大学毕业后,在物理老师吴大猷先生的推荐下,经过考试,获得了赴美留学的奖学金。二战结束后,李政道也公费出国留学,前往美国芝加哥大学继续深造。

1945年,杨振宁决心追随费米和维格纳,不辞劳苦地径自前往哥伦比亚大学寻找费米。这时费米已到洛斯阿拉莫斯从事原子弹的研制工作,由于这是一项绝密工作,哥伦比亚大学没人告诉他费米的下落和工作情况。杨振宁毫不灰心,又到普林斯顿大学寻找维格纳,而维格纳也下落不明。实际上,维格纳也参加了曼哈顿计划,在芝加哥和橡树岭工作。

皇天不负有心人,后来,杨振宁终于在芝加哥大学找到了费米。不知费米是为杨振宁找他而花费的辛苦所感动,还是看中了杨振宁的才华。总之,尽管费米当时从事的是高度保密的研究工作,不能指导他的博士论文,他还是热情地把杨振宁介绍给另一位著名物理学家爱德华·泰勒,即后来的"氢弹之父"。

泰勒教授热心地指导杨振宁的博士论文,在泰勒的帮助下,杨振宁把注意力从自己不太擅长的实验物理学转到比较擅长的理论物理学上来,进步很快。1948年,杨振宁在芝加哥大学获得哲学博士学位,并留校担任物理学讲师。

不久,他又与自己学友李政道开始了异国他乡的合作。

1949年,杨振宁受聘到新泽西州普林斯顿研究所担任研究员,从此他开始了研究高能物理的生涯。1955年,杨振宁升为教授。

1956年6月22日,美国杂志《物理学评论》的编辑接到一份稿件,是一篇很短的论文,文章提出了一个问题:在弱相互作用下宇称是否守恒?还提出几种实验方法,以便从实验上来解决这个问题。作者是普林斯顿高级学术研究院的杨振宁和哥伦比亚大学的李政道。

1956年夏,杨振宁开始和李政道一起探索在弱相互作用下宇称是否守恒的科学尖端问题。宇称是微观粒子特有的物理量,它和质量、电荷、自旋等物理量一样用来描述微观粒子的性质。

当时,杨振宁和李政道一起查阅了大量的资料,发现在弱相互作用下并没有任何实验说明宇称守恒。于是,他们提出了在弱相互作用下宇称不守恒的理论。从而断定了当时的"θ"粒子和"τ"粒子实际上是同一种粒子,即"K"介子,解决了当时高能物理学中著名的"θ—τ"疑难问题。

人有左右两手,是对称的,物体经平面镜成像后,实体和影像是对称的,这是空间对称。不仅如此,力学现象中作用力和反作用力,也是对称的,电磁现象中阳极和阴极,也是对称的。总之,凡现实世界上的一种运动,只要它在镜像中的运动可以在现实中实现,那么,这种运动就称为"宇称守恒"或"左右对称"。

主宰自然界的相互作用有4种:万有引力作用、电磁相互作用、弱相互作用和强相互作用,过去,人们坚信这4种作用中宇称守恒定律是普遍地起着作用,是物理学界的"金科玉律"。杨振宁和李政道携手合作,经过多年研究,向世界宣布:人们把宇称守恒的作用任意夸大了,绝对化了,把它外推到任意范围,抹杀了对称中的不对称因素。他们大胆地宣称,在弱相互作用中宇称并不守恒。

杨振宁和李政道在指出弱相互作用下宇称不守恒的同时,还提出可以用 β 衰变的实验来验证。几个月后,哥伦比亚大学美籍华裔物理学家吴健雄与美国华盛顿国家标准局的四位物理学家一起,在 $-269℃$ 的极低温度下,用钴-60 的衰变证明了弱相互作用下宇称确实不守恒。

弱相互作用中宇称守恒的原理被推翻了,这一震惊世界物理学界的杰出贡献对高能物理的发展起了重大的促进作用。因此,杨振宁和李政道荣获 1957 年度诺贝尔物理学奖,同时荣获爱因斯坦科学奖。

1957 年,杨振宁受聘到法国巴黎大学担任客座教授。1966 年,杨振宁到美国纽约大学担任爱因斯坦讲座物理学教授,并兼任理论物理研究所所长。杨振宁教授久居美国后,加入了美国籍,但是他对祖国的科学教育事业极为关心,多次回国亲自挑选有志青年,为祖国培养科学人才。

与杨振宁共同荣获 1957 年诺贝尔物理学奖的李政道,于 1926 年 11 月 25 日出生在中国上海市。旧中国的贫穷和落后,使他从小就立志发奋学习,用科学知识改变旧中国的面貌。他相信,中国人也是可以掌握最先进的科学技术的,正是这种坚定的信念使他走进了科学殿堂。

1946 年他从西南联大赴美国芝加哥大学留学深造。1948 年,他第一次和杨振宁合作发表了科学论文。1950 年,李政道获得芝加哥大学哲学博士学位。同年,他被留校担任天文学副研究员。第二年,他又受聘担任美国柏克莱加利福尼亚大学副研究员和物理学讲师,从此,他开始了从事粒子物理研究的生涯。

1951 年,李政道应聘到新泽西州普林斯顿研究所担任研究员,在这里他与杨振宁再次会合。从此,这两位年轻的物理学家又开始了新的合作,共同探讨粒子物理中的重大课题。

1953 年,李政道受聘担任纽约哥伦比亚大学物理学助理教授。两年后,他升为物理学副教授。由于工作出色,1956 年他晋升为物理学教授。他和杨振宁一起探索"$\theta-\tau$"之谜,1957 年获得诺贝尔物理学奖金。

此外,他对夸克模、真空等课题都有自己独到的见解。他所提出的"李氏模型",是量子场论中极少有的可以完全解出来的模型之一,它可以用来检验共振态的质量和半衰期的定义。

李政道教授久居美国后,加入了美国国籍。他和杨振宁一样,身在海外,心向祖国。他多次回国讲学、探视,介绍科学研究成果,为中国的科学建设贡献力量。

目前,杨振宁正在纽约州立大学,他仍奋战在高能物理的最前沿;李政道正在美国哥伦比亚大学,为攻克新的科学堡垒而日夜奋战。

人物小传

〔**杨振宁**〕(1922—)美籍华裔物理学家。因与李政道一起提出弱相互作用中宇称不守恒而一同获得1957年诺贝尔物理学奖。

〔**李政道**〕(1926—)美籍华裔物理学家。因发现宇称不守恒定律的现象而与杨振宁共获1957年诺贝尔物理学奖。

从半导体到超导理论

——诺贝尔物理学奖获得者巴丁

1956年和1972年,美国物理学家约翰·巴丁两次获得诺贝尔物理学奖,他是第一位在同一学术领域(物理学)中两次荣获诺贝尔奖的科学家,也是现代科学的一位勇士和英雄。

1908年5月23日,巴丁出生于美国威斯康新州的麦迪逊。1924年进威斯康新大学攻读电气工程,1928年毕业,获学士学位,1929年取得硕士学位。

巴丁从不满足现状,勇于进取,探索和求知的欲望使他考入新泽西州普林斯顿大学做研究生,钻研数学和物理学。当时,巴丁跟随著名物理学家维格纳研究固体物理学,进入半导体和超导体的新领域。正是在这个领域中,他两次荣获了诺贝尔物理学奖。

1936年,巴丁在普林斯顿大学获哲学博士学位。1945年,巴丁到纽约市贝尔实验室,参加了一个新成立的固体物理学研究小组。当时巴丁37岁,他与肖克利、布拉坦等科学家紧密合作,在理论上解决了n型半导体与p型半导体接触电势差相近的问题。

肖克利35岁,是组长;布拉坦43岁,还有其他几位科学家,共同研究这个题目。他们经过仔细分析,认真讨论,获得了明显的进展。巴丁首先提出半导体的表面态、表面能级的概念。巴丁的表面态理论,成功地解释了当时半导体研究中的主要难题,使人们对半导体的认识迈进了一大步。巴丁和肖克利、布拉坦等以此为突破口,继续探索。他们首先测量了一系列杂质深度不同的p型和n型硅的表面接触电势,通过实验他们发现,经过不同表面处理或在不同条件下,接触电势也不同。

他们用薄薄的一层石蜡封住一根金属针尖,再把针尖压进已经过处理的硅表面,在针尖周围放入一滴水,使带蜡层的针与水绝缘开。像他们讨论时预期的一样,加在水和硅之间的电压,改变了从硅流向针尖的电流。这就是功率放大——他们梦寐以求的结果。如果改用 n 型锗进行实验,现象将更为明显。

正是巴丁等科学家的这项研究工作,导致了一种新的半导体器件——晶体三极管的发明。晶体三极管的 3 个电极分别叫发射极、基极和集电极,在外加直流电压的作用下,发射极发射载流子(电子或空穴),这些载流子只有很少一部分流入基极,绝大部分流入集电极。

如果用微弱的外加信号控制基极电流,那么很小的基极电流变化就会引起很大的集电极电流变化,这就是晶体三极管的放大作用。晶体三极管不易碎,比普通真空电子管功耗低、体积小、重量轻、寿命长。

晶体三极管的发明,引起了电子技术的一场大革命,出现了晶体管收音机、晶体管电视机、微型电子计算机等,在其他科学仪器中晶体管也被广泛应用。晶体管发明所引起的电子技术革命一直延续至今,从单独分立的晶体管发展到集成电路,从小规模集成电路发展到中规模、大规模和超大规模集成电路。

由于晶体三极管效应的发现,巴丁与肖克利和布拉坦 3 人分享了 1956 年的诺贝尔物理学奖。

科学无止境,探索无尽头。完成晶体三极管发明 3 年以后。即 1951 年,巴丁到伊利诺大学任物理学及电气工程教授,在这里,巴丁的主要研究兴趣集中在低温物理学与超导理论研究方面。

早在 1950 年,巴丁就得到金属超导温度与其原子量成反比的信息。当时,美国标准局的麦克斯韦和拉特格斯大学的塞林分别独立发现,某一金属出现超导电性时的温度与其原子量成反比。

1956 年,年仅 26 岁的伊利诺大学副研究员库珀指出,金属中具有费米能级能量的两个电子,彼此松散地吸引对方,会形成一种共振态,被称为"库珀对"。

1957 年,49 岁的巴丁与 25 岁的年轻研究生斯来弗,把库珀的想法应用于多个电子,指出所有传导电子如何可以形成一种新的合作状态。

按照这个模型,金属中正常移动的自由电子成对偶合,并与金属晶格相互作用,这些电子对具有共同的动量,它们并不随意地受个别电子随机散射的影响,所以其有效电阻是零。这就是解释金属低温超导的 BCS(取巴丁、库珀、斯来弗 3 人拉丁文名字的第一个字母)理论。

BCS 理论是对量子物理学的重要贡献之一,在这一理论的指导下,英国科学家约瑟夫逊创立了超导电流通过隧道阻挡层的约瑟夫逊效应,解释超导电性的微观现象,约瑟夫逊因此而获得了 1973 年诺贝尔物理学奖金。

科学界普遍认为,巴丁等人创立的 BCS 超导理论,是从导体通向超导体的桥梁。正是由于这一重大科学贡献,巴丁与库珀和斯来弗 3 位科学家共同分享了 1972 年的诺贝尔物理学奖。

人物小传

〔巴 丁〕(1908—1991)美国科学家,两次诺贝尔物理学奖的获得者。1956 年因和肖克利、布拉坦共同发明晶体管而获奖。1972 年和库珀、斯来弗一起因发展超导电性理论而获奖。

为天幕缀一颗新星

——第一颗人造卫星上天

1957年10月4日以后,每到夜晚,如天气晴朗,世界许多国家和地区(例如北京)可以看见一颗闪闪发亮的星星,自东向西,缓缓地在夜空飘游。它如此飘游了一年多,才从太空消失。这是宇宙从未有过的景观,它的出现,令世界震惊、激奋。它是人类征服太空的新纪元。它就是1957年10月4日苏联发射的世界上第一颗人造地球卫星"人造地球卫星1号",这是人类历史的伟大事件,人类科学的伟大成就。从此,人类开始实现"不会永远停留在地球上"的宏伟目标。

世界上第一颗人造卫星——"人造地球卫星"1号,是在苏联火箭和航天专家科罗廖夫博士领导下建造和发射的。

这颗卫星是用铝合金做成的圆筒,直径58厘米,重83.6千克,圆球外有四根弹簧鞭状天线,一对长240厘米,另一对长290厘米,卫星内部装有两台无线电发射机,频率分别为20.005和40.002兆赫,采用一般电报信号形式,两个信号持续时间约0.3秒,间歇时间亦为0.3秒。此外还有一台磁强计、一台辐射计数器、测量卫星内部温度和压力的感应元件及作为电源用的化学电池。

随着速度的增加和空气阻力的减小,它爬得越来越高,第三级火箭把卫星送到大气层以上,人造卫星从第三级火箭中弹出,达到第一宇宙速度(7.9公里/秒),进入环绕地球轨道独自在太空飞行。

这颗卫星的远地点(离地面最远)为964.1公里,近地点(离地面最近)为228.5公里,是一条椭圆轨道。这条轨道的平面与地球赤道平面的夹角(倾角)为65度。飞行速度为每小时28565.1公里,是波音飞机速度的30倍。它环绕地球一周的时间是96.2分钟,比原来预计需要的时间多用了1分20秒。

这颗人造地球卫星，在晴朗的夜空飞行，像一颗星星在天上移动，可以用肉眼直接看到它。

　　它在绕地球运转的过程中，搜集了很多有价值的资料。它用电子仪器测量了地球大气最高层的密度和压力，并通过无线电信号，把这些科学数据发射回苏联的地面雷达跟踪站。

　　这颗卫星的运载火箭于1957年12月1日进入稠密大气层坠毁。卫星在天空运行了92天，绕地球飞了1400圈，行程6000万公里，于1958年11月4日陨落。

　　为了纪念人类进入宇宙空间的这一伟大创举，苏联在莫斯科的列宁山上建立了一座纪念碑，碑顶安放着这颗人造天体的复制品。

　　一个月之后，1957年11月3日苏联又发射了第二颗人造卫星，在这颗卫星中还带了一条小狗"莱卡"。很明显，苏联已经计划把人送上太空。

　　随着苏联第一颗人造地球卫星的发射成功，紧接着又有一些国家发射了人造地球卫星，像美国、法国、中国、英国、澳大利亚、日本、印度等。中国发射第一颗人造卫星是在1970年，取名"东方红"号，人们可以清楚地听到它发回的东方红乐曲。到目前为止，全世界一共发射了2000多颗人造卫星。它们分别行使着各种职能，为人类服务。

　　人类利用人造天体研究和开发利用宇宙的时代开始了。

人类的希望之光

——激光的发现和应用

1960年5月,现代科学技术史上的一项新的重大发明,世界上第一台激光器诞生了。这是光学和量子电子学结合的产物,也是众多科学家努力钻研的结果。激光器的发明,给工农业生产、科学研究和医疗卫生等方面带来了巨大变革。

生产的发展,对光学技术和光源提出了新的要求。在探索新光学技术与新光源的研究中,1951年,美国哥伦比亚大学的汤斯提出,需要制造一个非常小巧而精确的谐振腔,使其产生能量偶合到电磁场去。然而这种谐振腔的尺寸太小,难以制造。

1957年10月,汤斯与他的妹夫肖洛在贝尔实验室共同研究光的受激辐射放大问题。肖洛提出一个关键的设想,即用一个没有侧壁的开式腔来作为振荡器,并与汤斯一起推导公式,阐述用两个相距较远的小反射镜获得单模振荡的可行性,还考察了有希望成为放大介质的各种物质。

1958年12月,他们合作在美国《物理学评论》杂志上发表了一篇重要论文,提出了光源以受激辐射为主要发光方式时,必须是光源的发光粒子实现能级粒子数反转,即处在高能级的粒子比处在低能级的粒子还要多。这是与正常发光条件不同的状态。

1952年,苏联列别捷夫物理研究所的巴索夫和普罗霍罗夫合作,发表了论文,阐述了受激辐射微波放大器原理,他们在1955年又用氨气实现了这一原理,制成了微波激射器。1958年,巴索夫又提出了用半导体制造激光器的原理。

1957年,美国加利福尼亚州马里波休根斯研究室的梅曼,用红宝石制成了一台腔式微波激射器。1959年,他开始用红宝石作为激活发光物质进行改进实验,终于在1960年5月宣布获得激光,这就是世界上第一台激光器。

梅曼研究了红宝石的铬离子光谱，确定三氧化二铬分子中三价铬离子的电子能级图。他用一根长2厘米、直径1厘米的红宝石圆棒作工作物质，把棒两端的圆面研磨抛光成严格平行的面，并镀上银膜，在其中一端的表面中央挖去了直径1毫米的银膜，以便于使发出的激光从这个膜孔中射出来。梅曼用氙闪光灯的强光作帮辅光源，氙灯螺旋的孔径也是1厘米，正好可以使红宝石圆棒插进去。通过试验，得到激光。

自梅曼研制成功第一台激光器以后，各种类型的激光器纷纷出现。像氦氖气体激光器、玻璃激光器、半导体激光器、氮气分子紫外激光器等。

不到10年，激光器获得了长足的发展，它所用的工作物质有固体、液体、气体、半导体等；运转方式有脉冲式、连续式、调频试、锁模式、光参量等；激励手段有电激励、光激励、电子束激励和化学反应激励等；激光的波长范围也从可见光发展到红外线、紫外线和远红外线波段。

激光光度高、波长单一（单色性好）、方向性强，是一种精度高、功率强的光源，它在实际的生产生活中的应用非常广泛。

在工业上，激光可以把坚硬的红宝石、不锈钢熔化，并变成气体，这就能够用来对零件打孔、焊接、切割。特别是激光束能聚焦成直径不足1微米的小光点，能量又很高，在精密仪器和机械部件加工中，其他方法无法相比。

1963年，激光技术就开始在医疗部门应用，它操作简单，能医治一些常规手术难以医治的疾病。

激光技术也能够提高农作物的收成。从60年代初起，我国科技人员使用激光对小麦、水稻、大豆等200多个品种的农作物进行了激光照射培育研究，培育出一批新品种，它们的成熟期缩短了，产量提高了。

激光通信，是近年发展起来的应用技术。由于光信号不受电磁波干扰，线路不受电气环境的影响，在远距离传输过程中，不积累噪声，通信品质大为提高。

激光在军事上的应用更多。利用激光测距准确快速，可使进攻武器准确击中运动目标。用激光制导的火箭导弹，就像长了眼睛一样，盯住目标紧追不舍，直到击毁目标为止。

今后，激光还会发挥更大的作用。

遨游太空第一人

——宇航英雄加加林

人们常想，站在地球之外看地球该是什么景象？那一定是非常奇妙、令人激动不已的。要实现这个愿望，人必须升入太空，把整个地球装进人的视野。

1961年4月12日，这个愿望实现了。人类第一次用肉眼从327公里的高空去观看地球。尽管站在这个高度还看不到地球全貌，但它是极宝贵的第一步。仅过8年，人类就从月球上一览无余地看到了自身居住的整个地球：一个比月亮大50倍的"月亮"。

人类存在已200多万年，第一个幸运地从地球外看地球的人，就是苏联宇航员加加林。青少年朋友们，你想了解加加林乘宇宙飞船遨游太空的动人景象吗？

1961年4月12日，苏联宇航员尤里·加加林乘"东方"1号宇宙飞船进入太空，绕地球飞行一周后安全返回地面，成为遨游太空的第一人。这一天也是人类征服太空的伟大日子，开启了载人宇航的新时代。加加林也成了开创人类太空旅行的宇航英雄。

早在1957年10月4日，苏联就成功地发射了世界上第一颗人造地球卫星"人造卫星"1号，在一个月之后，苏联又发射了第二颗人造卫星"人造卫星"2号，并且在这颗卫星里放了一条小狗，它的名字叫"莱卡"，为将人送上太空做了充分准备。

要完成人类冲出地球的计划，首先是挑选和训练宇航员。尤里·加加林等12名宇航员接受了一系列艰苦的训练。

起初是意志力训练和考验，让他们学会野外自救生存能力。接着是进行模拟训练，科学家们设计和制造了"模拟器"，模拟器代表将要发射的东方号宇宙飞船，其特征和性能与宇宙飞船在太空中飞行非常相似。模拟器给宇航员某些太空条件的体验，例如失重状态和寂静孤独的感觉等。

失重是一个人身体活动失去重力（地球吸引力）阻碍时所感觉到的一种状态。在地球上，人体受地球的吸引而产生重量，其行动也受到地球引力的阻碍。越靠近地球表面，地球的吸引力越大，对人体行动产生的阻力也越大。离地球越远，地球的引力越弱，人的体重越轻，地球的引力对人体行动的阻碍就越小。

在远离地球的太空中，人的体重可以变得很小，甚至完全失去重量，他可以从宇宙飞船中走出来，在太空中散步，而不会掉下来。宇航员在太空飞行中失重，主要是因为飞船高速绕地球作圆周运动，离心力抵消了地球引力的结果。

每个接受训练的人，被依次单独关在模拟器里面，一名科学家操纵和控制着机器，以制造出各种不同的太空环境和飞行条件，并仔细观察模拟器中的人，还不时给里面的人发送指令。科学家可以自命一些意想不到的问题向模拟器中的人提出来，而受到训练的宇航员，就使用模拟器中的仪器和工具，努力想办法解决这些问题。

医生严密地注视着每一个受训者，研究各种条件对宇航员身体和精神的影响。使用一些特殊仪器，检查宇航员的脉搏和血压，还特别注意观察宇航员接到指令时的反应。经过反复检验最后终于挑选出了一名最好的宇航员，他就是尤里·加加林。当时加加林27岁，当他接到任命他为第一位宇航员的消息时，他感到由衷地骄傲。

4月11日，拜科努尔太空中心和横跨苏联国土遍布各地的40个雷达跟踪站，正在进行紧张的准备工作。

4月12日早，刚过5点钟，医生就把加加林唤醒，仔细地复查了他的身体，结果他健康状况非常好，没有发现任何问题。

在拜科努尔，人们可以看到，"东方"1号宇宙飞船和运载火箭耸入蓝天，准备发射。火箭高37.5米，连它所带的燃料一起，总共有500吨重，而宇宙飞船本身重约4.5吨。

加加林穿着特制的宇航服，从容不迫地走向飞船，爬进座舱，一边检查舱内仪器，一边等待发射的命令。一会儿，从无线电传来控制中心的声音，告诉加加林火箭准备发射。几分钟之后，拜科努尔发出一声巨响，火箭射向天空。

火箭刚刚发射离地，突然的剧烈作用，使宇宙飞船内部压力增大，超重现象发生了。此时的压力大到使加加林很难移动，他感到自己的脖子好像要断裂，整个身体好像要爆炸。过了一会，压力开始减小，加加林也渐渐感到好一些了。

加加林躺在弹射椅上。供给他座舱呼吸的空气来自设备舱的氧气瓶和氮气瓶，其压力与地面正常大气压一样。生命保障系统的生活物质，可供宇航员用10昼夜。这艘宇宙飞船有两套控制系统，既可以由地面控制中心自动控制，也可以由宇航员手动操纵。

火箭顶着飞船上升，最后一级（第三级）火箭脱去后，飞船进入绕地球运转的轨道。

加加林独自一人坐在飞船中在太空飞行，他向外张望，看到了下面的地球。他发现地球是弯曲的，地球的一边受太阳照射，像月亮一样发光，以前还没有人看到地球发光呢！加加林是身在地外观察整个地球的第一个人，他的心里格外激动。

在这次太空旅行期间，遍布苏联各地的40个雷达站，一直紧紧跟踪并报告宇宙飞船的位置。在控制中心，专家们注视着电视屏幕和电脑，并通过无线电和加加林讲话。加加林向地面控制中心报告说："飞行正常，经受失重状态良好。"没有发生任何故障，飞行完全成功。

加加林驾着"东方"1号宇宙飞船绕地球运行一圈，共飞行40867.4公里，用了一个半小时。当它完成轨道飞行任务时，点燃了一枚小型火箭，飞船便减慢了速度，脱离轨道开始返回地球的归程。

回来的路仍然是非常危险的。因为宇宙飞船要从空气十分稀薄的外太空重新返回浓密的大气层。这就涉及进入地球大气层的速度和角度问题。宇宙飞船在太空中以28000公里的时速飞行，那里几乎没有空气阻力，当然也就没有什么摩擦力。如果它以这样大的速度垂直进入大气层，所产生的巨大摩擦力会形成强烈的高温，就将烧毁飞船。另外一种危险是大气反弹，当宇宙飞船进入大气层的角度不对时，它就可能被反弹出去，重新进入太空。

在120公里高空，进入地球大气层的宇宙飞船只有与包围地球大气的球形切面成5.2~7.2度角时，才能安全返回地球（大于7.2度将被反弹，小于5.2度将烧毁）。为避免这些可怕的危险，拜科努尔地面控制中心精确地控制了宇宙飞船的飞行，让飞船以适当的角度进入地球大气层，并降低了速度。

尽管如此,"东方"1号宇宙飞船仍然因大气摩擦,金属外壳被加热升温变成红色。"东方"1号宇宙飞船像个大火球一样,急速地向地面冲下来。

另一枚火箭点燃,"东方"1号宇宙飞船继续放慢速度,在离地面7公里的高度时,先后打开了两个降落伞,靠强大的空气阻力拖住宇宙飞船,帮助它把速度迅速降低到每小时35公里。最后,"东方"1号宇宙飞船悬在几个张开的大降落伞下面,徐徐下降,轻轻地落在莫斯科东南805公里的萨拉托夫——一个偏僻乡村的田野。迎接加加林的是他的妻子和女儿,全家终于又团聚了。

加加林乘"东方"1号宇宙飞船遨游太空,是人类进行的第一次太空旅行,他经受了人类历史上一次重要考验。这次旅行证明了人体机能完全能承受火箭起飞时的超重负载,也能适应太空飞行中的失重环境,这就为人类进入太空征服宇宙开创了先例。

人物小传

〔加加林〕(1934—1968)第一个进入宇宙空间的苏联宇航员。1961年4月12日,他乘坐"东方"1号宇宙飞船绕地球一周,历时1小时28分。

为人类登月铺平道路

——现代火箭专家布拉温

人类实现宇宙航行的关键是必须有足够的速度,才能克服地球引力,把航天器送入轨道。要得到这样的速度,这就必须依靠装有燃料的火箭。但火箭填装燃料的数量受火箭本身重量的限制。太轻,装的燃料少,航天器没进入预定轨道,燃料烧完,它就掉下来。装得太多,火箭重量加大,又达不到必需的速度,航天器还是会被地球死死地拉住,飞不了多高。要登上月球,火箭的动力就必须更强。聪明的火箭专家们便想到多级火箭。航天器向预定目标前进途中,第一级火箭的燃料用毕,自动脱落,第二级火箭自动点火,如此这般直到第三级,航天器获得必要的燃料,又不增加多余的重量,理想的速度便达到了。

为人类登月设计多级火箭的,是德国火箭专家布拉温。他研制的"土星"5号是当今世界上推力最大的三级火箭,正是这个"土星"5号把"阿波罗"登月飞船送上了月球。

1912年3月23日,布拉温出生于德国威尔锡茨城的一个富豪家庭,后来,布拉温的家搬进柏林政府邸宅,布拉温进入正规小学读书。布拉温不仅在语言学习方面表现出惊人的能力,而且对小学教学大纲之外的科目也产生了浓厚的兴趣。也正是这个原因,他的学习成绩并不太好,尤其是数学,常常落在别人之后。布拉温的父亲听取了朋友的忠告,把他送到一所比较自由的学堂去学习。

20世纪初期,火箭研究、实验正在兴起,俄罗斯中学教师齐奥尔科夫斯基、美国科学家哥达德、罗马尼亚出生的科学家(后加入德国籍)奥布尔茨等都是著名的火箭研究先驱。1923年,奥布尔茨写了《进入星际空间的火箭》一书,1929年修改为《飞向太空的道路》,这本书使布拉温对火箭产生了浓厚兴趣,对太空飞行着了迷。

布拉温的数学基础较差，不能完全理解书中的问题，但是他没有被冗长、深奥的数学公式所吓倒，反而下定决心，刻苦钻研数学，并很快成为全班名列前茅的优等生。

受奥布尔茨的影响，德国于1927年建立了世界上第一个研究火箭和太空飞行的学术团体——太空飞行学会，即宇航学会。1930年，年轻的布拉温到柏林理工学院学习，并参加了宇航学会。从此，研究火箭和太空飞行成了布拉温生活中的主旋律。他有一个伟大的抱负，那就是制造出能把人送上月球的强大火箭。

为了实现人类登上月球的理想，布拉温一边努力学习功课，一边利用业余时间进行液体燃料火箭的研究和试验，练习驾驶飞机。1932年，布拉温获机械工程学士学位，并进柏林大学继续深造。

当时，年轻的德国陆军少将沃尔特·多恩伯格正负责固体燃料火箭的研究工作，也清楚地认识到液体燃料火箭的巨大军事潜力。多恩伯格发现了布拉温的创造才能，便调布拉温去开展液体燃料火箭的研究。

1934年，布拉温获柏林大学物理学博士学位，他在博士论文中大胆提出了135公斤和270公斤推力火箭理论以及具体研究和试验方法等。

火箭研究既可以用于和平目的的探索太空，也可以用于军事战争毁灭人类。就在当时，德国火箭学会被强行解散，民间火箭试验亦遭禁止，只有军方才能进行。这就是说，军方垄断了火箭研制工作。

随着火箭技术的研究规模的扩大，德国决定在波罗的海附近的佩内明德村再修建一座大型军用火箭研制场，这就是闻名于世的佩内明德火箭研究中心和试验基地。多恩伯格是这里的军方指挥官，布拉温则负责技术指导。到1942年，第二次世界大战中期，他们研制成功了靠喷气辅助起飞的液体火箭飞机、弹道导弹A-4和超音速防空导弹"瀑布"。

德军宣传部把A-4导弹命名为V-2，即复仇-2（V是德文复仇一词的第一个字母），V-2成了纳粹德国的一张王牌，也是德国武器制造史上的一项重大成就。

V-2是世界上最早的远程火箭，它高15米，重13.4吨，能爬到160公里以上的高空，以每小时5700公里的速度飞行，攻击320公里远的目标，并且能从空中四面八方的目标突袭。德军曾用V-2袭击英国本土，在当时，V-2几乎成了一种无法防御的传奇新武器。

虽然V-2运载炸药不到1吨，但它的威力仍然超过了当时的各种武器。布拉温的工作，使得当时佩内明德火箭和导弹技术领先其他国家大约10年。然而随着二战中德国摇摇欲坠，布拉温开始寻找出路。

因此，在第二次世界大战快要结束之前，布拉温封装了各种机密文件，如V-2火箭的图纸，研究计划与试验记录，与多恩伯格以及在佩内明德工作的一大批德国科学家和工程师向美国占领军投降。没过几个月，布拉温和他的研究小组100多名成员来到了墨西哥州美国陆军的白沙试验场。这些火箭专家们就在这里装配德国缴获来的几十枚V-2火箭，进行V-2火箭的试验性发射，并且继续研制先进的冲压式发动机和导弹。

1952年，布拉温又被调到阿拉巴马州亨茨维尔的"红石"兵工厂，并由他领导和发展美国第一代弹道导弹——"红石"导弹。在布拉温的领导下，美国在十几年内就成功地研制了"红石""丘比特-C""婚神星"和"潘兴"等导弹，还为"雷神""宇宙神""大力神"等中程和远程弹道导弹的研制做出了巨大的贡献。

1953年，布拉温发表了他的杰作《火星计划》，他在文章中极其详尽地描述了人类进行星际航行的具体规模、实现手段、技术障碍以及防护措施等问题。《火星计划》对于人类开发行星资源、改造行星世界、建立起适合人类居住的文明星球等，都具有不可估量的伟大意义。

《火星计划》刚发表时，曾遭到许多责难。责难集中于两点：一是太费钱，一是有什么用。一句话，责难者认为"火星计划"劳而无功。对此，布拉温幽默地回答："一个初生的婴儿有什么用呢？远征火星的费用不会比一场局部战争多。"

1955年，布拉温加入美国国籍，成为名副其实的美国公民，从此成了美国宇宙飞行事业的关键人物，特别是对"阿波罗"登月计划的顺利完成起到了关键的作用。

1957年苏联两颗人造卫星上天，为了与苏联竞争，布拉温率领科学家经过努力，终于在1958年1月31日把美国第一颗人造卫星"探险者"1号送上地球轨道。

60年代初期，美国在导弹和航天技术方面受到苏联的严重挑战。为挽回败局，规模庞大、声势浩大的"阿波罗"登月飞行计划便列入美国60年代的国家目标。布拉温清楚地懂得，要把人送上月球，没有更大推力的运载火箭是不可能的。他又大胆地挑起研制"土星族"火箭和重担。经过数年苦心经营，威力无比的"土星"5号运载火箭终于问世了。

"土星"5号是当今世界上推力最大的三级液体燃料运载火箭，它高85.7米，直径10米，起飞重量达2892.8吨，的确是个名副其实的庞然大物。它能把127吨重的卫星送上地球轨道，也可以把50吨重的飞船一举推上月球轨道。1969年7月21日，美国成功地把第一艘载着阿姆斯特朗等3名宇航员的"阿波罗"登月飞船送上月球，实现了布拉温长久以来的夙愿。

人物小传

〔**布拉温**〕（1912—1977）美籍德国工程师。1934年他成功地研制成远程弹道导弹A-4（V-2）和超音速防空导弹"瀑布"。战后研制出了"土星"5号巨型火箭，为人类登上月球做出了巨大贡献。

人类首次登上月球

——"阿波罗"登月计划

嫦娥奔月是中国古代的美丽神话，登月也是人类长久以来的伟大理想，为此，出现了不少传说、幻想、故事……近代以来，科学家对登月问题开始了认真的研究和深入探讨。

1902年，俄国科学家和发明家齐奥尔科夫斯基，发表了一篇著名的论文《用反作用器研究宇宙空间》，提出一个火箭飞行速度公式。1923年又出版了《宇宙火箭列车》，提出多级火箭的设想。

与此同时，罗马尼亚出生的德国科学家奥布尔茨出版了《进入星际空间的火箭》一书，详细描述了火箭如何克服地球引力的束缚并飞往太空的基本理论。奥布尔茨的这本书，公认是运用火箭进行宇宙飞行的经典著作，对后来世界宇航事业的发展起了极其重要的指导作用。

第二次世界大战中及战后10年，火箭技术有长足进步，随着1957年苏联发射世界上第一颗人造地球卫星和1961年苏联把世界上第一艘载人宇宙飞船送上太空，航天技术不断发展。然而，在美苏宇航竞赛的头两个回合，美国显然是落后了。

为了扭转败局，当然也是为了发展宇航事业，美国决定派人登月旅行。1961年5月，美国总统肯尼迪庄严宣布：要在10年内把美国人送上月球，并安全返回地面。这就是规模庞大的"阿波罗"登月计划。由美国国家航空及太空总署（NASA）负责组织实施。

"阿波罗"是古希腊神话中的太阳神，代表着光明、力量、青春和希望等美好的事物，登月计划以阿波罗命名，表现了美国的决心、力量和希望，也有求太阳神保佑计划成功的吉祥含意。

首先是拟定切实可行的登月方案。经过仔细研究讨论，比较了各种方案的利弊，最后选择了"月球轨道交会"方案。

接着是设计和制造阿波罗飞船。按太空总署采纳的月球交会方案，通过计算得出，阿波罗宇宙飞船长18米，重45吨，像火车头那么大。因为不可能在太空中做现场试验，所以设计时必须随时想到，它是否经得起太空和大气层的考验。

科学家经过多次实验，取得大量数据后，就开始制造真正的阿波罗飞船了。阿波罗飞船有数千个组成部件，在几百个工厂分别制造，然后由技术纯熟的工程师组装起来。

然后是设计和制造"土星"5号火箭。"土星"5号火箭从1962年1月开始制造，由著名的火箭专家布拉温负责，是一种巨型超级液体燃料三级运载火箭。

为了建造和发射阿波罗飞船和"土星"5号火箭，美国从1963年4月起，开始在卡那维拉尔角附近的梅里特岛上建造了世界上最大的火箭组装大楼。

最后是挑选和培训宇航员。为了胜任未来的登月飞行，宇航局还得选拔和训练宇航员。他们挑选了年龄在20岁到35岁之间健康状况和身体素质极好的人。

训练期间，宇航员们要学习几门科学，包括星球和月球知识以及地质学，因为他们将要在月球上寻找岩石，了解月球的年龄。还要学习宇宙航行的理论——飞船的发射、实际飞行以及着陆，也要了解飞船和火箭的所有技术细节。

他们要在一系列的模拟器中进行模拟训练，做假想的"月面飞行"和"月面行走"训练等。为了保持身体健康，他们要每天进行体育锻炼，定期进行体格测验，此外还需进行各种试验飞行。

1961年至1969年期间，美国宇航员们进行了20次试验飞行。此后，宇航员们3人一组，在"阿波罗"飞船中进行了4次试验飞行。飞行一开始很不顺利，1967年1月的一个清晨，当格里森、怀特和查菲进入飞船后不久，舱内突然起火，3人不幸全被烧死在里面。美国的太空计划因此被推迟了将近两年。

1969年7月16日，美国佛罗里达半岛中部肯尼迪太空中心的火箭发射场，"阿波罗"11号宇宙飞船坐在"土星"5号三级运载火箭的头顶上，它高耸入云，直向天空，真是一个庞然大物。它正等待点火升空，踏上通往月球的旅程。

倒数计时到达 10，9……3，2，1，火箭尾部喷出通红的火焰，并发出震天动地的轰鸣声，"土星"5 号火箭载着"阿波罗"11 号宇宙飞船，离开地面。几秒钟后，闪闪发光的金黄色火焰，推送着火箭和飞船直冲云天。

"阿波罗"11 号宇宙飞船载着指令长阿姆斯特朗、驾驶员柯林斯和登月驾驶员奥尔德林，奔向月球。宇航员在通往月球的旅途中运行了 3 昼夜，行程 40 万公里。

1969 年 7 月 21 日，阿姆斯特朗和奥尔德林开始准备做人类第一次登上月球的尝试。两人做了表示胜利女神的 V 字符号手势，然后就爬进登月舱。登月舱被称为"天鹰"，他们的确干得很出色。接着，阿姆斯特朗和奥尔德林两人开始准备进行月球行走。

格林尼治时间 4 点零 7 分，指令长阿姆斯特朗从登月舱口顺着梯子来到月球表面，发出了人类站在月球表面的第一声："这对我个人来说只不过是小小的一步，而对整个人类来讲却是一大步。"是的，正是阿姆斯特朗这关键的一步，使人类数千年幻想变成现实，数百年努力有了结果，数十年的实践获得成功，最终完成了从地球到月球的漫长旅途，月球也就成了人类征服宇宙的第一个中继站。

人类首次登上月球，这是个永远值得纪念的时间。两名宇航员为"天鹰"着陆举行了一个小小的仪式。他们掀开安装在天鹰一个支脚下的塑料盖，露出一块金属纪念牌，在薄薄的牌上镌刻着东西两半球图案，下书简短的英文，翻译过来就是：

"在这里，来自行星地球的人第一次在月球上留下足迹，公元 1969 年 7 月，我们为所有人类的和平而来。"

"阿波罗"11 号宇宙飞船的登月舱，在月球上停留了 21 小时 36 分钟，两位宇航员在舱外的月面上活动时间只有 2 小时 24 分钟。然而，就为这两人首次到月面活动两个多小时，人类做了长久的准备，花费了巨大的代价。

现在，人类终于亲身站在月表上察看挂在天空的明月了。月球上面的天空是黑黑的，在阳光照射下，月球千姿百态、光怪陆离、复杂莫测，给人的感觉是天外撒哈拉沙漠。

这里没有空气，没有水，没有一点声音，没有任何生命的气息，更没有文人笔下的诗情画意，没有美丽的嫦娥和活泼的玉兔，吴刚连同桂花酒也不见踪影，连一条小虫都没有。这里到处都是棕灰色的尘土和大大小小的火山口和火山岩，是令人恐怖的寒冷、凋零和荒凉的世界。仅有的两个生命是两个地球客人。

这里，重量只有地球的 1/6，两名宇航员身背的重量连同自身足有 230 公斤，但在这里只有不足 40 公斤，行动很轻便，但他们最初的步伐就如醉汉，摇摇晃晃，幸亏早经训练，过了一会就适应了。他们拣起几块小石子，掷到月面上，它们却像皮球一样反弹到空中。他们采集了各种岩石标本，安放了观测仪器，还展开了一面美国国旗。

他们为自己的行动而激动，但并不留恋这块不毛之地。

两位首次登上月球的宇航员，经过了昼夜的长途旅行后，于 24 日安全返回地球。

"阿波罗" 11 号成功以后，美国又发射了 "阿波罗" 12 号到 17 号飞船（其中 13 号因机械损坏没有成功），总共有 7 批 21 名宇航员参与登月飞行，其中 12 人次抵达月面。他们在月球上安装了 5 座核动力科学实验站，设置了 6 个月震仪，存放了 3 辆月球车，共装置了 25 种自动测试仪器。他们在月面上共停留了 298 个小时，带回的月球岩石和土壤标本 472 公斤，分给世界上 70 多个国家的 100 多个实验室进行研究。

"阿波罗" 登月计划历时 11 年，是迄今为止规模最大的一次宇航活动，总共动员 40 多万人，数万名科学家和工程师，有 2 万多个工厂、企业和 150 所大学、研究机构参加，耗资 250 亿美元，它所带来的科学成果也是巨大的。

"阿波罗" 登月飞行的成功，开辟了人类通往月球的道路，空前地发展了太空技术，扩大了人类的视野，在人类科学史和社会发展史上留下了永久光辉的篇章。

诺贝尔领奖台上的中国人

——高能物理学家丁肇中

1976年12月10日下午4时许,瑞典首都斯德哥尔摩的音乐厅内正在举行诺贝尔奖授奖仪式。当大会主席介绍了美籍华裔物理学家丁肇中的主要成就后,丁肇中稳步登上讲台致辞,大厅内响起了他浑厚的声音:"女士们、先生们:我作为一名中国人站在这领奖台上……"台下的听众静静地倾听着这第一次在诺贝尔授奖大厅内响起的中华民族的语言——汉语。自诺贝尔奖1901年设立以来,在500多位获奖者中,丁肇中是第一位用中国人民的主要语言——汉语在这里发表演讲的人!

丁肇中于1936年生于美国密歇根州,祖籍是山东日照。他的中学时代是在台湾度过的。1956年8月,他只身前往美国密执安大学留学,在那里学习物理和数学。留学期间,他废寝忘食地埋头于书斋之中,极少参加各种娱乐活动,以至于同学们都拿他当怪人看待。3年后,他终于获得了数学、物理学硕士学位。两年后,他又获得了物理学博士学位。

此时,许多与他同时赴美留学的中国留学生都已回国谋职,而丁肇中却决定留在美国继续从事物理学研究工作。对他来说,近代物理学就像一个大漩涡,其中心部分就是实验高能物理学,漩涡中心的吸引力最大,而丁肇中也就离不开高能物理这个中心了。

1972年,丁肇中向美国布鲁克海文国家实验室提出了寻找新粒子的计划。由于这一实验费用高,难度大,所以他的计划一出台,便受到来自各方面的批评和责难。面对这些,丁肇中并没有气馁、退缩,他带领他的实验小组埋头于工作之中,终于在1974年发现了一个质量约为质子3倍的长寿命中性粒子,他命名为"J粒子"。"J粒子"的发现大大推动了粒子物理学的发展,开创了粒子物理学的新局面。由于"J粒子"的发现,许多物理学家把"J以前"和"J以后"作为区分历史时代的标志。

"J粒子"的发现使丁肇中荣获了1976年的诺贝尔物理学奖,这一年,他仅40岁。丁肇中是美籍华裔,按规定他必须用英语发表演讲,就像1957年诺贝尔物理学奖获得者、美籍华裔物理学家杨振宁、李政道两人也无法打破这一惯例一样。可是丁肇中决心让中华之声响彻诺贝尔授奖大厅。他冲破了美国政府的重重阻碍,终于完成了心愿,成为第一位以汉语致答辞的诺贝尔获奖者。

因为"J"与汉字中的"丁"字有相似之处,所以许多人以为丁肇中为新粒子取名"J"隐含丁字之意。

有人为此专门访问了丁肇中,他回答:"因为新粒子分解为正负电子,英文字母J代表电流,所以把这种新粒子命名为J·Particle,此外没有其他特殊的含义。"他的态度何等明朗,他对名利不屑一顾,探索真理是第一位的。

"J粒子"的发现把丁肇中送上了荣誉的高峰,但并不意味着他已经到达了科学事业的制高点。近年来,丁肇中率领实验小组在德国汉堡的电子同步加速器中心的佩特拉正负电子对撞机上,试图通过实验寻找把夸克结合在一起的物质——胶子存在的依据。与此同时,他还在瑞士日内瓦莱普正负电子对撞机上做实验,寻找第六个夸克、中间玻色子等新粒子。他还要寻找自然界的四种力——万有引力、电磁相互作用、强相互作用、弱相互作用之间有机联系的实验依据。他为自己确定了艰巨的道路:"路漫漫其修远兮,吾将上下而求索"。

丁肇中虽然身在美国,但他时刻关心着祖国的建设,关心着祖国科学事业的发展。他热心为中国培养高能物理学人才,1978年初,他就曾选拔27位平均年龄不到40岁的中国年轻的物理工作者,参加他所领导的马克·杰实验小组。

人物小传

〔**丁肇中**〕(1936—)美籍华裔物理学家。从事高能实验粒子物理学的研究。1974年,他发现了"J粒子",因此获得1976年诺贝尔物理学奖。

神秘的天外来客

——UFO 与外星人探索

长期以来,世界各地广泛流传着来历不明的飞行物(UFO)即飞碟和古老宇宙飞船的神奇故事,但是国际上 UFO 研究的兴起,却是始于第二次世界大战刚结束不久的 1947 年。

1947 年 6 月,当美国商人肯尼思·阿诺德驾驶着他的私人飞机飞经华盛顿州的瓦特雷尼尔地区时,见到 9 个飞碟列队飞行,以后人们也常见到这种碟形的飞行器。于是,飞碟或不明飞行物"UFO"一词便从此流行开来,并沿用至今。

但是飞碟到底是什么?据说,它能远远超过地球上人造飞行器的极限而高速飞行,能垂直升降,随意变速,甚至突然停止,悬浮于空中,也可以 90 度角急速转弯。整个飞行过程无声无息,像幽灵一样,它发出的各色强光,能干扰无线电波,更有甚者还能造成全球大停电。综述它的性能,远非地球人的科技所能企及,因此 UFO 的出现引起了世人的瞩目。

鉴于当时冷战时期的特殊历史背景,美国怀疑飞碟是苏联的秘密武器。1952 年至 1966 年期间,美国空军曾执行过一个"蓝皮书"计划追查飞碟。这是一次特别行动,美国空军曾经调查过来自世界各地的 13000 件有关飞碟或不明飞行物的报告,后来由于无法证明 UFO 的存在和给予适当的科学解释,美国空军索性宣告 UFO 不存在,"蓝皮书"计划也就由此宣告结束。

除了美国空军的"蓝皮书"计划宣告 UFO 不存在外,否定论中最有代表性的要算"康顿报告"了。这份报告得出结论:没有根据可以证实 UFO 是地球外来客,事实上,UFO 根本就不存在,只是大部分人想要相信地外来客的假设。康顿博士更直截了当地指出:"过去 21 年间,人们从 UFO 研究中未得到任何可以增进科学知识的东西,我们仔细考查了手中的记录,从而断定:进一步扩大研究 UFO 是没有理由的,因为它不可能促进科学进步。"

然而，有关飞碟和外星的现象从未销声匿迹，每年都从世界各地传来数百乃至上千件 UFO 报道，下面就是其中一例。

1961年9月19日午夜，美国马里兰州的丘班尼、蓓蒂夫妇从加拿大度假回国，预计清晨3时可到，事先已通知亲戚朋友，叫他们等候着。在途经莱卡士特小镇时，他们忽然看见繁星闪烁的夜空，有一个奇怪的光点在移动，而且越来越大。开始，他们并未在意，但曾听姐姐讲过飞碟的蓓蒂突然敏锐地感到那是 UFO，而丘班尼从不相信飞碟之类的说法，他起初以为那只是一架飞机，只是自己的妻子看错了而已。于是他停下车，侧耳倾听飞行物的马达和喷气声音，以此证明那是架喷气式飞机，然而他什么也没有听到。他用双筒望远镜望过去，顿时被吓得魂不附体——那架东西确实不是飞机：它是一架圆饼形的飞碟，碟边上是一排排的窗户，窗内人影很多，来回移动，有一个人影竟然直接向他眺望。丘班尼吓得浑身发抖，慌忙跑回汽车去。此时在汽车上的蓓蒂也看清了飞碟上的一切，吓得连血都快凝固了；蓓蒂的一只小狗也吓得蜷伏在座位底下，不停地颤抖哀叫。丘班尼慌忙跳上车，头也不回地开车飞驰而逃。当他们回到家时，已是凌晨5时，亲友们已多等了他们两小时，然而谁也没有注意他们怎么会晚到两小时，因为旅游的人们并不是都准时的，可他们俩却始终回忆不起来失去的两小时究竟到哪儿去了，那他们在这段时间里又干了些什么呢？

美国空中异象调查委员会的专家们注意到了这件怪异的事情。他们认为，在失去的两小时当中，必定有什么事情发生过，只不过是丘班尼夫妇失去了记忆而无法讲出来罢了。于是专家们应用催眠方法帮助他们恢复失去的两小时记忆。催眠回忆由波士顿著名的精神分析医生西门主持。她把丘班尼夫妇分隔开来，每次只催眠一人，反复询问他们的遭遇。纷繁复杂的个人催眠回忆，终于打开了他们遗失的记忆之门，西门教授从一百多卷录音带里，找到了他们各自讲述、但却又是完全吻合的记录。

记忆是从这里开始失去的：丘班尼跳上汽车，踏上油门，飞驰而逃。没有多久就给一群从飞碟中出来的外星人拦截，他们夫妇俩在毫无抵抗能力的情况下，被外星人抬进了飞碟。在飞碟里，丘班尼夫妇被分别剥光衣服做体格检查，外星人使用很多古里古怪的仪器来检查他们身体的各个部位，还取了少量头发、指甲、皮肤、血液等标本。而他们眼里的外星人，则很像黄种人，没有耳朵，眼珠呈褐色，皮肤灰色，样子很丑陋。事后，有些研究者推测，外星人是使用了一种医学或催眠方法，使丘班尼夫妇失去那一段记忆的。这样的例子，在许多外星人的劫持案中是常发生的。

丘班尼夫妇的回忆，后经不少著名的学者和医生的慎重审核，认为是真实的，终于发表在美国的医学刊物上，并即刻轰动了全世界。然而，还是有许多人对此持否定态度，他们认为丘班尼夫妇不过是信口胡说罢了。这时，一位年仅28岁的中学教师、天文学爱好者玛佐莉从蓓蒂回忆中，发现一个惊人的奇迹，从而使怀疑者们哑口无言。

蓓蒂的回忆中有这样一段：当她平躺在台子上被外星人检查时，她看到墙上有一幅好像是地图的图片，上面画有星球样的物体，彼此间用粗线条连接着，她记得当时外星人用一种意念告诉她，那是一张"星座图"。事后她把图画下来，由西门医生一并发表在医学刊物上。

这张星座图遭到人们的讪笑，被认为纯属无稽之谈，只不过是她的乱画而已。然而颇有意志的玛佐莉，用了4年的时间，几乎翻遍了国家天文馆的资料，还动手做了20个天体模型，终于证明了蓓蒂讲的是真话：那确实是一张飞碟运行图。

玛佐莉标出了蓓蒂星座图中的12颗星之中的9颗，那都是当时天文学者公认的星球，其位置十分精确。又过了两年，其中的两颗星作为天文台目录图片被刊登出来，和蓓蒂的原图相对照竟是一般无二，而剩下一颗星，天文学家却怎么也找不到，人们又开始认为那是蓓蒂的瞎说了。直到1969年，那一颗失踪的星星终于被天文学家找到了，方位、距离都和蓓蒂画的一模一样。西方世界又一次被震动了，各界人士都惊叹不已。人们可以怀疑外星人的存在，可以怀疑不明飞行物体的到来，然而有谁能推翻蓓蒂画的这张图呢？蓓蒂只有高中文化程度，凭这样的知识水平，怎么会画出天文学家十几年后才能绘出的星球关系图呢？

随着飞碟现象的层出不穷，也由于科学技术发展和认识水平的提高，越来越多的人对飞碟和外星人探索持积极而科学的态度。有关这方面的机构、组织不断增加，有关的学术讨论、信息交流和科学研究越来越多，对飞碟和外星人的研究、探索手段也大大提高。特别是随着射电天文望远镜和宇宙航行技术的发展，人类对地外文明的探索更进一步了。

1978年，联合国第33届大会，通过了格林纳达政府提出的决议草案，建议各成员国协调包括UFO在内的外星生命科学研究和调查。1978年被联合国称为"国际UFO年",当年的11月27日,世界各国的飞碟研究专家出席了联合国的UFO会议,其中有美国著名飞碟研究权威海尼克博士,至此,UFO研究得到了国际的公认。

虽然长期探索飞碟和外星人的研究没有得到最终结论,但是,很多人并不灰心,相信随着科学技术的发展、社会的进步、文明水平的提高,人们终将揭开飞碟和外星人之谜。

太空新歌

——航天飞机

航天飞机西方叫太空梭，取其穿梭往来、轻便自如之意（同靠火箭发射的宇宙飞船相比）。

为什么要制造航天飞机？因为同宇宙飞船相比，它的优点很多。

首先，航天飞机具有运载火箭、宇宙飞船和普通飞机的综合性能，它起飞时，能像火箭那样瞬间冲向太空；进入轨道后，它能像飞船那样绕地球正常运转；返航时，又可像飞机那样在大气里滑翔，在普通机场降落。

其次，使用它可大大节省经费。用它发射和回收卫星、飞船和太空实验室，比目前用运载火箭便宜得多。自20世纪60年代人类实现太空旅行的美好愿望以来，旅行的经济代价极高，一次发射的费用达10亿美元。

把一公斤载荷发射到低轨道太空，用多级火箭约需6000美元，用第一代太空梭只需1000美元，用改进后的第二代太空梭还不到100美元。因此，太空梭是大规模太空活动中最经济的运输工具。而且，每次航行后只需数星期的修整、恢复，即可重新上天。一架太空梭能重复使用100次，生命力极强，发展前景非常广阔。

1981年4月12日，美国"哥伦比亚"号航天飞机首次起飞上天，进入太空。经过54.5个小时绕地球飞行36圈后，于4月14日按计划重返地球大气层，安全着陆。这是世界上第一架实用的航天飞机，它的成功标志着人类宇航事业的新突破，它成为人类探索太空的一项新的实用运载工具，对宇航事业的发展有着深远的影响。

实际上，美国航天飞机的研制从20世纪60年代末期已经开始。1969年4月，美国太空总署正式宣告成立"航天飞机工作组"。1972年1月5日，美国总统尼克松发表讲话，支持研制航天飞机计划，并集中了美国47个州的近5万名科学技术人员，总投资约110亿美元，着手研究集火箭、飞船和飞机之大成的"整体发射回收飞行器",后定名为"哥伦比亚"号航天飞机。1976年航天飞机进入总装和试验阶段,到1981年初基本完成。

"哥伦比亚"号航天飞机是一个复杂的组合体,它主要由3部分组成。第一部分是一个短而宽的太空轨道飞行器,外形类似一架三角形后掠翼的喷气式客机。第二部分分前、中、后3个舱,前面是密封的驾驶员舱,内部保持常温常压,因此不论是驾驶员还是研究人,均无需穿着那种有碍于手脚和整个身体活动的宇航服;中间是载重达30吨的货舱,装有大型天文望远镜,向太空发射与回收卫星也在这一部分进行;后舱装有3台液态氢氧发动机,共重750吨,它为轨道飞行器供应推进剂,燃料用完后,它可以被抛弃。第三部分是两个并列固体燃料运载火箭,它提供初始上升推力,并可以回收再用。

"哥伦比亚"号航天飞机设计科学、制造精良、性能良好。飞行速度7.8—7.9公里/秒;着陆速度350公里/小时;起飞重量2227吨,飞机重量1140吨;外贮箱装载液体推进剂液氧和液氢720吨;有效载荷30吨;3台液体火箭主发动机推力为600吨(海平面),2枚固体燃料火箭推力为2400吨(海平面);机长37米,机高17.3米,翼尾24米,固体火箭助推器长45.5米;外贮箱长47米;直径8.4米;机舱总体积72立方米;货舱18米,直径4.8米;可载乘员7—10人。

航天飞机的大体工作过程是:在3台液氢、液氧主发动机的推动下缓缓起飞,3秒钟后再点燃固体运载火箭,2分钟后,固体火箭完成任务,从外部燃料箱两侧脱开,经降落伞系统减速,最后落入海中,待回收船将它拖回,整修后供下次使用。飞行6分钟后,飞行器的3台发动机熄火。燃料箱被投弃于大西洋,在适当的高度上,启动轨道后舱两侧的两台轨道发动机,将轨道器送入环绕地球的飞行轨道。整个试验飞行最关键、最紧张的阶段是重返大气层。飞行器返回大气层时,需要从每秒7700米的速度降为每秒88米,这时空气阻力会使飞行器外壳的温度升至1300℃。离地面93公里的时候,由于空气的密度逐渐增加,它可以像滑翔机一样滑翔前进,在最后的几分钟里,飞行器扔掉轨道发动机,在90米高度时,它放下起落架,然后像飞机一样在专用机场降落。

"哥伦比亚"号航天飞机于1981年4月12日上午格林尼治时间12点首次发射,飞行于4月14日格林尼治时间18时21分结束,航天飞机在美国加利福尼亚爱德华空军基地安全着落。这次试验飞行历时54小时30分钟,绕地球36周。

1982年3月22～30日，"哥伦比亚"号航天飞机进行了第三次飞行，历时8天，绕地球运转129圈，之后安全返航。这次航行除了继续检验航天飞机自身性能以外，还做了许多生物、物理、天文等方面的科学实验。

其中的昆虫试验，是美国一位中学生设计的，目的是为了了解几种不同的昆虫在失重状态下反应。在飞机上，翅膀最大的鹫豆毛虫蛾飞来飞去，好像已经适应了失重状态；翅膀较小的蜜蜂只是在那里滚来滚去，没有扇动翅膀；苍蝇看上去似乎最胆怯，它们紧紧地贴附在玻璃容器上。

"哥伦比亚"号航天飞机这次还带了50条金属铝箔条，这些铝箔条由英国肯特大学的科学家提供，目的是请宇航员用这些铝箔条捕捉飘动在宇宙空间的各种陨石微料，并把它们带回到地面上分析。科学家将根据这些陨石微料确定它们是不是行星或冰质彗星的残遗物，以作为认识太阳系和宇宙起源的新材料。

试验失重对不同植物生长的影响，是这次航行的一项重要生物学实验。这次航天飞机携带了一个小型温室，温室有六个生长室，在保湿海绵和过滤纸夹层中，分别种植了松树苗、燕麦种子和中国绿豆种子，观察它们生长和发芽情况；向日葵苗则进行生长过程需水量的试验。

哥伦比亚号航天飞机返回地面后，科学家们发现，航天飞机上小温室里的各种植物生长得很好，它们的颜色和大小跟地面上的对照植物几乎完全一样。但是，由于太空中没有引力，失重状态造成植物生长方向混乱。中国绿豆的幼苗生长得最为混乱。它们朝着几个不同的方向扭曲，而不是像在地面上那样只向着阳光生长。它们的根也发生混乱，有一半以上的根冒出了土壤之外。

航天飞机返回地面后，各种昆虫变化情况很不一样，鹫豆毛虫蛾和苍蝇经受住了失重环境的考验，仍然活着；而12只蜜蜂有11只在飞行期间就死去了，剩下的一只在航天飞机着陆后也死去。为什么蜜蜂抵御不了失重飞行？科学家们无法做出解释。

航天飞机也用于军事，1985年1月24日，美国"发现"号航天飞机首次执行军事任务。它从卡那维拉尔角肯尼迪太空中心起飞升空，绕地球转了47圈，施放了信号情报卫星，布置在苏联以南的赤道上空36000公里的同步轨道上。

这次所施放的信号情报卫星,是一颗高级间谍卫星,它可以跟踪苏联的导弹试验,截取苏联的遥测、电台广播和雷达的无线电信号,并能监听欧洲、亚洲和非洲的广大地区的通信联系。它比美国现有的电子侦察卫星收集情报的能力大2~3倍,是美国最重要的间谍卫星。

航天飞机每次航行都有特定的飞行任务,在第一次至第四次飞行时,主要是考验航天飞机自身性能的试飞。以后的各次飞行任务主要是施放和维修卫星、回收卫星、各种科学试验、大型太空建筑(如轨道太空站和太空实验室等)骨架搭建试验等。它也根据需要执行一些特殊任务,第十五次和第二十一次航天飞机飞行中,执行的就是绝密军事任务。航天飞机在以往的24次飞行中,尽管发生过各种各样的故障,但基本上都完成了预定任务,并安全返回地面。

航天飞机是美国20世纪80年代太空计划的中心和主要宇宙飞行项目,用途极其广泛。航天飞机可以轻而易举地把人造卫星送入轨道,大批商业卫星进入轨道,将使电视、通讯、报纸、医疗诊断和救灾等一系列工作,得到彻底改观。它还能把实验室、小型工厂送入宇宙空间,利用太空无菌、无尘环境以及低温、失重等条件,生产的各种药物、材料、医疗器械和科学实验仪器,比地上理想得多。利用航天飞机维修和回收卫星、往返于太空实验室接送宇航员和给养补充,也非常方便。

航天飞机在军事上用途也很大,它能对敌方的洲际导弹和人造卫星进行拦截,执行各种间谍任务。美国曾有4架航天飞机,即"哥伦比亚"号、"挑战者"号、"发现"号和"亚特兰蒂斯"号,多次往返太空,进行各种军事活动。2011年7月21日,"亚特兰蒂斯"号航天飞机圆满完成了美国航天飞机的"谢幕之旅",美国30年的航天飞机时代宣告终结。

创造生命的奇迹

——心脏移植术

心脏是人体最重要的器官,它每天不停地跳动,把血液转送到全身。血液携带着氧气和养料,供人体活动和新陈代谢的需要。但同时,心脏病也是导致人类死亡的主要病因之一。那么当心脏有病不可医治时,能不能换一个心脏呢?

早在中国古代,就流传有交换心脏的幻想故事。蒲松龄的《聊斋志异》中有一篇《陆判》,说的就是城隍殿前的判官为秀才换心脏的故事,自换了心脏后,秀才文思大进,结果判官和秀才成了莫逆之交。这是神话故事,人们当然并不信其有,但到了医学高度发达的今天,换心脏真的成了现实。医学上给它取个名字,叫"心脏移植术"。真正的心脏移植研究试验,开始于20世纪初期,并且是先在动物身上进行的。1905年,两位医学专家把一只小狗的心脏移植到大狗身上,后来又做了一些类似的实验。在这些实验的基础上,1967年12月3日,南非医生巴纳德进行了世界上首例人体心脏移植手术,为55岁的心脏病患者移植了同种心脏,虽然病人仅仅存活了18天,但却开创了人体心脏移植的先例。紧接着,美国、法国、英国和德国也成功地进行了心脏移植手术。

进入20世纪80年代,全世界出现了心脏移植的热潮。到1988年,心脏移植手术已达2000例。心脏移植后,有70~85%的患者能活1年;有50%以上的患者能活5年;患者最长的存活时间达18年。这些都证明了心脏移植手术的可行性。目前先进国家给严重心脏病人做心脏移植手术,已经不是稀罕的事情了。

但是,一般的心脏移植手术中,最大的困难就是找不到足够的供病人移植用的心脏。以美国为例,每年有35000名患者等待心脏移植,而可提供移植的死者心脏却仅仅约20000个,实际得到的更是只有3000人,还达不到需求量的十分之一,供需矛盾十分突出。

鉴于这种情况及其他一些因素,人造心脏的研究任务就提到科学家面前了。

人造心脏也叫人工心脏,分暂时性和永久性两种。当病人心脏功能发生衰竭但没有同类心脏可供移植时,可用暂时性的人工心脏来暂时维持病人的心脏功能。

1969年4月4日,医学家库利首次把一颗原始的人工心脏植入病人卡普的胸腔内。3天以后又用一颗捐献者的心代替卡普刚植入的人造心脏。32小时后,卡普肺炎发作,肾衰竭,很快死去。实际上,库利为卡普所做的人工心脏移植是临时性的,它作为卡普等待心脏移植的过渡,避免病人在等待提供移植心脏的过程中死去。

1985年,美国医药管理局批准人工心脏可作移植的过渡,即作为暂时性措施,对此不加管制。当年就有两例暂时性人工心脏手术施行。

第一例在3月5日上午,塔克逊亚利桑那大学医学中心,心脏移植组组长科普兰德,为病人克雷顿做了一次心脏移植术,这颗人工心脏原来是为小牛设计的,对人来说它太大了,克雷顿的胸腔容不下,以致不能关闭胸腔。人工心脏维持循环到当天晚上11时,医院才得到了可供移植的心脏。科普兰德从克雷顿胸内取出人工心脏,把病人置于心肺机上,手术进行到第二天清晨3时,完成了第二次人工心脏移植术,第三天病人克雷顿死亡。

报纸把这件事看作是现代美国的一出传奇故事。《今日美国》称研制的装置实现了美国人的理想。《新闻周刊》则说:"使医生违犯法律去救一个人的生命,很难说对他们的病人是公正的。"

半年以后,科普兰德又为病人德鲁蒙德进行了人工心脏移植手术。当病人从手术中醒来时,他的第一句话是:"我胸中的这块东西是什么?"当时在场的人工心脏传动系统操作者说,他怀疑德鲁蒙德是否能"真正理解人工心脏是什么。"9月2日《纽约时报》对此做了详细报道。

1982年12月2日,美国盐湖城犹他大学医疗中心的外科医生德夫里斯,给退休的牙科医生克拉克植入了第一颗永久性人工心脏。为了使克拉克体内的人工心脏正常跳动,体外还有一个很笨重的发动机械。可遗憾的是克拉克存活时间不太长,仅仅有12天就去世了。尽管如此,手术还算是相当成功的,这个医疗成就轰动了全世界,新闻媒体多次报道克拉克植入人工心脏的消息。1983年4月，美国又成功地进行了第二例永久性人工心脏植入手术，病人活了622天，不幸的是他在手术后不久就患了健忘症，并且终日坐在轮椅上。在以后的第三例、第四例心脏手术中，有一位病人活了9个月，另一位病人则活了40天。

到1988年，永久性人工心脏手术不过几十例。也可以说永久性人工心脏移植术处在试验阶段，尚不完善。植入永久性人工心脏，需要克服许多技术上和生物上的困难。

首先是体积问题，人工心脏要求小巧轻便而又坚韧耐久，同时还要精细可靠，以便能够放入患者胸腔，长期使用，这就是解剖相容性的问题。目前缩小人工心脏体积的方法主要是把驱动和控制系统及能源放在体外，但连接体外到体内的管线却成为重要的感染渠道，这也是人工心脏移植的主要困难。

再就是组织相容性问题，虽然人工心脏选用聚氨酯等合成材料做表面层，与人体组织相容性问题不太突出。但人工心脏和人体组织毕竟是两个决然不同的世界。一般来说，施行人工心脏安置的患者，主动脉根部多半有明显的粥样硬化，甚至钙化，这使得血管变得非常脆弱，弹性很小。如果人工心脏安置手术吻合不好，就容易出血，还需要再次手术止血，这对一个心脏病患者来说困难很大。而且感染一旦发生，就十分顽固，不管使用多么强劲的抗菌治疗，都只能暂时抑制感染，而不能消除感染发源地，除非把人工心脏摘除，否则病人就会因不可根治的感染而死亡。因为人工心脏表面是细菌附着、滋生和繁殖的良好场所，而人体的防卫免疫机制不能保护人工心脏这个埋入人体的外来异物。

目前植入的人工心脏，一个月以后基本上就要发生不可医治的感染，这就使人工心脏只能作为等待人类心脏的暂时性措施短期使用。

为了解决这个问题，阿狄恩博士进一步试验，在人工心脏表面培养一层同种细胞，使其和生物器官一样，有一个彼此相容的平滑细胞表面层，从而达到提高组织相容性的目的。后来，科学家们发现，心室辅助装置比人工心脏有着更多的优点。这其中，人工心脏瓣膜是一种最常用的装置，它是用硅胶或其他高分子聚合物精制而成的人工机械瓣，经久耐用，但缺点是容易形成血栓，植入人造心脏瓣膜后要终身使用抗凝剂。还有一种是用牛心包、猪主动脉瓣和人硬脑膜制成的生物瓣，可以免除使用抗凝剂造成的后果，但缺点是容易发生钙化。

现在已有数十万人施行了人工心脏瓣膜置入手术，效果也比较良好，这种手术的成功率已大大提高，与普通结肠切除术相近。手术后，病人不再受疾病的痛苦和折磨，心脏功能大加改善，不会因随时可能发生心力衰竭而担惊受怕，寿命也可以得到适当延长。

实际上，心脏移植和人工心脏乃至所有器官移植和人造器官，都涉及伦理、法律等问题，引起社会各界的关注。科学技术的进步，一方面能够为人类造福，同时也会产生相应的社会问题，这是不可避免的。

人物小传

〔巴纳德〕（1922—2001）南非外科医生。做了第一次人类心脏移植手术，将体外循环心脏手术引进南非并设计了新型人工心脏瓣膜。

〔库 利〕（1920—）美国外科医生、教育工作者，以心脏移植手术著称。库利是第一个将人工心脏移入人体的人。

乔治岛上的新长城

——中国南极科学考察站

1985年2月20日,农历牛年正月初一,在远离北京的南极乔治岛上,中国第一个南极科学考察站——"长城站"的落成典礼隆重举行。

长城站的两幢主楼插上了国旗,披上了横幅,与洁白的大地相映,显得格外壮丽!数百名站立在广场上的海军指战员、"向阳红"10号船船员、南大洋考察队和南极洲考察队队员,内心无比喜悦和激动!

参加长城站落成典礼的还有几十名外国考察站站长和科学家,在长城站升中国国旗,欢迎外国友人,意义深远。从1980年起,中国的科学家曾多次到南极考察,外国南极考察站曾升起中国国旗,表示欢迎,但那时中国人是客人。今天建成了长城站,有了自己的科学基地,中国人也成了南极洲的主人。从此,中国成为南极科学考察的正式成员。

南极大陆终年被冰雪覆盖,严寒无比,冷风刺骨,最低温度达-89.2℃,就是在夏天最热的时候,这里的温度也只有0℃~5℃;最大风速达每秒92.5米。它95%的表面积被冰雪覆盖着,冰盖面积约200万平方公里,冰层平均厚度2000米。只有特殊的动物海豹和企鹅等才适应这种环境,那里有35万头海豹,近1万条蓝鲸和数十亿只企鹅,它们才是南极的主人。南极不仅是地球上最理想的天然实验室,而且也是人类食物和矿产资源的宝库,对世界和平和人类未来发展有极深远的意义。

自18世纪70年代英国航海家库克三次闯入南极圈以来,南极这块神秘的处女地,吸引了无数科学家和探险者。经过200多年的努力,人们逐渐揭开了南极之谜。特别是1957~1958年国际地球物理年,开创了南极科学考察的新时代。

1958年成立的国际南极研究科学委员会和1959年签订的《南极条约》,

对现代南极科学考察起到十分重要的作用,从那时起,南极科学考察不断继续和深入。

中国对南极的科学考察开始于20世纪80年代。1981年5月,中国成立了国家南极考察委员会;1983年5月9日正式申请参加了《南极条约》;1984年11月20日至1985年4月10日,中国第一支南极洲和南大洋考察队首次进行南极考察,并在乔治岛上建立了第一个南极科学考察站——长城站。长城站标准地理坐标是:南纬62°13′,西经58°58′,站址选在南极半岛北方的乔治岛南端的菲尔德斯半岛,它是低矮的无冰丘陵地区,面积15平方公里。乔治岛面临德雷克海峡,海上交通十分便利,菲尔德斯半岛的东海岸是沙砾质海滩,容易登陆,地势平坦开阔,适合建筑施工。而且这里还有天然水库,淡水资源十分丰富。

1984年12月30日下午,天气较好,南极考察队全体队员,乘两条登陆艇到达岸边,迅速登上乔治岛。经过3个小时的辛勤劳动,很快平整了土地,搭起了5个棉帐篷、17个尼龙充气帐篷。组建成的中国南极村,给这片白茫茫的大地增添了灿烂的光辉,忙碌的考察队员使这块沉静荒滩活跃起来。

谁知南极地区的天气变化莫测,正当考察队准备登艇返回"向阳红"10号船时,暴风突然抢先来到了。既干不成活,又回不了船,队员们只能躲在刚架起的帐篷里,坐在湿漉漉的砂砾上,啃着随身带的干粮,等待风暴平息。建站首先必须把物资从船上卸下来,运到岸上,这些物资越早从船上卸下来,建站正式开工越早;同时"向阳红"10号船还担负着艰巨的南大洋考察的任务,建站物资卸不完,船就开不走。这对考察队员来说,时间不仅是金钱,还是效率效率,而且是成败的关键。

31日凌晨,风力变小,考察队按照总指挥的命令,立即返回"向阳红"10号船,经过第一次南极暴风的考验之后,全体队员更加坚强,也更加聪明了。大家不顾疲劳,带着长城站的奠基石和一切生活用品再次登陆,上午10点举行奠基礼,正式揭开了中国人在南极地区修筑长城站的战斗序幕。登陆艇和直升机不断地把车辆、食品和各种物资运到中国南极村,为长城站建筑提供了物质保证。

建站工作分两个阶段进行。第一阶段:卸运物资、为施工做好各种准备,计划半个月完成；第二阶段：突击建设长城站的两幢主楼、一个通信站、一个气象站、一个发电站以及其他一些附属设施。全部工程计划在2月底以前完成。

为了使吊车在岸边吊运大型设备和重物，还必须修建一个临时码头。1985年元旦，开始了抢修码头的战斗。海军官兵每天组织80人的突击队和考察队队员们肩并肩日夜奋战。这时正值南极的盛夏，白天时间长达20小时，午夜前后几个小时也看得见干活，所以一天的劳动时间相当于平常的两天。

可是，天公总不作美，开始的5天，雨雪交加，给施工带来了很大的困难。海军突击队官兵和考察队队员们不得不冒雨，在冰冷的海水里打钢桩，堆麻包，填土石，日夜奋战。1月6日，码头终于建成了。经过几次维修加固，1月10日，码头正式投入使用，卸运物资的工作全面展开。只要天气许可，两艘船、登陆艇和岸上的工作实行两班制，日夜不停地干。经过几昼夜的突击，到1月15日的下午，450吨物资终于全部运到中国南极村。为庆祝这一胜利，国家发来许多贺电。其中有一份电报说，国家南极考察委员会主任武衡率领的代表团将于2月18日到达，并于2月20日举行长城站的落成典礼。这样，他们必须在2月15日以前，把两幢主楼、两组通信高架天线、一个电站、一个气象站以及基地附属设施一步建成。这项工作的工作量很大，仅主楼构件的联结螺栓就有1万多个。

为了加快长城站建筑进度，考察队队长和各班长反复研究，制订出总体施工方案和具体办法，提出"苦战27天，建成长城站"的口号。经努力奋战，好消息一个个传出：1月15口长城站与北京通话成功；17日电站开始送电；19日"向阳红"10号出航考察，主楼施工也加紧进行。这次是大自然帮忙，从1月20日起竟一连9天没刮大风，工程进度很快。浇筑混凝土基础提前一天完成；架设钢梁框架只用了20个小时，比原计划提前3天；外墙板、顶板和底板安装也比原来提前3天。1月28日，两座主楼顺利竣工。

主楼封闭后，南极考察队和海军技术小分队开始内部装修，工序一道接一道，考察、测绘、气象和通信班的工作同时展开，此时大家只有一个信念，就是赶在国家代表团来到之前，建好长城站。

就这样,中国第一个南极科学考察站如期建成。1985年2月18日,武衡率代表团到达长城站,高度赞扬了长城站的建设者。当武衡说"你们辛苦了"这句话时,人们都像小孩子一样在亲人面前泪流满面,这哭不是委屈,而是激动;眼泪不是心酸,而是甘泉。

中国南极科学考察站,是新长城建设者的光荣和骄傲,也是全体中国人的光荣和骄傲。

新工业革命的导火索

——超导现象研究

1986年4月,瑞士苏黎世研究所传来特大科学新闻:瑞士物理学家米勒和德国物理学家贝德罗兹用一种陶瓷材料获得转变温度为35K(即-238.15℃)的超导热,打破了美国科学家保持14年的23.2K的超导温度纪录,而且他们使用的是人们意料不到的钡镧铜氧化陶瓷。米勒和贝德罗兹的创造性成果很快得到了美国、日本等国科学家的肯定,并因此荣获了1987年诺贝尔物理学奖。

究竟什么是超导现象呢?

电阻为零是超导体的最显著特征,如果将一个金属环放到磁场中,突然撤去磁场,金属环内就会出现感应电流。由于金属有电阻,电能就会转变成热能,感应电流就会逐渐衰减直到完全消失。如果金属环处于超导态,电阻为零,感应电流会毫不衰减地维持下去,这就是超导现象。

超导体可以理解为电性能极强,其电阻为零或接近零。早期的超导材料是纯金属,其中纯金更好,可惜它太昂贵了。

和超导体相对应的是绝缘体。人们常见电线杆上一个个的瓷瓶,那是绝缘用的,它是绝缘体。人们无论如何没想到,在特定条件下(-238.15℃),陶瓷也具有了导体的性能,由此人们得到一种启发:导体、超导体和绝缘体之间,并无不可逾越的天然鸿沟。

人们对超导现象的研究从20世纪初就已经开始了。1911年,莱顿实验室揭开了超导研究历史的第一页。为了确定低温下纯金属的电阻变化规律,昂纳斯用纯汞(水银)做实验,当温度下降到4.2K时,昂纳斯的学生霍耳斯特发现,电压突然降到零。

起初,他们以为发生短路了,仔细检查之后,他们确认,在4.2K附近的

0.02K温差范围内,汞的电阻陡然下降到零,莱顿实验室的仪器已经无法测量出来。接着他们又向汞中加入杂质,甚至利用汞和锡的合金做实验,也是如此。昂纳斯把低温下电阻为零的现象称为超导电性,并且指出,在4.2K的低温条件下,汞进入了一种新的状态,他称这种状态为超导态。昂纳斯因此而荣获1913年诺贝尔物理学奖。

1973年科学家测得锂钛氧化物的超导转变温度为13.7K;1975年制得掺杂铋铜酸钡的氧化物超导临界温度为13K。虽然这些物质超导温度都没有超过合金,但是提出了超导体的新观念,即用氧化物作超导材料,这是一种观念上的突破。

1985年夏天,米勒和贝德罗兹接受了法国科学家查克拉维蒂的新思想和新观念,决定研究镍基氧化物的超导电性。首先,他们制得一种钡镧铜氧化合物,他们用这种物质测定超导电性,发现温度降到35K时电阻突然消失,35K与4.2K相比是个相对高的温度,高温超导研究的新篇章就这样揭开了。

1986年4月,米勒和贝德罗兹公布了钡镧铜氧化合物陶瓷35K超导结果后,日本科学家田中等通过迈斯纳效应验证了米勒和贝德罗兹的实验结果。到12月,美国贝尔实验室、日本东京大学和中国科学院物理研究所将钡镧铜氧化合物中的钡换成锶,相继获得40K以上的高温超导体;美国休斯敦大学的朱经武教授通过高压法掺杂钡,使钡镧铜氧化合物超导临界温度达到50K。

此后,在世界各地掀起了一个此伏彼起的超导热,各国研究机构争相公布越来越高的超导温度纪录。1987年2—3月中国、日本、美国和德国的科学家又纷纷宣布,获得了78.5~125K的超导转变温度;4—6月又宣布超导温度提高到305K(32℃);6月9日,苏联莫斯科大学低温研究所报导说获得308K(35℃,接近人的体温、高于室温)的超导转变温度。

在风靡全球的超导热中,很多国家政府的经济、科技部门以各种方式增强这方面的力量,支持这项研究工作。美国、日本和中国等,都由政府直接出面成立专门机构,协调全国企业、大学、研究机构的超导研究工作,并制定全国性发展超导研究与应用的战略方针和计划。

在此期间，有关氧化物高温超导研究新进展的报道，遍及世界各国的大小报刊上，整个世界好像成了超导世界，这种单项科学研究形成如此广泛的热潮，在世界科学史上实属罕见。

超导材料在科技、工业、经济上有着重要的应用前途，这就是全球超导热的内在根源。有的学者预测，如果液氮温区的超导材料投入使用，将引起全世界工业的小革命；如果室温超导材料实现并投入应用，那将是全世界的一场工业大革命，而且这种前景并非十分遥远。

超导应用给人类带来的影响，可以从超导磁悬浮高速列车上略见一斑。一般火车，因车轮与铁轨之间的强力摩擦，速度最高为每小时300公里。如果使车轮离开铁轨，便能大大提高速度，超导磁悬浮就是这种装置。科学家们在火车车厢底座安装多组超导磁体，磁体产生的强磁场与铁轨强力吸引，就把整个车厢抬悬起来，再用电脑控制磁体电流大小，使磁体与铁轨间始终保持10厘米的空气间隙。列车由直线感应电动机驱动，其定子亦装在车厢下部，铺设于两条铁轨之间的一条铝质反应轨相当于转子。车厢悬浮时，定子与转子间有20毫米间隙。定子线圈通上交流电时，反应轨即形成感应电流，产生平移的旋转磁场，推动列车前进。磁悬浮列车没有车轮，靠磁力在铁轨上飘浮起来向前滑行，车速高、无噪音、运行平稳、转弯半径小（8米）、可以爬坡（100）。由于磁体卡在铁轨下，列车不会脱轨，容易制动，安全可靠，特别适合于在人口密集的大城市间运行，能耗与火车相近，营运费低。1987年，日本的超导磁悬浮列车载人试运行，时速达每小时408公里，预计可达每小时800公里。

1987年11月30日至12月5日，美国材料研究会在波士顿举行，3400名各国代表参加了会议，美国休斯敦大学的朱经武教授指出，虽然有各种超导温度的报道，但稳定重复的临界温度仍然只是限制在90K（−183℃）—100K（−173℃）之间。

1977年诺贝尔物理奖获得者、美国普林斯顿大学的安德森博士认为，BCS理论无法解释高温超导陶瓷产生的特性，因此，研究的方向一是用各种分析手段从实验和理论上探讨超导物质内部结构，寻找根据，建立新的超导理论；另一方面是用不同成分与比例及不同工艺技术去研制新的超导材料，而最有吸引力的还是超导的实际应用。

  最近一个阶段,风靡全球的超导热似乎已经过去。然而那不过是争先报道超导临界高温纪录的消息平静了,实质性的理论探讨和实际性的尖端研究正深入进行,相信不久将有新的进展和突破。

魂系中华赤子心

——杰出科学家钱学森

1989年6月29日,国际技术交流大会在美国纽约召开,会议决定授予著名科学家、中国科学技术协会主席钱学森博士"小罗克韦尔奖章"和"世界级科技与工程名人"称号,国际理工研究所授予钱学森博士"国际理工研究所名誉成员"的称号,以表彰他对中国火箭导弹技术、航天技术和系统工程理论做出的重大开拓性贡献。

钱学森获奖,不仅是他个人的荣誉,也是中国科学的骄傲。

钱学森于1911年12月11日出生在上海,1929年考入铁道部交通大学上海学校机械工程学院,1935年9月,赴美国学习工程技术,立志学成归国,报效祖国。

钱学森先是在麻省理工学院航空系学习,后转到加州理工学院随著名科技专家冯·卡门教授学习力学。在学习期间,钱学森刻苦求学、勤奋敬业、热爱祖国、勇敢坚定,赢得了同学的尊重和一致好评,冯·卡门教授也给予他极高评价。经过4年的学习,钱学森取得了航空和数学的博士学位,接着在1940年完成了薄壳体稳定性的研究。1944年,钱学森参加了冯·卡门教授领导的远程火箭研究工作,负责理论研究组,同时他还担任航空喷气动力公司技术顾问。1945年,冯·卡门被美国空军聘为科学咨询团团长,钱学森则被卡门提名为咨询团成员。

从1935年到1945年的10年间,钱学森通过学习研究取得了现代力学和喷气推进方面的宝贵经验和重要成果,同时也学到了大型科研规划和组织管理的现代科学方法。"谁言寸草心,报得三春晖。"这十年间,钱学森从未忘记赴美留学时立下的志愿——学成回国,报效祖国。钱学森开始准备回国,可是他的计划却遭到美国政府无理阻挠。

1950年7月,美国政府决定取消钱学森参加机密研究的资格,并指控钱学森是美国共产党党员,属非法入境者。钱学森立即决定以探亲的名义回国,但是,当钱学森一家将要出发的时候,美国海关没收了他的行李,这其中包括数百公斤的图书和笔记本。

之后不久,美国移民局又下令驱逐钱学森,但同时突然拘留了他。虽经卡门和其他一些科学家、社会名流的保释而释放,得以继续在加州理工学院执教,但他却受到了美国移民局的限制和联邦调查局特务的监视,必须每月向美国移民局汇报一次。面对这种种阻挠、打击和侮辱,钱学森没有退缩,反而更坚定了回国的信念。而且在如此困难的条件下,钱学森也依然没有放弃科学研究,1954年完成了开创性的研究成果《工程控制论》。

1955年6月的一天,钱学森夫妇摆脱特务监视,给比利时的亲属写了一封信,并夹带了给陈叔通的信,请求祖国帮助。陈叔通收到钱学森的信,当即就送到周恩来的手中。

1955年8月1日,中美大使级会谈在日内瓦开始,中国驻波兰大使王炳南按周恩来的指示,以钱学森的信为依据,与美方交涉,迫使美国政府不得不允许钱学森离开美国,返回中国。美国当局为什么千方百计地阻挠钱学森回国呢?美国海军次长金布尔说,他们之所以如此,是因为怕钱回到中国会使共产党人得到美国喷气推进研究的军事机密,而且美国也不想失去一位宝贵的科学家。

经历了千难万险,钱学森终于在1955年10月8日回到了阔别长达20年之久的祖国。回到祖国后,钱学森以极大的热情和饱满的精力投身于祖国的建设。他与陈赓的一次谈话,决定了他从事火箭、导弹、航天事业的生涯。有一次,钱学森在哈尔滨参观中国人民解放军军事工程学院时,院长陈赓专程从北京赶回哈尔滨会见钱学森,他问钱学森的第一句话是:"中国人搞导弹行不行?"钱学森坚定地说:"外国人能干的,中国人为什么不能干!"陈赓兴奋地说:"好!就要你这句话。"

后来,在周恩来的鼓励下,钱学森给国务院写了《建立我国国防航空工业的意见书》。国务院采纳了这一意见,1956年4月13日成立了航空工业委员会,聂荣臻主任任命钱学森为该项工作的实际技术负责人。

1956年10月8日,国防部第五研究院举行成立大会,钱学森首次为156名大学毕业生讲授《导弹概论》。1957年钱学森被任命为国防部第五研究院院长,经他培训的首批156名学员后来成了中国导弹、火箭和航天技术的骨干力量。

从 1956 年到 1966 年，经过 10 年努力，中国实现了两弹结合的目标。

1958 年，中国科学院成立了一个以钱学森为组长的领导小组，负责筹建人造卫星、运载火箭的研究机构。1965 年 1 月 8 日，钱学森正式提出报告，建议早日制定人造卫星的研究计划，并为第一颗人造地球卫星和运载该卫星的"长征"一号火箭的研究工作贡献了智慧和力量，解决了不少关键技术问题。1966 年 10 月 27 日，钱学森协助聂荣臻，在中国酒泉发射中心直接领导了中近程导弹运载原子弹的飞行试验。运载火箭飞行正常，原子弹在预定距离和高度实现核爆炸，它标志着中国开始有了自己的导弹核武器，为国防战略增加了新的强大威慑力量。1970 年 4 月 24 日中国成功地发射了一颗 173 公斤重的人造卫星，这颗卫星向全世界播送的"东方红"乐曲，宣布了中国航天时代的到来。

钱学森对中国的科学技术，特别是国防航天事业做出了巨大的贡献，赢得了全世界航天专家的尊重。为此，1979 年加州理工学院授予他"杰出校友"称号，1988 年南加州华人科学家工程师协会给他嘉奖，1989 年国际技术交流大会授予他小罗克韦尔奖章。但历次授奖，他都没有到场。而且自从 1955 年回国后，他再没有去过美国。他说："我作为一名中国的科技工作者，活着的目的就是为人民服务，那才是最高的奖赏。"

人物小传

〔**钱学森**〕（1911—2009）中国科学家，早年赴美留学，学成后归国。一生致力于中国的火箭、航天事业，取得卓越成就，为中国发射第一颗人造卫星做出了重要贡献。

探索宇宙奥秘的电子眼

——哈勃太空望远镜

天文观测离不开天文望远镜。没有望远镜,人们观天的距离极为有限,以前的天文望远镜,包括射电天文镜,都是安放在陆地上的。不管它们如何先进,总无法克服一个严重缺点:摆脱不了包围地球的大气层对观测的干扰。能不能把天文望远镜安在远离地面几百公里的高空呢?自从宇宙空间站出现以来,人类的这个愿望有了实现的可能。这就是太空望远镜,它的好处真是说不完。

世界上第一台太空望远镜是美国科学家研制的,这就是哈勃太空望远镜。它的构造如何?它又有那些优点?看了这篇介绍,你就会明白了。

1990年4月24日,美国航天飞机"发现"号从卡那维拉尔角顺利升空,25日把当时世界上最复杂的太空望远镜送入离地球610公里高的圆形轨道(1967年10月10日美国曾发射了绕太阳运转的太空观察站)。这架以美国天文学家埃德温·皮·哈勃的名字命名的太空望远镜是有史以来最大、最先进的天基天文望远镜(一般天文望远镜多设在陆地天文台,以陆地为基地,称为地基天文望远镜)。其外形呈圆柱状,长13米,直径4.5米,总重量为11.6吨,两侧各有一块长12米的大面积太阳能电池板。它是由美国国家太空总署和欧洲航天局联合研制的,原计划于20世纪80年代中期升空服役,后来因为1986年1月28日"挑战者"号航天飞机爆炸而延迟。

哈勃太空望远镜主要由光学望远镜装置、保障系统和科学仪器三部分组成。光学望远镜装置是太空望远镜的心脏,主要包括直径2.4米的主反射镜、直径0.3米的副反射镜和支撑结构,主反射镜和副反射镜的精密度是决定太空望远镜性能的重要部件。光由舱门进入太空望远镜后,首先射到主反射镜,再反射到相距4.5米处的副反射镜,而后,副反射镜又把光从主反射镜中心的一个孔中反射到科研仪器上记录成像。

保障系统是哈勃太空望远镜的主要设备，包括有信息传输、温度监控、位置调节和电力供应等部分。信息传输通过镜上的无线电系统和地球同步通信卫星完成。位置调节通过镜上的精密制导传感器感受望远镜的俯仰和偏航信息，送给位置控制装置进行调节，能保证望远镜的位置稳定在 0.007 弧秒内，使其方向飘移不超过 0.007 弧秒，以保障科学仪器的观测工作。望远镜两侧有大面积矩形太阳能电池板，它把太阳能直接转变成电能，供望远镜使用。

科学仪器是哈勃太空望远镜系统新成果的创造者，主要有 5 个部分。其中暗弱天体摄影机、暗弱天体分光摄谱仪、高分辨率分光摄谱仪以及高速光度计等 4 个仪器，均被安置在望远镜后部主反射镜后面，在副反射镜聚焦面附近，接收从副反射镜反射来的光。第五个是广角行星摄影机，它被安置在望远镜后部的圆周壁上。它们共同使用一个光学反射镜系统。

暗弱天体摄影机是望远镜中最重要的科学仪器，它可以捕捉到一些不清晰、光线暗淡而微弱的遥远天体，并把观测到的情况记录下来。通过摄影机的光学转换器把像素点放大，提高其分辨率。转换器先把像素的探测器视角缩小，再用图像增强仪探测出来，后经放大送到终端荧幕，形成一个相应的亮点，再用电影摄影机把荧幕上的扫描光点记下来，并储存在电脑里，最后构成图像。

暗弱天体分光摄谱仪主要用来测量暗弱天体的化学成分。它通过特殊的滤光片，可以制成光谱底片。分析这些光谱底片，不仅可得到光源的化学成分数据，还能获得光源的温度、运动情况以及物理特性等信息。

高分辨率分光摄谱仪用于测量星际和星体周围的紫外线辐射，以便研究爆炸星系的物理组成、星际中的气体云和星体物质的逸散等问题。

高速光度计是太空望远镜中最简单的科学仪器。它可以测量天体发出的极亮的光；可以广泛进行显微水平的精密测量；能通过测量接收到目标天体发来的光的总和，从而得出目标天体的距离。这个光度计将在精确测量银河系及附近星系方面发挥更大作用。

广角行星摄影机是由装在一个仪器箱中的两个独立摄影机组成，主要用于对行星进行观测。由于其视野广阔，所以能观测到更大的宇宙空间，并能提供更精美的星体图像，所得到的行星图像，如同近距摄影一样清晰。

哈勃太空望远镜实质上就是一颗大型天文卫星，犹如一座太空天文台。

由于它在地球大气层外的宇宙中工作,从而消除了地面天文观测的障碍,避开了大气层对天体光谱的吸收和大气层湍流对天体观测的影响。这样的环境优势,使得哈勃太空望远镜的观测性能大大地提高了。

在美国哥达德太空中心,科学家们检测了哈勃望远镜敏感的探测力,它的能力等于从华盛顿观察到 1.6 万公里外悉尼的一只萤火虫。哈勃太空望远镜能够探测出是地面望远镜可测光 1/10 的微弱光线,相当于在地球上看清月球上装有 2 节电池的手电筒的闪光。它的清晰度比当时的地面望远镜高 10 倍。地面望远镜能够看清一颗 10 亿光年的恒星,而哈勃太空望远镜能看到 100 亿光年的恒星。

更令人吃惊的发现是,由于这个望远镜能看到亿万公里远的天体上发光时的情况,所以它能让科学家们知道光在到达地球以前是什么样子。例如光从太阳到达地球约需 8 分钟,有了哈勃太空望远镜,科学家们就会知道光刚从太阳发射时的情况。

科学家认为,这是自 400 年前伽利略用自制的望远镜观察天体以来,天文学上又一令人惊奇的望远装置,它将揭开人类探索宇宙的新篇章,使人类认识一系列鲜为人知的奥秘。科学家希望它能帮助回答宇宙的形成和演变、地球以外是否有智慧生物等一系列科学难题。

为了确保太空望远镜在太空中正常而有效地工作,必须有地面和空中的多方配合。为此美国太空总署组成了包括航天飞机、太空望远镜、跟踪和数据中继卫星以及地球站在内的大系统,所有这些方面缺一不可。

航天飞机是太空望远镜的唯一运载工具,它主要承担望远镜的发射入轨、在轨更换仪器设备与检修以及回收等任务。跟踪和数据中继卫星是位居地球静止轨道的通信卫星,由美国"挑战者号"航天飞机发射入轨,它在太空望远镜系统中承担着信息中转传输的任务,即把望远镜观测得到的数据转发给地面,并把地球站对望远镜的跟踪和遥控信息转发给太空望远镜。

太空望远镜系统所需的两颗跟踪和数据中继卫星由美国的航天飞机发射入轨,分别定位在西经 41°和 170°赤道上空。这两颗卫星与一个地球测控站组网,能使哈勃太空望远镜在其运行的 85% 时间内与地面保持联系。

美国太空总署哥达德太空中心内的太空望远镜操作控制中心,控制着哈勃太空望远镜环绕地球运行、观测和探索宇宙的具体工作。他们首先要打开望远镜的太阳能电池板,以便为望远镜上各系统正常工作提供必要的能源。

倘若太阳能电池遥控展开失败，则由航天飞机上的宇航员用手动摇杆将其打开。如果望远镜由于某种原因不能使用，还可把它重新放回航天飞机货舱，带回地面检修。如果望远镜的各部分工作正常，整个太空望远镜系统就可开始联网运转，太空望远镜可将其观测到的大量信息，源源不断地通过跟踪和数据中继卫星适时传输给地球站。

5月20日，哈勃太空望远镜首次睁开它的电子眼观察宇宙，拍摄了具有历史意义的第一张太空照片。

在当天的格林尼治时间15时12分，哈勃太空望远镜运行到新几内亚查亚普拉上空时，广角行星摄影机启动了一秒钟，拍摄了首张黑白照片。随后摄影机快门再次启动，曝光30秒钟，拍摄了第二张照片。第一张照片拍摄的是银河系中的NGF3532星团，它距离地球约1260光年，是一个很难区别的星群；第二张拍摄的是太阳，这两张照片先是贮存在磁带上，两个多小时后转发到地面。

哈勃太空望远镜的第一批图像经电脑处理，比原来预料的清晰度高2～3倍。虽然显示有几十个太阳的第二张照片图像稍微拉长了，但在没有望远镜光学系统调焦的情况下，得到这样的照片，其品质还是比原来预料的要好得多。

哈勃太空望远镜的轨道运行周期为97分钟，即每隔97分钟绕地球运行一圈，一天之内进出地球阴影区15次。负责调整哈勃太空望远镜的专家们发现，该望远镜每次进出地球阴影时不断产生剧烈振动。进入地球阴影时，振动持续6分钟左右；飞出阴影时振动持续20分钟。这时出现的颠簸，严重地影响了哈勃太空望远镜观测宇宙遥远天体的能力，因为拍摄遥远天体要求望远镜在较长时间内保持几乎完全静止状态。

据美国和欧洲航天局的有关专家分析，哈勃太空望远镜产生振动的根源，很可能是由于两块巨大太阳能电板固定零件升温和冷却不匀所致。为了解决这一问题，专家们给哈勃太空望远镜编制了专门的电脑程序，使它的稳定系统消除这些振动。

专家们还发现一个较为严重的问题，即哈勃太空望远镜每次飞越位于巴西沿岸的所谓南大西洋异常区时，其电脑贮存器内的部分指令总被抹去。为了解决这个问题，美国国家太空总署给哈勃望远镜又发送了一个电脑程序，使其在危险区域内每一秒钟10次自动恢复其记忆。

1990年6月底，调整哈勃太空望远镜的工程师们发现，它两个反射镜中的一个有球面像差，不能对太空深处的物体正确聚焦。这是一个非常严重的问题，如果不能予以改善，将大大降低其探索能力。

经过研究，哈勃太空望远镜的负责人认为：2.4米的主反射镜和0.3米的副反射镜，早在10多年前开始的极端复杂的制造过程中，就已经被错误地定形，从而导致球面像差的出现。美国太空总署成立了一个以喷气推进实验室负责人为首的调查小组，去研究反射镜为什么发生了变化，在发射望远镜前的地面实验中为什么没有发现问题。

而针对出现的散焦问题，科学家们于7月初制定了一个紧急补救实施计划。

1993年12月，美国太空总署派了一架航天飞机到太空整修哈勃太空望远镜，将一台紫外线成像仪安装在哈勃望远镜上，补充暗弱天体摄影机之不足，以便使它能完成原定为期15年的观测研究计划。

完成了修复工作的哈勃太空望远镜，在功能上获得了更大的改善，除了解析度增强50%，可以看得更细腻以外，它还能够观察亮度更低的星球，显示更强的明暗对比，并且可以让科学家对它传回来的照片进行量化分析，以便和地面望远镜所拍照片做比较。1999年、2002年、2008年、2009年，科学家们又对哈勃望远镜进了4次维护，现在的哈勃太空望远镜看得更遥远、更清晰，使人们对宇宙的了解更广泛、更精确。

人物小传

〔哈　勃〕（1889—1953）美国天文学家，河外天文学的奠基人，提供宇宙膨胀实测证据的第一人。他根据河外星系的形状分类和探究，发现星系远离我们而去，而且距离越远，速度越快。

"复制"的生命

——克隆羊多利出世

多样性是物质世界的基本法则。也就是说,世界上没有完全相同的事物,人们都认为这是天经地义,是绝对的原则。双胞胎再像,也存在不少区别,否则,他们(她们)的父母便无法区分谁是老大谁是老二。但是,"克隆羊"的出现,却把这个绝对原则推翻了。生灵能够复制,而且和原体一模一样!

1996年7月5日,在英国苏格兰爱丁堡市郊罗斯林研究所,科学家们复制了一只小羊,取名"多利"。这是世界上第一个由动物体细胞无性繁殖成功的哺乳动物。在场的科学家们无不激动万分,多利的诞生,是他们多少年心血的结晶。它的基因性状与提供体细胞的成年羊完全一致,也就是说,它是原来那只成年羊的复制品。人们把这只由动物体细胞无性繁殖成功的小羊称为"克隆羊"。从此,"克隆"一词,使用频率逐渐多起来。

多利的问世引起了世界的轰动,这是遗传工程学的重大突破。

"克隆"是英语Clone的译音,其原意是无性繁殖,即由一个母体经无性生殖而繁生的一个或一群生物(包括动物和植物)。换句话说,只要从一个细胞得到相同的细胞、细胞群或生物体,由一个亲本序列产生的脱氧核糖核酸(DNA)系列,都叫克隆。

克隆并非自小羊多利诞生始,它早就存在了。克隆技术涉及的细胞核移植术有两种:一种是用胚胎细胞作供体细胞(含遗传物质的细胞核),一种是用体细胞作供体细胞。

小羊多利诞生以前的克隆技术,属于前一种。即所用的供体细胞都是胚胎细胞,即都是精子与卵子结合的有性繁殖产物,人生孩子,动物产仔,植物结果,无不如此。人们常说,一个孩子身上凝聚着"父精母血",就是这个道理。这样得到的新生命,其个体之间,后代个体与本亲之间,不可能完全相同,一个家庭中,子女均由父母所生,但却各不相同,而且子女与父母也不相同。用胚胎细胞去克隆，无论如何也克隆不出一模一样的两个生命体。

但是，用体细胞（不是胚胎细胞）作供体细胞所得到的新生命却与原生命个体（亲本）一模一样，这个新个体不是原个体的下一代，而是它本身的复制品。因为，一个生物体，其体细胞的遗传物质是完全一样的。而用胚胎细胞繁殖的新生命个体，与亲本之间的遗传物质无论如何不会完全相同，它有父体的某些遗传基因，也有母体的某些遗传基因。

小羊多利是怎样克隆出来的呢？

科学家们首先取出一只羊的卵细胞，将其中所有的染色体吸出，得到不含遗传物质（细胞核）的卵细胞，然后将实验室中培养的一只母羊的乳腺细胞与这个卵细胞电击融合，形成一个具有新遗传物质的卵细胞，等它分裂发育到一定程度时，再植入第三只羊的子宫，然后这只羊产下的便是那只提供乳腺细胞的母羊的复制品——小母羊多利。整个克隆的过程，没有公羊的精子，不使用胚胎细胞。

小羊多利克隆成功，在世界上引起强烈的反响。

一方面，人们对生命现象的认识加深了，遗传工程学向前迈进了一大步。自有人类以来，便是两性交配诞生新生命。自此以后，这个"成律"被打破。不需两性交配，仍然可以得到新生命，这就为按遗传规律人工制造新物种提供了根据。人类可以对生物的遗传变异进行有效控制。这一技术，可以在农业领域大显神通，不论是农作物还是家畜家禽，哪些品种优良，就可以复制。

医学领域，由于有了克隆技术，人体器官的移植比以前方便多了——可以专门繁殖用于人体器官移植的转基因哺乳动物。你见过身上长有人耳的老鼠吗？生物学家已把它变为现实。此外，医治疑难病症的特效药，可以从转基因哺乳动物的乳汁中获得。最近，上海医学遗传研究所的科学家们已经获得5只转基因山羊，其中一只奶山羊的乳汁中，含有堪称血友病人救星的药物蛋白——有活性的人第九凝血因子。

有了克隆技术，拯救濒临灭绝的物种，也不困难了。东北虎在虎类中，体型大，现在面临绝种的危险，用有性繁殖得到的虎仔数量很少，着急也没用，因为人工对此很难控制。雄虎和雌虎之间产生不了"爱情"，便不会交配，人对此是无能为力的。但有了克隆技术，就可以按照需要复制出一只只东北虎。

有利也有弊，和火药的发明、原子能的利用一样，克隆技术也可能制造灾难。既然动物可以克隆,人何尝不可!克隆羊多利问世后,人类在庆贺这一遗传学领域重大突破的同时,也产生忧虑和不安:如果复制出希特勒、墨索里尼式的人物,那对人类该是何等严重的威胁。即便克隆善类,也涉及人的尊严、伦理道德、法律、社会关系等方面的一系列问题。所以,世界上发出强大呼声:反对进行克隆人的研究和实验。

建在天上的村庄

——轨道太空站

从远古时代起，人类就梦想在太空居住和生活，限于当时的科技条件，人类只能把这个愿望寄托于神话。传说盘古开天辟地，分出天上地下两个世界。地下自然属于我们人类了，天上，则是美好的仙境。那里，玉皇大帝主宰一切（不仅主宰天宫，也主宰人间世界），手下有能文能武的各种仙人，他们能呼风唤雨，千变万化，而且长生不死，高高在上，俯视芸芸众生。众生有超凡不俗、功德出众者，也可超度升天，位列仙班。

神话表达了人类的美好愿望。今天，愿望终于成了现实，人类就如神话中的众仙一样，住进"天宫"，这个"天宫"，便是轨道太空站。

第一个建造太空站的是苏联。1971年4月19日，拜科努尔太空中心发射"礼炮"号轨道太空站。取名"礼炮"号，寓有为人类开始在太空长期生活、工作典礼之意。这个太空站在固定轨道上绕地球长期旋转，近地点200公里，远地点222公里，倾角（轨道面与赤道夹角）51.6度。它是一个太空实验室，里面很宽敞，分成几个部分，可以同时进行几种科学实验。

"礼炮"号进入轨道以后4天，宇宙飞船"联盟"10号载着3名宇航员升入太空，它跟随太空站飞行了5个小时之后，实行对接。对接后的总重量为25.6吨，对接成功后，"联盟"10号返回地面。

1971年6月6日，载有3名宇航员的"联盟"11号飞船发射升空，在与太空站对接后，宇航员在太空站停留了23个昼夜，完成了大量的综合科技实验和研究。可惜，飞船返回地面时，由于回吸舱漏气，3名宇航员全部死亡。

"礼炮"号太空站于10月11日按地面指令返回地面时陨毁。

1973年5月14日，美国用"土星"5号运载火箭把一座叫"天空实验室"的太空站送入轨道。这座太空站堪称庞然大物，它的重量达770吨，长24.6米，最大直径6.6米，运行周期93分钟，倾角50度。它是一个巨大的太空实验室，在太空运行的时间有6年多，于1979年7月11日坠入大气层烧毁。本来原计划运行10年，但因为原来没有预料到的缺陷提前坠毁了，虽然如此，也足以令人欣慰了。

这座巨大的太空实验室曾先后接纳了3批宇宙探险队，每一批探险队都由3名宇航员组成。3批探险队在太空停留的时间有一个月的、两个月的，他们做了数百项实验，收集到大量的资料，涉及气象、大气污染、辐射、海洋等方面，都具有重大价值。他们在太空实验室还制造了各种材料，在失重条件下，不用任何容器，就能熔化金属并把它们混合起来，同地球上生产的同种材料相比，它们更纯，这是一个重大发现。

他们还用特殊摄影机拍摄了上万张太阳照片和上千张地球照片。

特别值得一提的是，第一批宇航员还从实验室"步入"太空，对太空实验室进行修理。因为防护太阳辐射的防护罩破损，如不采取措施，实验室的温度就会高得无法忍受，他们制作了一个新的防护罩，并"走"到实验室外面，把它固定在需要的部位。这是人类第一次在太空进行修理工作，因此意义重大。

这一批批探险队员如何往来于太空站在地球之间呢？接送他们的任务由"阿波罗"宇宙飞船来承担。

美中不足的是，人类营造的这几座"天宫"都是短暂的。何时才能在太空建立一座永久的"家"呢？

这个愿望，由于苏联发射的"和平"号轨道太空站实现了。

1986年2月20日，苏联发射了人类历史上最先进的太空站"和平"号。

这个轨道太空站有一个基础舱，重20吨，还有一个容积138立方米的加压舱。它有6个对接口，可以分别与宇宙飞船对接，以组成一个容积很大的永久载人轨道太空站。如果被接的飞船侧向再与另外的太空站对接，其组合体越来越大，可以形成太空村镇或太空城市。"和平号"轨道太空站组合成功后，加压舱容积达510立方米，电源功率为23千瓦，可为20人提供舒适的工作和生活环境。

太空站有3个工作室，可以制造新型晶体、合金等新材料，还有专门用于对地观测和军事侦察的设备。一个对接口上还备有一艘飞船，以备发生威胁人们生命的意外事件时可以乘船逃离。

太空站设有豪华舒适的生活场所，宇航员有单人房间、备有桌椅和睡袋，可读书、写字、睡眠，还有供烹饪的电炉，宇航员可根据自己的胃口烧制食物。由12人组成的定期轮换的太空队伍，长期在太空站内生活。

"和平"号轨道太空站由"质子"火箭送入绕地轨道。另有"联盟"号、"宇宙"号、"进步"号宇宙飞船负责为它运送人员和物品。

"和平"号太空站自进入绕地轨道后，接纳了许多宇航员、工程师、科学家、医生，进行各种科学实验，他们在太空生活和工作的时间一般都很长。著名宇航员罗曼耳科进入太空站后，进行天文、物理、化学、医学、工程等各项实验1000多次，绕地飞行5000多圈，连续在太空生活326天，首创人类在太空生活时间最长的纪录。

"和平"号轨道太空站按设计将运行到1999年，直到2001年3月23日"和平"号太空站完成了历史使命，坠入南太平洋。为保持太空站的永久性，在它即将完成使命之时，要发射一座新的太空站取代它。现在，这座新太空站已于1998年初发射升空，它的名字是国际空间站，它是美国"自由"号空间站和俄罗斯"和平"号空间站的混血儿，因而具有更多的优点，目前仍然在轨。

我国于2011年9月29日发射了"天宫"一号太空实验室，是中国目前最大、最重的轨道飞行航天器。

至此，人类终于有了长期在太空的落脚点，而且，以太空站为基础，发展成太空村镇的日子，已经指日可待了。由于太空站上地球的引力作用已接近于零，所以由此飞往月球和其他行星就不需要那么强大的火箭，它便成了很理想的星际飞行基地。

太空站的出现，是人类遨游太空的重大里程碑。有了它，人类便可以更方便地驶向广阔无垠的神秘宇宙。